Kant

W973k Wood, Allen W.
         Kant / Allen W. Wood ; tradução Delamar José Volpato Dutra. –
       Porto Alegre : Artmed, 2008.
         232 p. ; 23 cm.

         ISBN 978-85-363-1559-1

         1. Filosofia – Kant. I. Título.

                                                              CDU 1

Catalogação na publicação: Mônica Ballejo Canto – CRB 10/1023

Kant

ALLEN W. WOOD
Professor de Filosofia na Universidade de Stanford, Califórnia

Tradução
Delamar José Volpato Dutra

Consultoria, supervisão e revisão técnica desta edição:
Valerio Rohden
Doutor e livre-docente em Filosofia pela Universidade Federal do Rio Grande do Sul, com pós-doutorado na Universidade de Münster, Alemanha. Professor titular de Filosofia na Universidade Luterana do Brasil.

Reimpressão 2009

2008

Obra originalmente publicada sob o título *Kant*, first edition.
ISBN 978-0-631-23282-7

© Allen W. Wood, 2005.
This edition is published by arrangement with Blackwell Publishing Ltd, Oxford.
Translated by Artmed Editora S.A. from the original English language version.
Responsibility of the accuracy of the translation rests solely with Artmed Editora S.A.
and is not responsibility of Blackwell Publishing Ltd.

Capa
Tatiana Sperhacke

Ilustração da capa
Corbis/LatinStock

Preparação do original
Elisângela Rosa dos Santos

Supervisão editorial
Mônica Ballejo Canto

Projeto e editoração
Armazém Digital Editoração Eletrônica – Roberto Vieira

Reservados todos os direitos de publicação, em língua portuguesa, à
ARTMED® EDITORA S.A.
Av. Jerônimo de Ornelas, 670 - Santana
90040-340 Porto Alegre RS
Fone (51) 3027-7000 Fax (51) 3027-7070

É proibida a duplicação ou reprodução deste volume, no todo ou em parte,
sob quaisquer formas ou por quaisquer meios (eletrônico, mecânico, gravação,
fotocópia, distribuição na Web e outros), sem permissão expressa da Editora.

SÃO PAULO
Av. Angélica, 1091 - Higienópolis
01227-100 São Paulo SP
Fone (11) 3665-1100 Fax (11) 3667-1333

SAC 0800 703-3444

IMPRESSO NO BRASIL
PRINTED IN BRAZIL

Para

Robert Merrihew Adams

Abreviaturas*

AA *Immanuel Kants Schriften*. Ausgabe der königlich preussischen Akademie der Wissenschaften (Berlin: W. de Gruyter, 1902-). Exceto se mencionados de outra maneira, os escritos de Kant serão citados nesta edição pelo volume e pelo número da página.

Ca *Cambridge Edition of the Writings of Immanuel Kant* (New York: Cambridge University Press, 1992-). Esta edição traz à margem citações com volume e número da página de *AA*. Obras específicas serão citadas usando o seguinte sistema de abreviações (obras específicas não-abreviadas serão citadas simplesmente pelo volume e pela página de *AA*).

ZeF *Zum ewigen Frieden: Ein philosophischer Entwurf* (1795), *AA* 8 [À paz perpétua: um projeto filosófico] *Toward perpetual peace: A philosophical project*, Ca Practical Philosophy

GMS *Grundlegung zur Metaphysik der Sitten* (1785), *AA* 4 [Fundamentação da metafísica dos costumes] *Groundwork of the metaphysics of morals*, Ca Practical Philosophy

IaG *Idee zu einer allgemeinen Geschichte in weltbürgerlicher Absicht* (1784), *AA* 8 [Idéia de uma história universal de um ponto de vista cosmopolita] *Idea for a universal history with a cosmopolitan aim*, Ca Anthropology, History an Education

KrV *Kritik der reinen Vernunft* (1781, 1787) [Crítica da razão pura]. Citada pela paginação A/B (em acordo com a convenção adotada no século XX, de referir a primeira edição como A e a segunda edição como B). *Critique of pure reason*, Ca Critique of Pure Reason.

KpV *Kritik der praktischen Vernunft* (1788), *AA* 5 [Crítica da razão prática] *Critique of practical reason*, Ca Practical Philosophy

---

* N. de T. Foram modificadas algumas abreviaturas da obra de Kant, introduzidas por Wood (2005), com base na recomendação de universalização feita pela *Kant-Studien Redaktion*.

KU	*Kritik der Urteilskraft* (1790), AA 5 [Crítica da faculdade do juízo] *Critique of the power of judgment*, Ca Critique of the Power of Judgment
MAM	*Mutmaßlicher Anfang der Menschengeschichte* (1786), AA 8 [Início presumível da história humana] *Conjectural beginning of human history*, Ca Anthropology, History and Education
MS	*Metaphysik der Sitten* (1797-1798), AA 6 [A metafísica dos costumes] *Metaphysics of morals*, Ca Practical Philosophy
WDO	*Was heißt: Sich im Denken orientieren?* (1786), AA 8 [Que significa orientar-se no pensamento?] *What does it mean to orient oneself in thinking?* Ca Religion and Rational Theology
Prol	*Prolegomena zu einer jeden künftigen Metaphysik* (1783) [Prolegômenos a toda metafísica futura] *Prolegomena to any future metaphysics*, Ca Theoretical Philosophy after 1781
RGV	*Religion innerhalb der Grenzen der bloßen Vernunft* (1793-1794), AA 6 [A religião nos limites da razão pura] *Religion within the boundaries of mere reason*, Ca Religion and Rational Theology
SF	*Streit der Fakultäten* (1798), AA 7 [Conflito das faculdades] *Conflict of the faculties*, Ca Religion and Rational Theology
TP	*Über den Gemeinspruch: Das mag in der Theorie richtig sein, taugt aber nicht für die Praxis* (1793), AA 8 [Sobre o dito comum: isso pode ser correto na teoria, mas não vale para a prática] *On the common saying: That may be correct in theory but it is of no use in practice*, Ca Practical Philosophy
Anth	*Anthropologie in pragmatischer Hinsicht* (1798), AA 7 [Antropologia de um ponto de vista pragmático] *Anthropology from a pragmatic standpoint*, Ca Anthropology, History and Education
WA	*Beantwortung der Frage: Was ist Aufklärung?* (1784) [Resposta à pergunta: o que é esclarecimento?] *An answer to the question: What is enlightenment?* Ca Practical Philosophy

Sumário

Abreviaturas vii
Prefácio 11

1. Vida e obras 17
2. Conhecimento sintético *a priori* 42
3. Os princípios da experiência possível 66
4. Os limites do conhecimento e as idéias da razão 85
5. A dialética transcendental 109
6. Filosofia da história 137
7. Teoria ética 158
8. A teoria do gosto 183
9. Política e religião 204

Índice 225

Prefácio

O objetivo deste livro é introduzir o pensamento filosófico de Kant, especialmente aos leitores que ainda não têm familiaridade com ele. Por essa razão, discussões especializadas e notas foram reduzidas a um mínimo indispensável. Incluí algumas referências aos escritos de Kant, porém não mais do que julguei ser minimamente necessário para documentar minhas pretensões sobre o que ele diz e possibilitar ao leitor examinar a evidência em seu contexto próprio. A literatura sobre Kant é vasta e uma boa parte dela é de alta qualidade filosófica, bem como de alta qualidade especializada. No final de cada capítulo, há recomendações para leituras complementares, visando claramente a indicar os melhores livros sobre os tópicos discutidos no capítulo. Tais recomendações bibliográficas não pretendem ser completas ou mesmo particularmente representativas da literatura. Os livros que recomendei estão entre aqueles que eu penso serem os melhores, mas as recomendações são também direcionadas para a literatura recente, visto que a bibliografia da literatura mais antiga está facilmente disponível (por exemplo, em Paul Guyer (ed.) *The Cambridge Companion to Kant*; New York, 1992).

O que é mais notável sobre a filosofia de Kant, em minha opinião, é a ampla extensão dos tópicos aos quais seus pensamentos dedicam estudo cuidadoso. Em muitas áreas – não somente na metafísica, mas também nas ciências naturais, na história, na moralidade, na crítica do gosto –, ele parece ter ido à raiz do problema e, no mínimo, ter levantado para nós o ponto fundamental, quer decidamos ou não, ao fim, que o que ele disse sobre tais áreas seja correto. Por exemplo, em suas cinco breves páginas do ensaio sobre a questão "O que é Esclarecimento?", ele aponta a essência do esclarecimento não no aprendizado ou no cultivo de nossas faculdades intelectuais, mas na coragem e na resolução de pensar por nós mesmos, de emancipar nosso eu da tradição, do prejuízo e de toda forma de autoridade que nos oferece o conforto e a segurança de deixar um outro pensar por nós. O ensaio de Kant permite-nos perceber que o ponto levantado pelo desafio do Esclarecimento está ainda conosco tanto quanto estava no século XVIII.

Em um pequeno livro que pretenda cobrir todo o pensamento de um filósofo tão amplo, alguns aspectos importantes são inevitavelmente omitidos ou menosprezados. Algumas questões – especialmente a filosofia kantiana da ciência natural e sua visão ética – são de muito mais importância para sua filosofia do que o espaço dedicado a elas neste livro poderia sugerir. Quase a metade deste livro (do Capítulo 2 até o Capítulo 5) trata da *Crítica da razão pura* – o trabalho mais extenso publicado por Kant, também o seu mais famoso e, certamente, sua contribuição mais duradoura para a filosofia. Contudo, dediquei proporcionalmente mais espaço à filosofia teórica de Kant do que eu deveria ter feito, porque já tinha escrito mais extensamente sobre a filosofia prática (ou moral) de Kant, especialmente em *Kant's Ethical Thought* (New York, 1999). Algumas das idéias básicas da teoria kantiana sobre as ciências naturais foram discutidas nos Capítulos 2 e 3, porém uma melhor apreciação da filosofia kantiana requereria um tratamento mais extenso do que eu pude oferecer acerca dos *Metaphysische Anfangsgründe der Naturwissenschaft* (1786) [Elementos metafísicos da ciência natural].* Algumas idéias novas sobre a relação da filosofia com a física, surpreendentemente diferentes de qualquer coisa escrita antes, foram também o foco das tentativas finais do pensamento de Kant em uma obra incompleta e fragmentária conhecida (desde muito cedo no século XX) como *Opus Postumum*. No presente livro, raramente mencionei a corajosa aventura final de pensar na qual Kant embarcou antes de seus poderes mentais terem sido brutalmente arruinados pela idade avançada e então silenciados para sempre pela morte. Para aqueles que queiram explorar essa fase final do pensamento filosófico de Kant, recomendo os livros de Eckart Förster e Michael Friedman listados sob a rubrica "Leituras complementares" ao final dos Capítulos 1 e 2, respectivamente.

O primeiro capítulo deste livro é biográfico. Essa maneira de começar um livro sobre um filósofo é, não obstante, altamente questionável e exige alguma discussão. Eu começo com a vida de Kant porque alguém que o estude pela primeira vez, especialmente alguém que seja um iniciante no estudo da própria filosofia, terá provavelmente uma curiosidade inicial sobre quem ele foi e como viveu. Isso é perfeitamente compreensível e saudável, ainda que aqueles que tenham estudado filosofia e sua história logo aprendam que a familiaridade com o caráter ou a personalidade dos

---

* N. de T. Nas citações literais, foram usadas, em geral, quando disponíveis, as traduções já existentes em português. Ver anexo ao final deste livro.

filósofos raramente é útil para compreender suas contribuições à filosofia. A vida de Kant é de autêntico interesse para aqueles que, como nós, estudam sua filosofia porque nos ajuda a entender tanto seu mundo intelectual e moral quanto seus objetivos pessoais e sociais, relativamente mais imediatos, que podem ter influenciado seus pensamentos. O conhecimento disso pode ajudar-nos a entender por que ele disse e pensou algumas coisas e, portanto, ajudar-nos a interpretar suas idéias. Afora isso, nosso interesse por sua biografia pode ser histórico ou de antiquário, ou ser uma vã curiosidade, mas não tem nada a ver com a sua filosofia.

Especialmente, deve-se evitar tratar a vida de Kant no espírito de um herói venerado ou como hagiografia – como se o nosso interesse pelos pensamentos de um filósofo fosse ou devesse ser proporcional à nossa admiração pelo pensador como um ser humano. Se houvesse algum verdadeiro santo ou herói entre figuras importantes na história da filosofia, faríamos bem em ignorar inteiramente seu heroísmo e santidade no estudo de seu pensamento filosófico. Não é sadio e é completamente antifilosófico venerar filósofos do passado como gurus sobre cujos pés deveríamos sentar para absorver sua sabedoria. Tal atitude em relação a qualquer outra pessoa, seja viva ou morta, trai uma contemplativa escravidão da mente que é totalmente incompatível com o fazer filosofia. Sustentando essa opinião, eu sou também, incidentalmente, um bom kantiano, visto que Kant julgava como moralmente corrupta a prática daqueles que estabeleciam outras pessoas como modelos de imitação, tendendo logo a produzir, seja desrespeito próprio, seja inveja e não virtude. Não obstante, essa é a maior razão para aplicar ao próprio Kant o seu ponto de vista sobre essa questão. Mesmo esse ponto de vista não deve ser defendido porque Kant o sustentou, mas deve ser sustentado somente porque a experiência mostra que é verdadeiro – e inclusive verdadeiro sobre o próprio Kant.

É um fato desconfortável, algumas vezes, que os filósofos do passado, cujos pensamentos estudamos com o maior proveito, não tenham sido seres humanos especialmente distintos. A única maneira de lidar com esse fato é enfrentar corajosamente, de modo direto, a dissonância cognitiva que ele ocasiona e, então, decidir colocá-lo de lado como irrelevante, tendo em vista algo que poderia ser de interesse legítimo para decidir quais filósofos estudar. Se um filósofo do passado – Kant, por exemplo – foi uma pessoa admirável, isso ainda não nos dá uma razão para estudar seus pensamentos filosóficos se eles fossem não-originais ou medíocres e se não compensassem nossa investigação cuidadosa e reflexão crítica. Se o filósofo teve um caráter completamente não-atraente ou mesmo se algumas de suas opiniões sobre moralidade ou política ofendem pessoas esclarecidas hoje, poderia ser ainda verdade que suas contribuições para a filosofia fossem indispensáveis para nosso entendimento dos problemas filosóficos e da história das reflexões das pessoas sobre eles. Se estudássemos os escritos de um filósofo admirável para honrar seu caráter virtuoso, então estaríamos simplesmente perdendo nosso tempo e fazendo esforços que poderiam ser melhor aproveitados. Pela mesma razão, se nos recusamos a estudar os escritos de um filósofo de personalidade repulsiva porque pensamos que nossa omissão merecidamente o pune por suas ações más, ou por suas más opiniões, ou porque queremos evitar ser influenciados por tal caráter pernicioso, então tudo o que conseguimos por esse exercício ridículo de autocorreção e limitação de pensamento é privar-nos do que poderíamos ter aprendido dos seus *insights* e da exposição de seus erros. É sempre triste ver estudantes de filosofia e algumas vezes até mesmo filósofos profissionais perdendo a oportunidade de aprender muito por causa de sua aprovação ou não-aprovação moral ou política da personalidade ou das opiniões de algum filósofo há muito tempo morto, que está muito além dos seus poderes de recompensar ou punir. As únicas pessoas punidas dessa maneira somos nós mesmos e também aqueles ao nosso redor ou, no futuro, aqueles que poderíamos ter influenciado para o melhor se nós nos tivéssemos educado de modo mais sábio.

No caso de Kant, eu não penso que ele seja um ser humano particularmente admirável ou particularmente reprovável. Ao contrário, como para muitos seres humanos, sobretudo os interessantes, o seu caráter continha uma rica mistura de traços atraentes e não-atraentes. Ele era trabalhador, paciente e completamente dedicado ao seu trabalho como cientista, especialista e filósofo, mas era também perspicaz e ambicioso, nunca perdendo as oportunidades que obteve através do seu sucesso profissional e da prosperidade que finalmente conseguiu. Foi um homem gregário e sociável, mas algumas vezes disputava com seus amigos, e diversas amizades chegaram a um fim abrupto. Ainda que Kant acreditasse acima de tudo no pensar por si, em seus hábitos e estilo de vida ele pareceu em seu tempo ter sido curiosamente aberto à influência de certos amigos – no início a Johann Daniel Funk, por último a Joseph Green. Ele tinha um impetuoso amor pela busca da verdade e pelo pensamento independente, mas podia ser também cioso de sua reputação e vil em relação a estudantes ou seguidores que ele imaginava que o tivessem traído. Ele não estava sempre acima da facciosidade intelectual e da calúnia acadêmica, característica de seu tempo (e das características intelectuais e acadêmicas de qualquer época). Kant foi um partidário de reformas liberais na educação e sobretudo na religião. Foi um proponente do republicanismo na política e de propostas de que o Estado deveria abandonar uma parte de sua soberania para uma federação mundial no interesse da paz internacional e do progressivo desenvolvimento da espécie humana. Condenou firmemente o imperialismo europeu em outras partes do mundo, analisando todas as tentativas simuladas dos europeus de "libertar" ou "civilizar" outros povos como intrinsecamente injustas e hipócritas, mas aceitou totalmente e advogou o *status* inferior da mulher na sociedade. Defendeu ainda alguns pontos de vista sobre culturas não-européias e sobre povos que podem ser descritos somente como racistas. No seu todo, Kant esteve entre as mentes mais progressistas da sua época em questões políticas e sociais. No entanto, algumas de suas opiniões sobre questões morais e políticas são chocantes ou risíveis para todas as pessoas esclarecidas de hoje. Antes de considerar isso como uma ocasião para pensamentos peçonhentos contra Kant, seríamos mais inteligentes em ver isso como uma medida para o sucesso de mentes como a sua, filósofos que pensavam poder promover melhores maneiras de pensar no futuro, mesmo que isso pudesse incluir a rejeição de algumas de suas prezadas opiniões. Quaisquer que sejam os erros ou vícios de Kant, não estaríamos absolutamente errados em pensá-lo como um filósofo para quem tais esperanças foram uma importante mola da sua própria atividade filosófica.

Naturalmente, é relevante para a filosofia de Kant avaliar as suas opiniões. Entretanto, seguramente não aprenderíamos nada do estudo da filosofia se tratássemos os escritos dos filósofos com o único objetivo de tentar decidir a amplitude na qual os pontos de vista sustentados por eles estão em consonância com o que nós decidimos de antemão que todas as pessoas de boa vontade deveriam crer. Se esse fosse o único espírito no qual se pode ler obras na história da filosofia, então tanto você quanto o mundo poderiam estar em melhor situação se você permanecesse simplesmente ignorante da história da filosofia e não conhecesse nada sobre ela.

A verdadeira medida do valor de Kant como um objeto de estudos pelos filósofos é a riqueza dos pensamentos que temos quando fazemos a tentativa de entender e também avaliar criticamente o que ele escreveu ou pensou e relacionar tais pensamentos e nossas reflexões críticas sobre eles aos problemas filosóficos que ainda nos ocupam. Por essa medida em relação àqueles que o conhecem, Kant está entre os maiores filósofos que já viveram, seja qual for o homem que ele tenha sido e seja o que for que possamos pensar sobre suas opiniões em questões que consideramos importantes.

Eu admitirei também que a ousadia dos *insights* de Kant e o poder de seus argumentos algumas vezes levantam em mim sentimentos de admiração. Se eu obtive sucesso em apresentar Kant neste livro, então minha exposição poderá, talvez, despertar igualmente nos meus leitores tais sentimentos em relação a ele. Antecipando a possibilidade desse sucesso, dou o seguinte conselho, construído a partir de minha própria experiência: quando eu me vejo começando a tratar Kant ou qualquer filósofo em um espírito de *veneração*, então é sinal de que eu devo parar de lê-lo por algum tempo e escolher em vez disso os escritos de um algum outro grande filósofo (Hume ou Hegel, por exemplo), em relação ao qual esses sentimentos excessivamente antifilosóficos não estejam enfraquecendo meus poderes críticos e anuviando meu bom juízo.

A.W.W.

1
VIDA E OBRAS

O pensamento filosófico de Immanuel Kant marca a divisão entre os dois períodos mais importantes da história da filosofia moderna. Retrospectivamente, a filosofia kantiana foi a última grande tentativa de resolver os problemas dos quais se ocuparam os filósofos nos séculos XVII e XVIII. Isso incluía providenciar uma fundamentação filosófica para a nova ciência, desenvolvendo a relação dessa nova visão sobre a natureza com a concepção tradicional da metafísica, da moralidade e da religião, bem como definindo os limites de nossas capacidades para conhecer a realidade natural e sobrenatural. Ao mesmo tempo, prospectivamente, Kant redefiniu a agenda filosófica do início da era moderna, determinando os problemas que os séculos XIX e XX tiveram de enfrentar. Ele mudou o verdadeiro significado de "metafísica" ou "filosofia primeira", de um estudo de primeira ordem do reino dos seres incorpóreos ou sobrenaturais, para um estudo de segunda ordem do modo como a própria investigação humana torna possível seu acesso a qualquer objeto que estuda. Ele chamou a atenção para o modo como as teorias científicas e investigações científicas são formadas pela teorização criativa dos seres humanos como investigadores da natureza e para o modo como a atividade da ciência relaciona-se com outras atividades humanas.

Movimentos tão diversos como o idealismo especulativo, o positivismo lógico, a fenomenologia e o pragmatismo têm seus fundamentos na assim chamada "revolução copernicana" da filosofia crítica de Kant. Ele revolucionou os fundamentos filosóficos da ética, mudando-a de uma ciência dirigida à busca de um bem previamente dado ou do estudo do modo como as ações humanas e as avaliações são controladas pelos sentimentos naturais para uma investigação do modo como os agentes livres governam suas próprias vidas de acordo com princípios racionais auto-impostos.

Kant fez tudo isso, em parte, por causa da extraordinária amplitude de sua curiosidade e simpatia intelectuais. Ele começou a estudar filosofia devido a um interesse pelas ciências físicas: os seus primeiros escritos foram contribuições para a física, química, astronomia e geologia de seu tempo. Durante toda a sua vida, acompanhou os progressos nas ciências da natureza: no final dos seus 70 anos, por exemplo, ele se interessou pela revolução de Lavoisier na química, pedindo que experimentos cruciais fossem repetidos em Königsberg por um professor de medicina. Kant é normalmente visto como o fundador da disciplina de geografia física, uma matéria que lecionou repetidamente durante a sua carreira universitária. Leitor ávido de narrativas concernentes a povos distantes e culturas estrangeiras, ele reconceitualizou o estudo da antropologia em preleções sobre o assunto, popularmente acessíveis durante 25 anos (este foi o curso de Kant mais freqüentado e o curso universitário mais assistido). Como poderemos ver neste livro, o empreendimento filosófico kantiano abrangeu não só a fundamentação do conhecimento científico e dos valores morais, mas incluiu também desenvolvimentos revolucionários na história da estética e da filosofia da história. Durante a última década de sua vida, Kant dedicou seu trabalho filosófico a redefinir a relação da razão com a religião e revolucionou a teoria das relações internacionais ao propor que as relações permanentes entre os Estados deveriam ser de uma paz juridicamente ordenada, em vez de uma hostilidade incipiente e uma eterna preparação para a guerra.

As realizações de Kant deveram-se ainda ao fato de que ele representou muito bem o espírito crítico do Esclarecimento do século XVIII. Trata-se de um espírito de radical questionamento e auto-reflexão, que exige de toda atividade humana que possa justificar-se ante o tribunal da razão. Kant aplicou esse espírito em cada área da vida: às ciências, à crítica estética, à moralidade, à política e acima de tudo à religião. Sua posição em cada área da filosofia é difícil de classificar-se em categorias habituais (tais como "racionalismo" e "empirismo") porque representa ao mesmo tempo a síntese de posições passadas e a redefinição fundamental das matérias que fundamentam a oposição entre as escolas tradicionais de pensamento. Na teoria do conhecimento, Kant é um racionalista, mas limita o conhecimento humano ao que pode ser dado pela experiência. Na ética, ele considera os seres humanos subordinados a uma lei moral que vincula absolutamente, mas sustenta que a única autoridade possível de tal lei é aquela da própria vontade racional. Na estética, ele considera os juízos de gosto como inteiramente subjetivos e não-cognitivos, mas defende a posição de que eles têm uma validade universal tão estrita quanto aquela da ciência ou da moral. Na religião, ele considera a nossa própria razão como a única autoridade final, mas nega que o conhecimento abra espaço para a fé.

Como o próprio Esclarecimento, a filosofia de Kant gera uma desorientada variedade de pensadores e movimentos que pretendem ser seus herdeiros ou alternativamente, ou ao mesmo tempo, expor e corrigir seus erros. A história da disputa sobre o legado de Kant e a luta para transcender o seu ponto de vista equivalem à história intelectual de todo o século XIX e XX. Esses mesmos conflitos prometem caracterizar o futuro do mesmo modo, pelo que podemos antever agora e para além disso.

O objetivo deste livro é expor a filosofia de Kant. Porém, este primeiro capítulo pretende resumir a vida do homem ao qual essa filosofia pertenceu.

PANO DE FUNDO E INFÂNCIA

Kant nasceu em 22 de abril de 1724 em Königsberg, leste da Prússia, um porto localizado onde o Rio Pregel escoa no Mar Báltico. Nessa época, a cidade era um isolado posto avançado a leste da cultura germânica (ainda que ocupado por tropas russas por muitos anos durante a vida de Kant). A maior parte da cidade foi arrasada pelos bombardeios britânicos e americanos ou pela artilharia soviética antes de sua invasão pelo exército soviético em 1945. Depois da guerra, a cidade sofreu faxina ética de sua população germânica e foi renomeada como Kaliningrad (por um completo e odioso fiel stalinista) e tornou-se o que ela ainda é, um posto avançado da cultura russa a oeste. Por quase 40 anos do século XX, como quartel general da frota soviética do Báltico, ela foi inteiramente fechada aos estrangeiros e também à maioria dos russos.

A catedral luterana, na qual Kant se recusou por princípio a prestar serviço religioso, permaneceu fora da ruína dos bombardeios até a era Gorbachev, mas foi significativamente reconstruída e renovada durante os anos de 1990. Na época de Kant, o maior prédio da universidade (não mais existente) estava localizado perto da catedral. A própria catedral continha a biblioteca universitária onde ele estudava freqüentemente e trabalhou como bibliotecário por algum tempo. O túmulo de Kant, localizado apropriadamente *fora*, ao lado da catedral (e à esquerda do altar), traz marcas de balas de metralhadora da época da guerra, mas permanece em grande parte intacto (nunca precisou ser reconstruído). Ele escapou da demolição pelas bombas aliadas, segundo boatos, porque um general soviético (com uma educação maior do que a média) ordenou que o túmulo (juntamente com uma estátua de Schiller que ainda está em pé em algum lugar da cidade) deveria ser poupado da destruição quando suas tropas estavam triunfalmente descarregando seu ódio sobre o resto de Königsberg. Desde a guerra, a nova população russa de Kaliningrad mantém o túmulo constantemente adornado com flores. Até os dias atuais, é visitado habitualmente por recém-casados. Aparentemente, o austero filósofo racionalista Immanuel Kant – luterano por formação, mas em sua maturidade sempre profundamente desconfiado da superstição religiosa popular em todas as suas formas – foi a imitação mais próxima de um santo ortodoxo local que essa velha cidade teve para a nova população venerar.

A Königsberg do século XVIII estava conectada ao restante do mundo através de seu acesso ao mar e ostentava uma rica e curiosa cultura intelectual variada. Não obstante, seria inimaginável que de tal lugar se pudesse esperar a maior revolução na filosofia moderna. Nem que seria Immanuel Kant, julgando a partir de sua família e de suas origens sociais, o tipo de pessoa da qual se tivesse podido esperar tal feito. Ele foi o segundo filho e o sexto de nove crianças, filho de Johann Georg Kant, um humilde seleiro (ou trabalhador do couro) de ganhos muito modestos, e de Anna Regina Reuter, filha de um membro da mesma guilda de seleiros. Kant pensava que sua família tivesse vindo da Escócia (e que o sobrenome fosse escrito "Cant"). Ele se orgulhava de reivindicar uma herança que poderia afiliá-lo a homens que admirava muito, como era o caso de Francis Hutcheson, David Hume, Lord Kame e Adam Smith. Pesquisas mais recentes mostraram, contudo, que desafortunadamente ele estava enganado sobre esse ponto de sua genealogia, provavelmente iludido pelo fato de que mais de um de seus grandes tios casou-se com esposas recém-imigradas da Escócia. Os ancestrais de Kant, tanto quanto se possa identificá-los, foram inteiramente de origem germânica. A família de seu pai veio de Tilsit.

Os pais de Kant foram devotos pietistas. O pietismo foi um movimento de revitalização que ocorreu no século XVII e que teve um grande impacto na cultura germânica por todo o século XVIII. Ele é comparável a outros movimentos religiosos contemporâneos, tais como os *quakers* ou os metodistas na Inglaterra ou o chassidismo entre os judeus da Europa central. O pastor da família de Kant, Franz Albert Schulz, era também reitor do recém-fundado *Collegium Fredericianum*. Percebendo sinais de excepcional inteligência no humilde segundo filho da família Kant, arranjou-lhe uma oportunidade educacional que certamente era rara para a classe social de seus pais. No *Fredericianum*, Kant aprendeu latim e o suficiente para ingressar na universidade aos 16 anos. No entanto, ele julgou a atmosfera de zelo religioso exagerado, sobretudo a tirania intelectual do catecismo, insuportavelmente sufocante para a mente e o espírito.

No decurso de um breve tratado de meteorologia, ele ao final escreveu sobre os catecismos que "na nossa infância nós memorizamos até o último fiapo e acreditamos tê-los entendido, mas quanto mais velhos e mais reflexivos nos tornamos, menos entendemos deles e, dessa forma, mereceríamos ser enviados de volta à escola mais uma vez, mas somente se pudéssemos encontrar lá (além de nós próprios) quem o tivesse compreendido melhor" (AA 8:323).

Tentativas são freqüentemente feitas para identificar influências pietistas no pensamento kantiano moral e religioso. Contudo, virtualmente todas as referências explícitas ao pietismo em seus escritos ou preleções foram francamente hostis. Ele normalmente identificava o pietismo ou com o espírito de um estrito sectarismo na religião, ou com uma autodesprezada letargia moral que não faz nada para melhorar o próprio eu ou o mundo, mas espera passivamente que a graça divina faça tudo. Talvez sua mais branda observação seja uma que define o "pietista" como alguém que "insipidamente torna a idéia da religião dominante em toda conversação e discurso" (*AA* 27:23). A filosofia kantiana foi, por isso, vista com hostilidade pela maioria dos pietistas influentes em Königsberg.

Foi no ano de 1740 que Kant ingressou na universidade. No mesmo ano, Frederico, o Grande, tornou-se rei da Prússia. Essa data foi significativa na vida intelectual da Alemanha, pois um dos primeiros atos de Frederico foi chamar Christian Wolff do exílio em Marburg para o seu cargo de professor na Universidade de Halle, dando, assim, apoio simbólico ao movimento intelectual conhecido como *Aufklärung* (Esclarecimento) do qual Wolff foi considerado o pai. Dezessete anos antes, ele fora sumariamente exilado pelo pai de Frederico, Frederico Wilhelm I, dos territórios da Prússia sob a influência dos pietistas da corte prussiana. Eles contestaram o modo como o Esclarecimento tinha feito das universidades alemãs lugares de raciocínio escolástico estrito, em vez de lugares de inspiração religiosa e exortação moral. Eles também consideravam questionável a fascinação de Wolff pelo pensamento "pagão" (ele foi, na verdade, um dos primeiros europeus a empreender um estudo filosófico dos escritos de Confúcio, o qual foi tratado por ele com um espírito alarmantemente simpático). Os pietistas também ficaram horrorizados com algumas de suas doutrinas filosóficas, como a de que a vontade humana está sujeita à determinação causal sob o princípio de razão suficiente (ainda que Wolff não negasse a liberdade da vontade, embora fosse o que agora podemos chamar de "compatibilista" ou "determinista fraco"). A luta entre wolffianos e pietistas nas universidades e na vida intelectual em geral foi decisiva para o desenvolvimento intelectual no qual Kant viveu.

INÍCIO DA CARREIRA ACADÊMICA

O primeiro estudo de Kant na universidade foi de literatura latina, o que deixou suas marcas em numerosas citações dos poetas latinos que constituem quase os únicos adornos literários dos escritos filosóficos de Kant. Porém, cedo ele ficou sob a influência daqueles que ensinavam matemática, metafísica e ciências da natureza na universidade. O mais conhecido destes foi Martin Knutzen (1713-1751), cuja morte prematura – especula-se às vezes – privou-o de uma influência filosófica que foi depois exercida pelo seu mais famoso estudante. Knutzen é algumas vezes descrito como um wolffiano, mas ele era mais um pietista crítico de Wolff do que seu adepto. Ademais, é no melhor dos casos uma simplificação pensar em Kant como um "estudante de Knutzen" por uma razão: os talentos de Kant foram, aparentemente, não muito apreciados por Knutzen. Ele nunca considerou Kant como um de seus melhores alunos, e esse desafortunado fato foi amplamente responsável pelo que, com a percepção tardia do que deveria ter sido feito, nós vemos agora como o extraordinariamente lento desenvolvimento da carreira acadêmica de Kant. Além disso, a dissertação de licenciatura de Kant foi completada em 1746, sob a orientação de Johann Gottfried Teske (1704-1772). Isso torna mais preciso descrever Kant como um "aluno de Teske", ainda que este fosse um cientista da natureza com poucos interesses filosóficos óbvios. A própria dissertação foi em grande parte uma elaboração das pesquisas de Teske sobre combustão e eletricidade. De fato, todos os escritos que Kant publicou antes dos 30 anos foram em ciências naturais, sobre tópicos da física leibniziana, astronomia, geologia e química.

Kant deixou a universidade em 1744, aos 20 anos, para ganhar a vida como tutor particular, o que ele fez pela década seguinte em várias casas no leste da Prússia. O mais influente de seus empregadores foi o Conde von Keyserling. Mesmo nos últimos anos, ele manteve relações sociais com essa família, especialmente com a condessa. Kant foi duas vezes noivo, mas em ambas as vezes adiou o casamento sob o argumento de que não era financeiramente solvente o bastante para sustentar uma família e em ambas as vezes sua noiva cansou-se de esperar e desposou outra pessoa. No tempo em que ele estava em condições financeiras para casar, tinha passado a apreciar – provavelmente sob a influência de seu amigo Joseph Green – a independência da vida de solteiro e resolveu viver sem esposa ou família.

Kant retornou à vida universitária em 1755, quando recebeu os graus de mestre e doutor em Filosofia e obteve o cargo de livre-docente (*Privatdozent*). Isso significa que ele foi licenciado para ensinar na universidade, mas não lhe era pago salário, de tal forma que ele tinha que ganhar para viver das espórtulas que os alunos pagavam por suas preleções. Uma vez que o seu sustento dependia daquilo que os alunos queriam aprender, ele se viu na contingência de ensinar não somente lógica, metafísica, ética, teologia natural e ciências da natureza, incluindo física, química e geografia física, mas também questões práticas relacionadas a elas, como fortificação militar e pirotecnia. Por um tempo considerável, Kant devotou a maior parte de seu labor intelectual a questões das ciências da natureza: física matemática, química, astronomia e a disciplina de "geografia física" (da qual ele é hoje considerado o fundador), que nós podemos agora chamar de "ciências da terra". Esse trabalho culminou na *História geral da natureza e teoria do céu* (1755). Nesse ensaio, Kant foi o primeiro a propor a hipótese nebular da origem do sistema solar. No entanto, o fracasso financeiro de seu editor teve o efeito de quase suprimir completamente a obra, sendo que ela permaneceu desconhecida por muitos anos até que La Place aventou essencialmente a mesma hipótese com maior elaboração matemática.

No mesmo ano, contudo, Kant também começou a se engajar em reflexões filosóficas críticas sobre os fundamentos do conhecimento e os primeiros princípios da metafísica wolffiana no tratado *Nova elucidação dos princípios primeiros do conhecimento metafísico*, no qual ele submete argumentos e proposições centrais da metafísica e da teoria do conhecimento de Wolff a exame crítico e no qual se encontram as primeiras proposições de alguns dos pensamentos característicos de Kant sobre tópicos como a causalidade, a relação mente-corpo e as tradicionais provas metafísicas da existência de Deus.

Muitos anos mais tarde, no prefácio aos *Prolegômenos a toda metafísica futura* (1783), Kant afirmou que foi a lembrança de David Hume que o despertou de seu "sono dogmático". Há literatura na Alemanha que busca (até desesperadamente a meu juízo) dar alguma forma de substância biográfica a essa observação.[1] De modo muito mais plausível, Kant pretendeu com essa observação convidar sua platéia (considerando que esta havia aprendido filosofia wolffiana) a encontrar o próprio caminho para a sua filosofia crítica através da reflexão sobre os desafios céticos de Hume. A justaposição entre o ceticismo humeano e o dogmatismo wolffiano pode ter sido um impulso para Kant levantar a questão fundamental da possibilidade da metafísica e é, certamente, indicativo da sua permanente admiração pela filosofia humeana. Contudo, é mais desafortunado que tal observação tenha sido tomada como uma referência autobiográfica confiável sobre o seu desenvolvimento filosófico. Quando ela é interpretada para dizer que Kant começou como um metafísico wolffiano clássico, somente para ser despertado do racionalismo complacente pelas duvidas céticas de Hume, tal observação simplesmente não corresponde a todos os fatos da vida intelectual de Kant. Um estudioso do desenvolvimento da filosofia de Kant verá que ele era, desde o princípio, um crítico de alguns dos mais básicos princípios da metafísica wolffiana. Nunca houve um "sonho dogmático" do qual despertar. O longo caminho do desenvolvimento de Kant em direção à posição da *Crítica da razão pura* (e, muito mais significativamente, além dela) foi sempre uma incansável procura interrompida apenas pela decrepitude do final da vida e pela morte. Os seus primeiros pontos de partida, em 1755, já eram consideravelmente distantes do "dogmatismo" de Wolff.

Uma platéia filosófica maior foi primeiramente atraída pelos escritos de Kant de 1762, quando ele entrou em uma competição que premiaria um ensaio sobre os fundamentos da metafísica. Moses Mendelssohn ganhou o prêmio, mas o ensaio de Kant, intitulado *Investigação sobre a evidência dos princípios da teologia natural e da moral*, publicado em 1764, juntamente com o ensaio vencedor de Mendelssohn, recebeu notáveis elogios deste (em relação a quem Kant sempre manteve mútua admiração e respeito).

O interesse de Kant por filosofia moral desenvolveu-se relativamente tarde. Por ocasião do prêmio, assim como em suas primeiras preleções sobre ética, ele pareceu ter sido atraído pela teoria do senso moral de Francis Hutcheson. Porém, logo se convenceu de que uma teoria baseada em sentimentos era inadequada para captar a validade universal e a incondicional vinculação da lei moral que freqüentemente desafia e domina desejos e sentimentos humanos corrompidos. Seu pensamento sobre ética foi drasticamente modificado por volta de 1762 pela sua familiaridade com os escritos recém-publicados de Jean-Jacques Rousseau, *O Emílio ou da educação* e *O contrato social*. O pietismo já o ensinara a acreditar na igualdade de todos os seres humanos como filhos de Deus e na igreja universal, incluindo o sacerdócio de todos os crentes, a ser buscada como um ideal moral em um mundo corrompido pela divisão espiritual e injusta desigualdade. Essas convicções agora tomaram a forma mais racionalista da visão de Rousseau dos seres humanos, livres e iguais por natureza, os quais se encontram em um mundo social não-livre, onde os pobres e os fracos são oprimidos pelos ricos e poderosos. Logo, Kant começava definindo sua própria posição ética pela ênfase na soberania da razão, associando sua filosofia moral com o título de "metafísica dos costumes". Não obstante, foram mais de 20 anos até que a teoria moral kantiana chegasse à maturidade. Enquanto isso, a tarefa à qual ele dedicou seu principal esforço foi aquela de reformar os fundamentos das ciências e descobrir a relação adequada entre ciência empírica e as pretensões do conhecimento *a priori* ou metafísico.

O amigo mais próximo de Kant durante sua juventude foi Johann Daniel Funk (1721-1764), professor de direito que levou uma vida licenciosa e morreu ainda jovem. Como seu amigo Funk (e contrariamente à grosseira imagem tradicional distorcida dele), Kant foi sempre um homem gregário, descrito por aqueles que o conheceram como charmoso, espirituoso e galante. Comparado com Funk, no entanto, ele era muito mais controlado e prudente. Sua sociabilidade incluía regular jogo de cartas e de bilhar, que ele fazia com notável astúcia e habilidade. Os ganhos de Kant com isso freqüentemente completavam seu minguado salário na universidade. Após a morte de Funk, Kant estabeleceu sua mais longa e íntima amizade com um negociante inglês, chamado Joseph Green (1727-1786). Green foi um solteiro excêntrico e um homem de hábitos austeros e regulares. Foi provavelmente sob a sua influência que Kant adquiriu muitas das características (muitas vezes altamente distorcidas) pertencentes à imagem que se formou dele mais tarde. Desde muito cedo, Kant investiu sua poupança na especulação da empresa mercantil Green & Motherby, o que foi suficientemente proveitoso para propiciar-lhe uma fortuna confortável ao tempo em que ele obteve o cargo de professor em 1770.

GÊNESE DA FILOSOFIA CRÍTICA

O lento desenvolvimento da carreira acadêmica de Kant corresponde ao longo período de gestação do sistema de seus pensamentos pelos quais mais o lembramos hoje. O cargo de professor em lógica e metafísica foi aberto na Universidade de Königsberg em 1756 e 1758, mas Kant nem mesmo se inscreveu para a primeira e, devido a suas qualificações bastante limitadas, foi regularmente deixado em segundo lugar. Após o reconhecimento recebido de Mendelssohn e da Academia da Prússia, foi-lhe oferecida a vaga de professor de poesia na universidade em 1764, mas ele declinou porque queria continuar dedicando-se às ciências da natureza e à filosofia. Em 1766, aceitou um cargo de bibliotecário substituto na universidade que o agraciou com o primeiro salário acadêmico regular. Declinou dessa oportunidade para assumir a vaga de professor em 1769, primeiro em Erlangen e depois em Jena, principalmente por sua relutância em deixar a Prússia do leste, mas também porque esperava que a vaga de professor de lógica em Königsberg pudesse estar disponível a ele no ano seguinte. Nos anos subseqüentes, Kant teve outras oportunidades (por exemplo, foi-lhe oferecida uma vaga de professor em Halle em 1778), mas optou por nunca deixar Königsberg. Assim como Beethoven, o mais revolucionário dos compositores, escreveu algumas de suas músicas mais originais depois de estar totalmente surdo, assim Kant, o mais cosmopolita dos filósofos, viveu em uma província isolada da Europa do nordeste e nunca viajou mais do que trinta milhas do lugar de seu nascimento.

Ele escreveu a dissertação inaugural, *Sobre as formas e os princípios do mundo sensível e inteligível*, em latim, ao assumir sua vaga de professor em Königsberg. Com ela deu vários passos em direção ao que podemos agora ver como tendo-o levado finalmente à filosofia crítica dos anos de 1780 e 1790. Por volta de 1772, Kant disse a seu amigo e ex-aluno, Marcus Herz, que estava trabalhando em um grande tratado filosófico, a ser chamado de *Limites da sensibilidade e da razão*, que ele esperava terminar em um ano. No entanto, levou mais de uma década até que Kant publicasse a *Crítica da razão pura*. Durante os anos de 1770, escreveu e publicou muito pouco. Apesar de ter galgado à vaga de professor, Kant continuou a viver em quartos mobiliados em uma ilha no Rio Pregel, na qual se situava o prédio da universidade e da catedral que abrigava a biblioteca. Seriam mais 13 anos antes que ele pudesse comprar uma casa para si.

Contudo, logo no início dessa "década silenciosa", Kant começou a lecionar a matéria de "antropologia", estimulado (ou provocado) pela *Antropologia para médicos e filósofos*, de Ernst Platner (1772). Kant rejeitou o reducionismo "fisiológico" de Platner em favor de uma posição que enfatizou a experiência prática da interação humana e da historicidade de os seres humanos. Ainda que Kant sempre fosse profundamente cético da capacidade de os seres humanos obterem algo como um conhecimento científico de sua natureza e estivesse profundamente insatisfeito com todo o estado do estudo da natureza humana até então, buscava uma futura revolução científica nessa área de estudo (que ele próprio não pretendia estar habilitado a realizar). Lecionou antropologia em um estilo popular pelos 25 anos seguintes. Essas preleções foram as mais freqüentemente ministradas e uma das mais assistidas durante a sua carreira de professor. As idéias de Kant sobre antropologia exerceram uma poderosa, mas sutil, influência no seu tratamento da epistemologia, da filosofia da mente, da ética, da estética e da filosofia da história. Porém, é uma influência difícil de acessar porque Kant nunca articulou uma teoria sistemática da antropologia, e seus escritos publicados sobre o assunto limitaram-se a um texto popular derivado de suas preleções, a *Antropologia de um ponto de vista pragmático* (1798), publicado ao final de sua carreira de professor.

A *Crítica da razão pura* foi finalmente publicada na primavera de 1781 (menos de um mês antes do 57º aniversário de Kant). Embora tenha dedicado seu trabalho a ela para uma conclusão verdadeiramente rápida, no espaço de quatro meses em 1779-1780, esse livro esteve em preparação por aproximadamente 10 anos. Conta-se que Kant leu cada sentença desse livro a Green, cuja opinião, mesmo em matérias filosóficas, ele considerava muito. Assim que a *Crítica* foi publicada, a originalidade evidente dos pensamentos nela contidos e a dificuldade de sua luta para finalizá-la levaram Kant a esperar que a obra atraísse atenção imediata, ao menos entre os filósofos. Conseqüentemente, desapontou-se pela fria e incompreendida recepção que ela recebeu inicialmente. No primeiro ou no segundo ano, Kant recebeu somente um silêncio desconcertante daqueles de quem mais esperava que dessem uma acolhida simpática.

Kant considerou simplesmente frustrante a resenha da *Crítica* publicada nas *Göttingen gelehrte Nachrichten* em janeiro de 1782. Ela foi ostensivamente escrita por Christian Garve (um homem que Kant respeitava), mas foi pesadamente revisada pelo editor do jornal, J. G. Feder, um filósofo do Esclarecimento, simpático a Locke, que tinha pouca paciência para a metafísica em qualquer forma e não tinha simpatia alguma pelos projetos abstrusos nos quais Kant estava envolvido. A resenha interpretou o idealismo transcendental de Kant como nada mais do que uma variante do idealismo de Berkeley – uma redução do mundo real a representações subjetivas, baseada em uma elementar confusão entre os estados mentais e seus objetos. A resenha, juntamente com uma incompreensão evidente da *Crítica* pela maior parte dos seus primeiros leitores, levou-o à tentativa de uma apresentação mais acessível de suas idéias nos *Prolegômenos a toda metafísica futura* (1783). No entanto, Kant não era bom em escrever popularmente e foram precisos muito mais anos antes que a *Crítica* começasse a ter o tipo de atenção que ele almejara.

ANOS DE SUCESSO ACADÊMICO

Kant nasceu pobre e permaneceu pobre, um não-assalariado, à margem da academia, até a meia-idade. Apesar disso, seus investimentos com Green e sua indicação para uma vaga de professor finalmente lhe renderam uma vida confortável, de modo que, no início dos anos de 1790, sua fama tornou-o um dos professores mais bem-pagos do sistema educacional prussiano. Durante o fim da década de 1760 e ao longo da maior parte da década de 1770, ele viveu, juntamente com muitos outros da universidade, em uma espaçosa casa com quartos, de propriedade do editor e livreiro Kanter. Em 1783, aos 59 anos, graças à influência e à ajuda de seu amigo Theodor Gottlieb von Hippel (1741-1796), prefeito de Königsberg, Kant finalmente comprou uma casa para si mesmo – uma casa ampla e confortável na Prinzessinstraße no centro da cidade, quase às sombras do castelo real que deu o nome à cidade.

Hippel, o amigo de Kant, foi um homem notável. Ele foi ativo não só politicamente, mas também intelectualmente. Era um homem esclarecido e inteligente, autor de peças excêntricas e satíricas e novelas ao estilo de Sterne. Escreveu tratados políticos defendendo a progressiva igualdade civil dos judeus e sustentou uma posição radical sobre o *status* social da mulher, advogando a reforma do casamento para assegurar sua igualdade com os homens em todas as esferas da vida. Os pontos de vista de Hippel sobre a emancipação das mulheres estavam muito à frente dos do próprio Kant, embora os rumores da época sustentassem que tivesse sido este o ponto defendido por Kant na autoria desses escritos "feministas". Ainda que Kant nos últimos anos vivesse confortavelmente, Hippel foi manifestamente rico. Kant tinha chegado a conhecer Hippel no mesmo círculo de Funk, sendo também o estilo de vida de Hippel mais influenciado por Funk. Depois da morte de Hippel (como outros homens que advogavam à época os direitos das mulheres, como William Godwin), ele foi objeto de boatos que desaprovam seu comportamento sexual escandaloso. Kant, todavia, sempre se recusou a participar desses ataques.

Outra das notáveis amizades de Kant é ainda mais curiosa: aquela com J. G. Hamann (que também era amigo próximo de Green). Hamann foi um pensador e escritor brilhante, mas as suas idéias – como a sua personalidade – dificilmente poderiam ser mais diferentes do que as de Kant. Hamann era um excêntrico pensador religioso que combinava ceticismo filosófico com irracionalismo fideísta. Ele teve uma história de vida problemática, viveu uma vida não-convencional (por exemplo, coabitava com uma mulher com quem ele nunca se casou) e era um homem imprudente, instável e doente. Os escritos de Hamann eram concisos, imprevisivelmente eruditos, repletos de idiossincrasias, de ironias e alusões inventivas, sempre um enigmático atormentador (ou enfurecedor). Ele foi um crítico agudo do Esclarecimento, incluindo a filosofia de Kant, e o mentor do contra-esclarecimento alemão e do movimento literário *Sturm und Drang*. Isso exprime algo muito significativo e muito favorável sobre o caráter e a grandeza de ambos, sobre suas mentes, ou seja, eles eram genuinamente amigos e suas profundas diferenças de estilo e perspectiva aparentemente nunca levaram a qualquer desavença pessoal significativa.

A relação de Kant com outros amigos e conhecidos revela um retrato mais ambíguo. Durante os anos de 1760, ele foi próximo aos hábitos do servidor público Johann Konrad Jacob e, talvez, ainda mais de sua esposa Maria Charlotta.[2] Porém, quando ela deixou seu marido, depois do divórcio e novo casamento, e começou um relacionamento com outro conhecido de Kant, o mestre da casa da moeda Johann Julius Göschel, Kant cortou relações com a adúltera e sempre se recusou a vê-la ou a seu novo marido. No entanto, ele não era sempre tão intolerante com a indiscrição sexual. Quando seu doutorando F. V. L. Plessing[3] foi pai de uma criança ilegítima em 1784, Kant tomou a responsabilidade de assumir os pagamentos necessários à jovem mulher e pode mesmo ter sido ele próprio quem proveu alguns dos pagamentos. Apesar disso, quando em 1794, a jovem Maria von Herbert enfrentou problemas e procurou o conselho do filósofo para obter consolo em um momento de angústia interior e desespero, Kant mostrou uma notável insensibilidade aos seus sentimentos, encaminhando-a à sua amiga comum Elizabeth Motherby como *"die kleine Schwärmerin"* (a pequena exaltada), citando-a como um mau exemplo do que acontece com jovens mulheres que não controlam suas fantasias. Alguns anos mais tarde, Maria cometeu suicídio.

Alunos que Kant considerava terem se desviado do caminho correto foram algumas vezes tratados de forma grosseira. Quando o seu ex-aluno J. G. Herder criticou Kant nos primeiros dois volumes de suas *Ideen zur Philosophie der Geschichte der Menschheit* (Idéias para a filosofia da história da humanidade, 1785-1787), Kant escreveu alguma resenhas condescendentes sobre a obra de Herder e então tentou passar a dúbia tarefa de criticá-lo a outro de seus muito hábeis alunos, Christian Jacob Kraus (o qual foi o maior expoente das teorias econômicas de Adam Smith na Alemanha). Quando Kraus se recusou a concordar com os desejos de Kant, eles brigaram e sua antiga amizade muito próxima chegou ao fim. Kant ajudou o jovem J. G. Fichte a começar a sua carreira filosófica, auxiliando-o na publicação de seu primeiro livro, intitulado *Versuch einer Kritik aller Offenbarung* (Ensaio de crítica a toda a revelação, 1792). No entanto, em 1799, talvez sob a invejosa influência de alguns de seus alunos, Kant denunciou Fichte publicamente, repudiando-o como um seguidor da filosofia crítica e citando o provérbio italiano: "Livre-me Deus dos amigos que dos inimigos me livro eu" (*AA* 12:371).

A CASA DE KANT NA PRINZESSINSTRAßE

O primeiro andar da casa de Kant continha uma sala de entrada na qual ele ministrava suas preleções e a cozinha onde a comida era preparada por uma cozinheira (ele podia agora finalmente pagar o salário). No segundo andar, ficavam uma sala de estar, uma sala de jantar e o escritório de Kant (onde ele, segundo o que se conta, pendurou sobre a sua escrivaninha a única decoração que permitiu na casa – um retrato de Rousseau). O quarto de Kant ficava no terceiro andar. Durante muitos anos, ele teve um camareiro, Lampe, que era aparentemente dado à bebida e que foi dispensado por Kant no final dos anos de 1790 quando, segundo o que se conta, atacou seu frágil e idoso patrão durante uma briga.

No segundo andar (o da sala de jantar), Kant desfrutava sua única refeição verdadeira do dia, um almoço no qual ele recebia vários convivas. Königsberg era um porto e, apesar de Kant nunca ter se aventurado a ir muito longe dela, teve a oportunidade de conhecer pessoalmente vários dos distintos estrangeiros que passaram por lá. Na época desses banquetes (logo no início da tarde), Kant já tinha completado sua obra acadêmica mais importante. Ele se levantava regularmente às cinco da manhã, tomando como café-da-manhã apenas uma xícara de chá e fumando um cachimbo. Então se preparava para suas preleções, as quais ministrava cinco ou seis dias por semana, começando às sete ou oito horas da manhã. Depois disso, ia para o seu escritório e escrevia até a hora do almoço. Após a partida de seus convivas, Kant freqüentemente dormia um pouco em uma cadeira de descanso na sua sala de estar (algumas vezes algum amigo, como Green, dormia também em uma cadeira próxima a ele). Às cinco da tarde, o filósofo fazia a sua caminhada habitual, cujo horário, segundo a famosa lenda, era tão preciso e invariante que as donas de casa de Königsberg podiam acertar seus relógios pelo minuto no qual o Professor Kant passava por suas janelas. Apesar da regularidade da agenda de Kant, é provável que as queixas sobre sua saúde e especialmente sua dieta (ele comia muitas cenouras e bebia vinho diariamente, mas nunca cerveja) tenham resultado menos de uma personalidade compulsiva do que das necessidades de um homem idoso, que nunca esteve no melhor estado de saúde para se manter forte o suficiente a fim de completar seu trabalho filosófico, o qual ele não foi adequadamente hábil para começar antes de ter chegado à meia-idade. Os finais de tarde de Kant eram despendidos socialmente, fosse na casa de Green, fosse na de Hippel, fosse na companhia do conde e da condessa Keyserling.

ESCLARECIMENTO E FILOSOFIA DA HISTÓRIA

Em meados de 1780, Kant deixou em pequenos escritos ocasionais os fundamentos para grande parte da filosofia da história do século XIX. Em um grau significativo, o pensamento de Kant sobre a história foi induzido por sua leitura das *Idéias*, de Herder, que considerava a si mesmo como um crítico do Esclarecimento racionalista defendido por Kant. As contribuições de Kant para a filosofia da história foram, em parte, uma tentativa de defender a causa do Esclarecimento nesse debate. Em 1786, ele acrescentou a essas resenhas um ensaio satírico denominado *Conjecturas sobre o início da história humana*, parodiando o uso que Herder fez do Gênese no Livro 10 de suas *Idéias* para fundamentar sua teoria antiiluminista da história humana. Contudo, as *Conjecturas* também estabelecem alguns pontos importantes sobre o uso das conjecturas imaginativas para projetar tais teorias e sobre o papel da razão e do conflito no desenvolvimento progressivo e histórico das faculdades humanas.

Outro pequeno ensaio importante mostra que a concepção histórica da filosofia de Kant foi dada pelas observações publicadas sobre o clero conservador, que dispensaram o apelo por maior esclarecimento em questões de religião e de política, com o comentário de que ninguém ainda tinha sido capaz de dizer o que expressaria o termo "esclarecimento". A resposta de Kant foi o pequeno ensaio *Resposta à pergunta: o que é esclarecimento?* (1784). Kant recusa-se a identificar *esclarecimento* com o mero aprendizado ou a aquisição de conhecimento (que ele acredita ser, no melhor dos casos, uma conseqüência daquilo a que o termo genuinamente se refere). Em vez disso, Kant vê o esclarecimento como ato de abandono de uma condição de imaturidade, na qual a inteligência da pessoa tem de ser guiada por um outro. Muitas pessoas que são capazes de guiar o próprio entendimento, ou que poderiam ser capazes se tentassem, no entanto preferem deixar outros guiá-las, seja porque é fácil e conveniente viver de acordo com um sistema estabelecido de valores e crenças, seja porque estão ansiosas a respeito das incertezas que trarão para si mesmas se começarem a questionar as crenças recebidas, seja porque são temerosas em tomar a responsabilidade de governar a própria vida. Ser esclarecido é, portanto, ter a coragem e a resolução de ser independente no seu próprio pensar, *de pensar por si mesmo.*

Kant também enfatiza que o esclarecimento deve ser visto como um processo histórico e social. Durante todo o passado humano, a maior parte das pessoas foi habituada a ter seus pensamentos dirigidos por outros (por governantes paternalistas, pela autoridade de velhos livros, acima de tudo pela mais degradante de todas as formas, sob o ponto de vista de Kant, a saber, pelos sacerdotes de religiões autoritárias, os quais usurpam o papel da consciência individual). Tornar-se esclarecido é virtualmente impossível para um indivíduo isolado, mas torna-se possível quando a prática de pensar criticamente torna-se prevalente em um povo no qual reina um espírito livre e uma comunicação aberta entre seus membros. As propostas de Kant concernentes à liberdade de comunicação em *O que é esclarecimento?* são baseadas não em algum alegado direito individual de livre expressão, mas são inteiramente conseqüencialistas em seus fundamentos e talhadas para o seu tempo e lugar, designadas para encorajar o incremento de um público esclarecido sob as circunstâncias históricas nas quais ele se encontrava.

Uma calúnia injusta dirigida com freqüência contra o Esclarecimento é a de que este era um movimento destituído de uma compreensão da história ou de um conhecimento do contexto histórico e do esforço das ações humanas. A acusação é perniciosamente falsa, sobretudo quando dirigida a Kant. O que isso representa, muitas vezes, é uma enganosa apresentação de uma perspectiva diferente da história do Esclarecimento ou, em vez disso, uma tentativa ainda mais rota adotada por pensadores do século XIX de fazer passar por suas as realizações do Esclarecimento no pensamento histórico, ou as duas ao mesmo tempo. A *Crítica da razão pura* (mesmo seu título) reflete uma concepção histórica da tarefa de Kant. Kant vê a "crítica" como um tribunal metafórico perante o qual as pretensões tradicionais da metafísica são trazidas para testar a sua validade. Sua metáfora é retirada da idéia política do Esclarecimento, qual seja, a de que as pretensões tradicionais dos monarcas e das autoridades religiosas deveriam ser trazidas às barras da razão e da natureza, pois, doravante, a legitimidade de ambas deveria basear-se somente no que a razão livremente reconhece. A filosofia de Kant é conscientemente criada para uma era do esclarecimento na qual os indivíduos estão começando a pensar por si mesmos e todas as matérias de interesse comum devem ser decididas por um público esclarecido, através da livre comunicação de pensamentos e argumentos.

Por quase 20 anos, Kant tentou desenvolver um sistema de filosofia moral sob o título "metafísica dos costumes". Não foi acidente, provavelmente, que ele tenha começado a cumprir essa intenção somente depois de ter sido provocado a pensar sobre a história humana e a situação desagradável na qual o progresso natural da espécie humana coloca seus membros individuais. A *Fundamentação da metafísica dos costumes* (1785) é uma das obras clássicas na história da ética e (como o seu título indica) propõe estabelecer os fundamentos para o sistema ético de Kant. Não obstante, ele nunca pretendeu fazer mais do que fornecer o princípio fundamental do sistema. As aplicações do princípio moral são discutidas somente por meio de alguns exemplos selecionados e não nos fornecem uma teoria sistemática dos deveres. Durante a década seguinte, Kant continuou a refletir sobre os fundamentos da ética e sobre a aplicação de seus princípios éticos à moralidade e à política. No entanto, ele apresentou algo que se assemelhe a um sistema ético apenas bem ao final de sua carreira, na *Metafísica dos costumes* (1797-1798).* O pensamento ético de Kant, e mesmo o que é dito na própria *Fundamentação,* é freqüentemente mal compreendido porque essas últimas obras não são tomadas em consideração na leitura.

Em 1786, a filosofia de Kant ganhou proeminência pela discussão favorável apresentada em uma série de artigos na amplamente lida publicação de Christoph Wieland, *Teutsche Merkur* (chamada "Cartas sobre a filosofia kantiana"), pelo filósofo Karl Leonard Reinhold, natural de Jena. A apresentação de Kant feita por Reinhold realizou repentinamente o que a própria obra de Kant havia falhado em fazer, ou seja, tornar as teorias da *Crítica* o foco principal da discussão filosófica na Alemanha. Logo, a filosofia crítica passou a ser vista como um novo e revolucionário ponto de vista: a maior questão filosófica a ser resolvida era se se poderia adotar a posição kantiana e, se isso fosse feito, qual versão ou interpretação deveria ser adotada. Logo também surgiu uma nova espécie de *crítico* da filosofia kantiana, um irrevogável filósofo "pós-kantiano", cujo criticismo foi motivado por supostas obscuridades e tensões da própria filosofia de Kant. Esses críticos souberam absorver as lições da filosofia kantiana e também "ir além" dela.

Por essa razão e por causa da má compreensão – como Kant descobriu – a que estava sujeita a sua filosofia, ele decidiu produzir uma segunda edição da *Crítica*, na qual poderia apresentar sua posição mais claramente. No início, ele pensou que poderia acrescentar uma seção, a *razão prática* (ou moral), que seguiria de perto seu tratamento dela na *Funda-*

---

* N. de T. A expressão *Metaphysics of Morals* foi traduzida como *Metafísica dos costumes*, quando se refere ao título da obra já consagrado em português, e como *metafísica da moral* nos demais casos. De modo geral, e na medida do possível, a tradução manteve a terminologia kantiana em uso na língua portuguesa.

mentação (e também respondendo a discussões críticas que haviam surgido a esse respeito). Em 1787, uma versão nova e melhorada da *Crítica da razão pura* apareceu, período no qual Kant também tinha decidido que sua discussão da razão prática seria muito longa para ser adicionada ao que já era verdadeiramente um livro extenso. Assim, ele decidiu publicá-lo separadamente como uma segunda "crítica".

Em um curto espaço de tempo, Kant já estava trabalhando em um terceiro projeto que tomaria um título paralelo. Ele concebeu a filosofia como um sistema arquitetônico, mas nunca fez parte de seu projeto sistemático escrever três "críticas". A *Crítica da razão prática* surgiu oportunisticamente do seu desejo de responder aos críticos da *Fundamentação* e também de sua decisão de revisar a *Crítica da razão pura*. Como dito antes, ele intentou originalmente incluir uma "crítica da razão prática" em sua segunda edição da KrV, mas escreveu um livro à parte quando viu que o tamanho dessa nova seção estava ficando fora de controle. Os motivos de Kant para escrever a *Crítica da faculdade do juízo* foram complexos e um pouco inescrutáveis, como o é a própria obra. Ele estava pensando, já por um longo período de tempo, sobre o tópico do gosto e do juízo do gosto e queria chegar a um termo com relação à tradição moderna de pensamento sobre esses assuntos, encontrado em filósofos como Hutcheson, Baumgarten, Hume e Mendelssohn. Juízos de gosto, tal como algo é bonito ou feio, têm a peculiaridade de, por um lado, não designar uma propriedade objetiva, mas referir-se meramente ao próprio prazer ou desprazer no sujeito, e, por outro lado, eles pretendem uma espécie de quase-objetividade, como se houvesse alguma coisa que *devesse* agradar ou desagradar a todos. Kant não estava satisfeito com a tentativa de Baumgarten de analisar a beleza como perfeição experimentada pelos sentidos e não pelo intelecto nem com o ponto de vista de Hume de que o gosto fosse meramente um prazer ou desprazer em um objeto considerado em relação a certas condições normativas de experienciação do mesmo, tal como o desinteresse. Ele queria compreender como o funcionamento de nossas próprias faculdades cognitivas, especialmente a harmonia entre a imaginação sensível e o entendimento requerido para todas as cognições, poderiam desempenhar um papel na geração de uma experiência que era ao mesmo tempo subjetiva e normativa para todos. No entanto, resolver esse problema está longe de ser toda a motivação subjacente à terceira *Crítica*.

Os dois maiores temas tratadas nessa obra – a experiência estética e a teleologia natural – foram preocupações de críticos do Esclarecimento, como Herder. Kant também necessitava clarear e explicar seu próprio pensamento sobre o *status* do pensamento teleológico em relação à ciência natural, uma matéria que o engajara antes em ensaios sobre a teologia natural e a filosofia da história. Contudo, se quisermos levá-lo a sério nessa obra, o maior motivo para escrever a *Crítica da faculdade do juízo* foi tratar do "abismo imenso" que ele percebeu entre o uso teórico da razão no conhecimento do mundo natural e o seu uso prático na moralidade e na fé moral em Deus. Permanece até os dias atuais como matéria controvertida saber como Kant esperava atravessar esse abismo na terceira *crítica* e o quanto ele teve sucesso nessa empreitada. No entanto, a *Crítica da faculdade do juízo* revela Kant, agora no fim da década de seus 60 anos, um filósofo que ainda está disposto a questionar e mesmo a revisar os princípios fundamentais do seu sistema. Sem contar que para seus seguidores idealistas – Fiche, Schelling e Hegel – foi a *Crítica da faculdade do juízo* que lhes pareceu mostrar Kant como estamos aberto a uma espécie de filosofia especulativa radical na qual eles estavam interessados.

UMA DÉCADA DE LUTA E DECLÍNIO

A década final da atividade de Kant como filósofo foi cercada de conflitos, e bem antes do fim desse período a sua saúde e inclusive as suas faculdades mentais já estavam em acentuado declínio. À medida que a filosofia crítica tornava-se cada vez mais proeminente na vida intelectual alemã e à medida que se tornou interpretada de modo variado por diferentes proponentes que viriam a ser seus reformuladores, Kant passou a defender as suas posições em diferentes frentes contra os ataques dos wolffianos, como J. A. Eberhard, dos lockeanos, como J. G. Feder e C. G. Selle, dos racionalistas iluministas populares, como Christian Garve, dos fideístas religiosos, como Thomas Wizenmann e F. H. Jacobi, ou contra uma nova espécie de filósofos especulativos "kantianos", como o brilhante, mas difícil, Salomon Maimon. As obras publicadas mais populares, durante os anos de 1790, foram devotadas à aplicação da filosofia crítica a matérias de interesse humano geral, especialmente na esfera prática: à religião, à filosofia política e ao acabamento de um sistema ético que ele havia chamado durante 30 anos de "metafísica dos costumes".

Kant também entrou em conflito com as autoridades políticas sobre suas posições acerca da religião. Do início de sua carreira acadêmica até 1786, o monarca da Prússia foi Frederico, o Grande. Frederico pode ter sido um déspota militar, mas suas posições em matéria de religião favoreceram a tolerância e o liberalismo teológico. Muitos o consideraram, privadamente, um "livre-pensador" ou mesmo um completo ateísta. A morte de Frederico em 1786 levou ao trono uma espécie de monarca muito diferente, o seu sobrinho Frederico Wilhelm II, para quem a religião era uma matéria muito importante. O novo rei estava chocado, desde longa data, com a ampla gama de não-ortodoxia, ceticismo e descrença que tinha sido permitida crescer no Estado prussiano durante o reinado de seu tio e inclusive na igreja luterana. Dois anos depois de ter chegado ao poder, ele exonerou Baron von Zedlitz (o homem a quem Kant havia dedicado a *Crítica da razão pura*) do cargo de ministro da educação, substituindo-o por J. C. Wöllner (a quem Frederico, o Grande, tinha descrito como "um clérigo conspirador fraudulento"). Ambos, o rei e seu novo ministro, acreditavam que a estabilidade do Estado dependia diretamente das crenças religiosas corretas entre os sujeitos e que, portanto, aqueles que questionavam a ortodoxia cristã estavam ameaçando diretamente os fundamentos da paz civil. Para eles, o ataque de Kant às provas objetivas da existência de Deus e a sua negação de que o conhecimento pudesse levar à fé pareciam perigosamente subversivos. Os seus princípios iluministas de que todos os indivíduos têm não somente um direito, mas até mesmo um dever de pensar por si próprios em termos de questões religiosas e de que o Estado deveria encorajar esse pensamento livre, protegendo uma arena "pública" de discussão de toda interferência estatal, pareciam ao novo rei e a seus seguidores ortodoxos a receita para a anarquia civil.

Wöllner logo emitiu dois "éditos religiosos", cuja intenção era reverter os efeitos do pensamento esclarecido sobre a igreja e sobre as universidades, submetendo o clero e os acadêmicos a testes de ortodoxia religiosa concernente ao que publicavam e ao que eles ensinavam do púlpito ou da estante de leitura. Os éditos colocavam muitos pastores liberais na posição de escolher entre perder seu salário e ensinar o que pensavam ser um conjunto de superstições antiquadas. Também foram tomadas medidas contra alguns acadêmicos (sobretudo especialistas na Bíblia), os quais foram forçados ou a abjurar o que haviam dito em seus escritos (o que freqüentemente os desacreditava frente a seus colegas), ou a perder seus cargos nas universidades (e, com isso, a oportunidade de ensinar seus próprios pontos de vista). Escritos sobre tópicos religiosos também deveriam ser submetidos a um quadro de censores, os quais tinham de aprovar, antes da publicação, a ortodoxia do que ensinavam.

Por volta de 1791, Kant soube de seu ex-aluno J. G. Kiesewetter, que era tutor real em Berlim, que havia sido tomada a decisão de proibi-lo de escrever qualquer tópico a mais sobre matéria religiosa. Contudo, por essa época, a proeminência de Kant era tamanha que isso não seria uma atitude fácil ou uma ação confortável de se tomar pelos ministros reacionários. Kant tinha pensado em escrever um livro sobre religião e não deixou que nenhuma dessas ameaças o dissuadissem. No entanto, ele desejava evitar confronto com as autoridades, tanto para se proteger quanto para respeitar os fundamentos morais dos quais era convicto.

Kant estava longe de ser um político radical em matérias como essa. Os seus pensamentos políticos são fortemente influenciados pela posição hobbesiana de que o Estado é necessário para proteger os indivíduos e as instituições básicas da sociedade contra as tendências humanas ao desrespeito violento dos direitos e que, com vistas à preservação da ordem civil, o Estado deve ter considerável poder para regular a vida dos indivíduos. O ensaio *O que é esclarecimento?* ensina que é inteiramente legítimo para a liberdade de comunicação haver regulamentação em questões que são "privadas", em se tratando de responsabilidades profissionais das pessoas. Esse princípio deveria ser usado para justificar as verdadeiras ações que haviam sido tomadas pelo governante da Prússia contra pastores e até mesmo professores, à medida que seus ensinamentos não-ortodoxos tinham sido expressos no curso do exercício de seus deveres acadêmicos ou clericais. Ele, naturalmente, deplorou os éditos de Wöllner e via a sua aplicação ao clero como tendo apenas o efeito de fazer da hipocrisia uma qualificação necessária para o trabalho eclesiástico. Porém, não é absolutamente claro se ele julgava essas medidas como algo pior do que abusos imprudentes desastrosos dos legítimos poderes do Estado. Kant acreditava que era moralmente errado desobedecer mesmo a uma ordem injusta de uma autoridade legítima, a menos que fôssemos ordenados a fazer algo que seria em si errado. Mesmo antes que alguma medida tivesse sido adotada contra ele, Kant havia tomado a decisão de aquiescer a qualquer comando que lhe fosse dado. Isso fica absolutamente claro na primeira apresentação extensa da sua filosofia do Estado na segunda parte do ensaio tripartite que escreveu sobre o dito comum: "Isto pode ser correto na teoria, mas não serve na prática". Nesse texto, ele defende (contra Hobbes) que os indivíduos tenham alguns direitos contra o Estado que seriam vinculantes para o governante, mas não exeqüíveis contra o dirigente do Estado. Isso significa que não há direito de insurreição e que até mesmo uma ordem injusta de uma autoridade legítima tem de ser obedecida (desde que o comando não ordene ao indivíduo fazer algo em si errado ou mau). A aplicação desse último princípio à própria situação de Kant é óbvia: ele havia decidido que, quando a autoridade prussiana lhe ordenasse cessar de escrever ou ensinar em matéria religiosa, então obedeceria.

Apesar disso, é evidente que Kant não tinha a intenção de se antecipar a tal comando ou de fazer algo simplesmente para agradar às autoridades que ele julgava não-esclarecidas, insensatas e injustas. Estava determinado a fazer uso de todos os meios legais à sua disposição para frustrar tais intenções. Em 1792, quando apresentou à *Berlinische Monatschrift* para publicação seu ensaio sobre o mal radical (que mais tarde se tornou a primeira parte de *A religião nos limites da simples razão*), ele insistiu na sua submissão à censura. Quando o ensaio foi rejeitado, submeteu toda *A religião* ao corpo docente da faculdade de filosofia de Jena, o que legalmente era uma alternativa à censura oficial do Estado. Uma primeira edição apareceu em 1793 e uma segunda (ampliada) em 1794. A evasiva de Kant irritou os censores de Berlim, o que os levou a finalmente tomar contra ele as medidas que vinham planejando. Em outubro, Wöllner enviou a Kant uma carta expressando, em nome do rei, o desgosto real com os seus escritos sobre religião, nos quais "você faz mau uso de sua filosofia para distorcer e desacreditar muitos dos ensinamentos básicos e cardeais das santas escrituras e da cristandade" (*AA* 7:6). Ele lhe ordenou que não escrevesse ou ensinasse sobre religião até que estivesse apto a conformar suas opiniões à doutrina da ortodoxia cristã. Em sua resposta, Kant defendeu suas opiniões e a legitimidade dos seus escritos sobre religião, mas prometeu solenemente ao rei que obedeceria ao comando real (*AA* 7:7-10).

Mesmo o título de *A religião* foi cuidadosamente forjado por Kant, tendo em vista o que julgava ser a situação legal do momento. Ele considerava a teologia revelada (baseada na autoridade da igreja e das escrituras) como uma província "privada" daqueles cuja profissão obrigam-nos a aceitar tal autoridade. Porém, quando um autor escreve sobre religião independentemente do apelo a tais autoridades, baseando suas asserções somente na razão, sem que seja ajudada por qualquer apelo à revelação, está escrevendo para a esfera "pública". De fato, *A religião* é a tentativa de proporcionar uma interpretação, em termos de moralidade racional, das partes centrais da mensagem cristã – o pecado original, a salvação através da fé em Cristo, a vocação da igreja. O principal objetivo é convencer os cristãos de que suas próprias crenças e experiências religiosas são veículos inteiramente adequados para expressar a vida moral, como um filósofo iluminista racionalista a entende. Sem dúvida, as interpretações racionalistas de Kant foram (e ainda são) aptas a parecer abstratas e esmaecidas a muitos cristãos. Não há espaço na teoria kantiana da salvação para uma reconciliação vicária feita pela pessoa histórica de Jesus Cristo. Sua fé religiosa racional não tem espaço para milagres e desaprova práticas religiosas como preces de pedidos. Kant considera os ritos religiosos como "pseudo-serviço supersticioso a Deus", quando são apresentados como necessários para a correção moral ou para a justificação do pecador frente a Deus. Ele ataca diretamente o *Pfaffentum* ("poder sacerdotal" ou "clericalismo") de um clero profissional, com a visão no dia em que a degradante distinção entre clero e laicato desaparecerá, dando lugar a uma igreja mais esclarecida do que agora existe. (Como eu já mencionei, a própria conduta de Kant refletiu seus princípios. Ele se recusou, por princípio, a participar de liturgias religiosas. Mesmo quando sua posição cerimonial como reitor da Universidade de Königsberg requeria que desempenhasse funções religiosas, ele sempre declinou, dizendo que estava "indisposto".)

A religião tem muito a dizer aos estudantes da teoria ética de Kant, tanto sobre sua psicologia moral quanto sobre a aplicação dos princípios morais à vida humana. O ensaio sobre o mal radical torna claro que, para Kant, o mal moral não consiste meramente em determinações da vontade por causas naturais (como pode algumas vezes parecer a partir do que é dito na *Fundamentação* ou mesmo na segunda *Crítica*). Em vez disso, o ensaio sobre o mal radical insiste em que todas as escolhas morais consistem na adoção de uma máxima (boa ou má) por um poder livre de escolha, transcendendo, assim, a causalidade natural que ele toma como incompatível com a liberdade. Isso também é coerente com a filosofia kantiana da história que apresenta as condições sociais e a propensão natural à competitividade que ela desperta como o fundamento de todo o mal moral. A terceira parte de *A religião* defende que, sendo a fonte do mal social, o progresso moral dos indivíduos não pode advir de seu esforço individual para a pureza interior da vontade, mas pode resultar somente de sua livre união na adoção de fins comuns. O "reino dos fins" ideal recebe, portanto, realidade terrena na forma de um "povo de Deus" sob leis morais, que se unem *livremente* (não na forma de um Estado coercitivo) e *universalmente* (não como uma organização eclesiástica limitada por credos e tradições bíblicas). A essência da religião consiste, para Kant, no reconhecimento dos deveres de uma moralidade racional como sendo comandados por Deus e no fato de se unir a outros para promover coletivamente o sumo bem no mundo. É nessa forma livre de associação religiosa, e não no Estado político coercitivo, que Kant coloca, em última análise, suas esperanças de uma melhoria moral da espécie humana na história. Para ele, o papel do Estado na história não é proporcionar à espécie humana seus objetivos finais, mas, antes, propiciar as condições de liberdade e justiça externas nas quais as faculdades morais dos seres humanos possam desenvolver-se e em cujas formas livres (de religião) de associação possam florescer em paz.

Kant foi proibido pelas autoridades de escrever sobre tópicos de religião, mas ele não tinha a intenção de se manter em silêncio sobre outras questões de interesse humano geral, mesmo quando seus pontos de vista pareciam ser impopulares ao governo. Em março de 1795, um período de guerra entre a república francesa revolucionária e a primeira coalizão dos Estados monárquicos estava próxima de chegar à paz de Basel, entre a França e a Prússia. O ensaio *À paz perpétua*, de Kant, deveria ser lido como uma expressão de apoio não só a esse tratado, mas também diretamente à própria primeira república francesa, já que ele declara que a constituição de todo Estado deveria ser republicana e ainda conjectura que a paz entre as nações poderia ser promovida se uma nação esclarecida transformasse a si mesma em uma república e, então, através de tratados se tornasse um ponto focal para uma união federal entre outros Estados. Kant começa com quatro "artigos preliminares" cunhados para promover a paz entre nações através de suas próprias condutas, sob a condição presente de guerra incipiente e da conduta diplomática envolvida. O ensaio, então, propõe três "artigos definitivos", definindo as relações entre Estados que levarão a uma condição de paz que não seja mera interrupção provisória e temporária de uma condição perpétua de guerra, mas constitua uma condição "eterna" ou permanente de paz internacional. Isso é seguido por três "suplementos" que esboçam as pressuposições filosóficas mais amplas (históricas e éticas) da teoria de Kant e um apêndice no qual ele discute a maneira como políticos ou legisladores têm de conduzir os assuntos do Estado se desejam estar em conformidade com os princípios racionais de moralidade.

À paz perpétua é a principal declaração escrita por uma figura maior da história da filosofia que trata da questão da guerra, da paz e das relações internacionais que foram preocupações centrais da humanidade durante dois séculos desde que foi escrito. Kant retirou inspiração para ele do *Projeto para tornar a paz perpétua na Europa*, de Abbé de Saint-Pierre (1712), e dos comentários sobre o mesmo feito por Jean-Jacques Rousseau (1761). Porém, seus objetivos em *À paz perpétua* são muito mais ambiciosos na medida em que seu escopo não está limitado às nações cristãs da Europa, mas motivado por princípios morais universais. Seu objetivo não é meramente prevenir a destruição e a carnificina da guerra, mas sobretudo efetuar a paz com justiça entre as nações, como um passo necessário em direção ao desenvolvimento progressivo das faculdades humanas na história, de acordo com a filosofia da história que ele projetou por uma década inteira. *À paz perpétua* é, talvez, a tentativa mais genuína de Kant de tratar uma questão de interesse público universal do Iluminismo, importante não só para cientistas e filósofos, mas vital para toda a humanidade.

A história do conflito de Kant com as autoridades prussianas – e por um tempo sua submissão a elas – teve inesperadamente um final feliz. Friedrich Wilhelm II, um exemplar típico de legislador de todas as épocas que exibe a ortodoxia religiosa como central às suas concepções de vida pública, permitiu-se um estilo de vida privada que era moralmente não-convencional e o contrário de prudente, moderada ou sadia. Quando ele morreu repentinamente em 1797, Kant escolheu (em um espírito mais astuto do que submisso) interpretar sua promessa anterior de se abster de escrever sobre religião como um compromisso pessoal com aquele monarca específico, avaliando a morte deste como algo que o liberava de tal obrigação. Os censores reais, que sempre foram vistos pela hierarquia da igreja luterana como fanáticos ignorantes, provavelmente nunca tiveram, de qualquer maneira, o poder de tornar suas proibições efetivas contra Kant e certamente o perderam, uma vez estando o rei morto. Em *Conflito das faculdades* (1798), Kant apresentou seu pensamento final sobre tópicos religiosos, construindo sua discussão em termos de uma teoria da liberdade acadêmica em um Estado que defendia tal curso de ação na publicação de *A religião* muitos anos antes (o ato que havia provocado a reprovação real). O perseguidor de Kant, Wöllner, que acedera à nobilidade a partir de um fundamento humilde à base de sua devoção à causa do conservadorismo religioso, já havia sido tratado com manifesta ingratidão pelo volúvel rei, cujos preconceitos religiosos ele tinha dado do seu melhor para servir. Logo depois da morte de Friedrich Wilhelm II, ele perdeu qualquer influência que possa ter tido sobre a educação prussiana ou as políticas eclesiásticas e, finalmente, morreu na pobreza.

IDADE AVANÇADA E MORTE

Kant aposentou-se da universidade em 1796. Ele então se dedicou a três tarefas principais. A primeira foi completar seu sistema de ética, *A metafísica dos costumes*, que consiste de uma Doutrina do Direito (cobrindo a filosofia do Direito e do Estado) e uma Doutrina da Virtude (tratando do sistema dos deveres éticos dos indivíduos). A primeira parte foi publicada em 1797 e toda ela em 1798. A segunda tarefa de Kant foi a publicação dos materiais das preleções que ele deu durante muitos anos. Ele próprio publicou um texto baseado em suas preleções populares sobre antropologia em 1798. O declínio de suas faculdades levaram-no a consignar a outros a tarefa de publicar suas preleções sobre lógica, pedagogia e geografia física que apareceram durante a sua vida.

O terceiro projeto de Kant depois de sua aposentadoria é o mais extraordinário. Ele planejou escrever um novo livro centrado na transição entre a filosofia transcendental e a ciência empírica. Nessa obra, Kant estava respondendo criativamente aos recentes desenvolvimentos da própria ciência (tal como a revolução na química iniciada pelas investigações de Lovoisier sobre a combustão) e ao trabalho de jovens filósofos que tiraram sua inspiração da própria filosofia kantiana (como a "filosofia da natureza", de F. W. J. Schelling, que ainda tinha 20 anos). O enfraquecimento dos poderes de Kant impediu-o de completar essa obra; porém, a partir dos fragmentos que ele produziu (que foram primeiramente publicados no início do século XX sob o título *Opus Postumum*), podemos perceber que, mesmo aos 70 anos, Kant ainda tomou uma atitude crítica em relação a qualquer questão filosófica e sobretudo em relação a seus próprios pensamentos. Mesmo lutando contra o enfraquecimento de seus poderes intelectuais, ele ainda se esforçava para revisar de maneira fundamental seu sistema de filosofia crítica, cuja construção tinha sido o labor de toda a sua vida. Dessa maneira, a geração seguinte de filósofos alemães, que viram como sua tarefa "ir além de Kant", estavam pensando mais fundamentalmente em termos do próprio espírito de Kant do que fizeram as gerações de devotados kantianos posteriores, que quiseram sempre e de novo "voltar a Kant" e que incansavelmente buscaram defender a letra dos textos kantianos contra as tentativas de seus primeiros seguidores de ampliar e corrigir sua filosofia. Kant morreu em 12 de fevereiro de 1804, um mês e meio antes de completar 80 anos.

NOTAS

1. Por exemplo, ver Hans Gawlick e Lothar Kriemendahl, *Hume in der deutschen Aufklärung: Umrisse der Rezeptionsgeschichte* (Stuttgart: Frommann-Holzboog, 1987).
2. Em uma das cartas de Maria Charlotta a Kant ainda existente lê-se: "Eu planejo ir ao seu clube amanhã à noite. 'Sim, eu estarei lá', eu ouvi você dizer. Ótimo, então, eu esperarei você, e não é só o meu relógio que estará com a corda toda" (AA 10:39). Muito se fala a respeito dessa última figura de linguagem pelos poucos especialistas de Kant que claramente querem entreter-se com a esperança desesperada de que ele, apesar de tudo, não tenha sido um celibatário por toda a vida.
3. O perturbado e romântico Plessing foi também próximo a Goethe e é o objeto do seu poema "Harzreise im Winter", que mais tarde resultou no texto *Alto Rhapsody*, de Brahms, op. 53.

LEITURAS COMPLEMENTARES

Lewis White Beck, *Early German Philosophy*. Cambridge, MA: Harvard University Press, 1969.

_____, *Mr. Boswell Dines with Professor Kant*. Bristol, England: Thoemmes Press, 1995.

Frederick Beiser, *The Fate of Reason*. Cambridge, MA: Harvard University Press, 1987.

Ernst Cassirer, *Kant's Life and Thought*, tr. James Haden. New Haven: Yale University Press, 1981.

Eckart Förster, *Kant's Final Synthesis*. Cambridge, MA: Harvard University Press, 2000.

Manfred Kuehn, *Kant: A Biography*. Cambridge, England: Cambridge University Press, 2001.

Paul Guyer (ed.), *The Cambridge Companion to Kant*. New York: Cambridge University Press, 1992.

2

CONHECIMENTO* SINTÉTICO A PRIORI

A POSSIBILIDADE DA METAFÍSICA

Uma das tarefas maiores dos filósofos do início do período moderno que nós podemos lembrar era fornecer uma fundamentação filosófica geral para a ciência física emergente – tanto de sua imagem da natureza quanto dos seus métodos de inquiri-la – tal qual adveio a termo no processo, junto com a metafísica tradicional e a imagem religiosa do mundo. Esse era o foco principal do esforço filosófico de Descartes, e por isso ele é visto como o fundador da filosofia moderna. Muitos outros filósofos modernos foram seus seguidores a esse respeito, fazendo uma espécie de modificação ou outra nesse projeto fundamental. A *Crítica da razão pura*, de Kant, foi a última grande tentativa de completar com êxito o mesmo objetivo. Ao mesmo tempo, ele inaugurou uma nova maneira de alcançar aquele objetivo que resultaria em uma radical transformação dos próprios objetivos. Kant concebeu a fundamentação da ciência da natureza, bem como a tentativa racional de tratar os mais universais interesses da humanidade, como o âmbito de uma ciência fundamental e especial: a ciência da metafísica. No entanto, o modo como escolheu fazer metafísica mostrou um acesso inteiramente novo à filosofia que ele alcunhou "transcendental".

Kant compreendeu o termo "meta-física" (etimologicamente, "além da natureza") epistemologicamente. Ou seja, para os fins da metafísica, "natureza" é o que se conhece através da experiência, e então "metafísica" é a ciência demarcada não pelo conjunto de objetos dos quais trata, mas pelo *status epistêmico a priori* dos seus princípios. Kant também propôs sua

---

* N. de T. Em inglês, o termo utilizado é *cognition*, embora também seja empregado o termo *knowledge* com o mesmo sentido.

tarefa filosófica concernente à metafísica, em termos históricos, como a necessidade de tratar a crise de legitimação na metafísica e, então, estabelecê-la sobre uma base que poderia doravante assegurar sua legitimidade. No prefácio à primeira edição da *Crítica*, ele utilizou a metáfora da metafísica como a "rainha das ciências", mas avaliou suas regras como um despotismo decadente, governado de forma extravagante por um governo faccioso ilegítimo e, portanto, constantemente sob ataque. Ela é atacada de um lado pelos céticos, que duvidam simplesmente da autoridade de qualquer governo, e de outro lado pelos empiristas, que localizam a linhagem da suposta rainha no turbilhão da experiência e pretendem erigir no lugar da monarquia a república da ciência, cujas fundações, no entanto, Kant avalia como inadequadas para conquistar legitimidade. Ela sofre um terceiro ataque dos "indiferentistas", que aceitariam (freqüentemente de maneira não-crítica) as pretensões não-empíricas da metafísica, mas recusam fidelidade a qualquer "governo" referente aos mesmos, isto é, avaliam tais pretensões como assentadas no senso comum ou como uma marca de indisciplina, e negariam que elas tenham ou mesmo admitam alguma demonstração científica. Kant objetiva, nos termos da mesma metáfora, legitimar a monarquia da rainha metafísica, mas ao mesmo tempo limitando o escopo das suas pretensões legítimas de autoridade (*KrV* A IX-XII). Na linguagem dessa metáfora, a *Crítica* é um tribunal de justiça, determinando os poderes legítimos da monarquia sob as leis naturais da razão. Dessa forma, é uma crítica *da* razão pura em um sentido objetivo e subjetivo: ela é realizada *pela* razão pura *sobre* as pretensões da razão pura. Nesse sentido, ela é também, como Kant afirma, um empreendimento socrático, pretendendo – como Sócrates – uma autoconhecimento e uma deflação das vãs pretensões de conhecer quando não se conhece.

Ou, como Kant redescreve sua tarefa no prefácio à segunda edição, o objetivo da *Crítica* é o de transformar a metafísica de um "tatear aleatório" em uma ciência genuína, por meio de uma limitação de sua esfera própria, fundamentando-a em um método racional bem-concebido (*KrV* B VII-XIV). O projeto de Kant de fundamentar a ciência da natureza é determinado pela convicção de que as próprias ciências empíricas requerem fundamentos metafísicos, porque elas têm de empregar certos conceitos e princípios que não podem ter origem empírica e não podem ser justificados pelo apelo a qualquer experiência. O conceito de causalidade envolve uma conexão necessária entre a causa e o efeito, apesar de que, como Hume mostrou, nenhuma experiência sobre as quais as supostas causas são seguidas de seus efeitos seria suficiente para estabelecer mais do que uma conexão contingente. Conceitos matemáticos são independentes da experiência, embora sua aplicação ao mundo da natureza seja essencial à física moderna. Proposições matemáticas são claramente *a priori*, não-baseadas na experiência, mas a ciência moderna depende do nosso conhecimento dela.

O problema geral da razão pura

Alguns filósofos influentes antes de Kant (Leibniz e Hume, por exemplo) esperavam restringir o conhecimento *a priori* a proposições que expressassem "identidades implícitas" ou "relações de idéias", isto é, proposições cuja negação implica uma contradição, como "todos os corpos são extensos" e "todo efeito tem uma causa". Kant chama tais proposições de "analíticas", porque a sua verdade depende da análise (ou separação) do conceito. Suponha, por exemplo, que nosso conceito de corpo contenha três elementos – ou "marcas" (*Merkmale, notae*), como Kant as chama: extensão, impenetrabilidade e forma.[1] Então, apenas pela análise desse conceito nós conhecemos necessariamente e *a priori* que todo corpo é extenso. Do mesmo modo, se nosso conceito de "efeito" contém as marcas "alguma coisa que acontece" e "produzido por uma causa", então é analítico que todo efeito tem uma causa (*KrV* A7-9/B12-13).

O conhecimento de verdades analíticas foi visto em todos os aspectos como *a priori*, mesmo que o conceito de corpo seja empírico e, portanto, que a experiência dos corpos seja necessária para a sua aquisição. Kant não tem a intenção de negar que a experiência é necessária para todos os conhecimentos, quaisquer que sejam: "Todo conhecimento começa com a experiência" (*KrV* B1). Uma proposição é conhecida *a priori* quando o conhecimento dela não depende de qualquer tipo de conteúdos específicos da experiência, quando qualquer experiência que seria suficiente para nos permitir aceitar a proposição poderia ser também suficiente para nos dar o conhecimento de sua verdade. E este é o caso de proposições tais como "todo corpo é extenso" e "todo efeito tem uma causa". Conquanto ela possa requerer a experiência para nos dar o conceito de "corpo" e "efeito", não é nossa experiência dos corpos e efeitos, mas somente nossa própria atividade de explicar o que pensamos dos conceitos de corpo e efeito, que nos diz que corpos são extensos e efeitos têm de ser produzidos por causas.

Na visão de Kant, a função epistêmica das proposições analíticas restringe-se à função de explicar os conceitos que usamos – tornando mais claro ou mais manifesto a nós mesmos o que estamos pensando sobre um conceito dado (*KrV* A6-7/B10-11). Proposições analíticas não podem, portanto, servir como princípios em uma ciência ou ser usadas para ampliar ou sistematizar o conhecimento empírico, como Leibniz e seus seguidores pensavam. Princípios *a priori* constitutivos da ciência natural não podem ser analíticos porque eles não são meramente o resultado de escolhas discricionárias sobre os conceitos que utilizamos. Um princípio como "toda *mudança* tem uma causa", por exemplo, é *sintético*, conectando o conceito do sujeito a um predicado não-incluído no conceito em questão, de modo que o juízo amplia ou estende nosso conhecimento do objeto ao qual se aplica o conceito referido. O conceito de uma *mudança* é meramente o conceito de um estado no mundo sucedido por outro estado diferente, e o conceito de uma *causa* é aquele de um estado do mundo a partir do qual um estado diferente segue-se com necessidade, de acordo com uma lei causal. Mas não é parte de nosso conceito de mudança que a sucessão dos estados envolvidos nela seja determinada necessariamente ou de acordo com uma lei. Portanto, se é para ser uma parte de nossa concepção do mundo natural que todas as mudanças nele tenham uma causa, então nosso conhecimento de que isso é o caso tem de consistir em um conhecimento *a priori* de uma proposição sintética.

Algumas proposições matemáticas, pensa Kant, são também analíticas, tais como "o todo é maior do que a sua parte" (*KrV* B16-17), pois isso pode ser conhecido *a priori* simplesmente pela análise dos conceitos de parte e todo. Contudo, proposições que dependem de igualdades necessárias, asseguradas em virtude de operações aritméticas, como mais e menos, e proposições geométricas dependentes da natureza de triângulos ou círculos são sintéticas. Nada contido nos conceitos de "sete", "cinco", "mais" ou "doze" é suficiente para conhecermos que $7+5=12$ (*KrV* B15). Não está contido no conceito de um círculo (de uma figura curva na qual cada um de seus pontos é eqüidistante de um ponto comum) que sua circunferência é maior do que três vezes seu diâmetro, nem que ela contenha no conceito de uma figura de três lados que a soma de seus ângulos é necessariamente igual a dois ângulos retos.

Para Kant, *metafísica* é a ciência de conhecimentos[*] sintéticos *a priori* através de conceitos. Os problemas tradicionais da metafísica, aqueles que concernem aos fundamentos das ciências e também aqueles que concernem a supostas questões sobrenaturais referentes a nós, têm a ver com proposições para as quais os metafísicos pretendem que sejam conhecimento sintético *a priori*. "Deus existe", "a alma é imortal" e "a vontade é livre", bem como "toda mudança tem uma causa" e "em toda mudança a quantidade de substância no mundo permanece constante", são proposições da *metafísica* porque o conhecimento delas, se realmente existisse, não poderia ser empírico e, então, deveríamos aspirar a um conhecimento sintético *a priori* delas. O "problema geral da razão pura", sobre o qual se sustenta a legitimidade da metafísica, é: "como são possíveis juízos sintéticos *a priori*?" (B19).

A resposta de Kant a essa questão depende de duas teses. A primeira é uma explicação de como um conhecimento *a priori* é em geral possível. A segunda é uma nova, controversa e enigmática tese sobre a natureza dos objetos sobre os quais podemos ter conhecimento sintético *a priori*, que Kant chama de "idealismo transcendental".

---

[*] N. de T. Em inglês, o termo é *cognitions*.

Como o conhecimento *a priori* depende de nossas faculdades

A *primeira* tese é a de que o conhecimento sintético *a priori* é possível porque o que conhecemos dos objetos *a priori* depende não deles, mas de nossas próprias faculdades e de seu exercício. Podemos ter conhecimento de objetos, sob o ponto de vista de Kant, simplesmente porque eles nos afetam de um certo modo, de acordo com nossa experiência deles (*KrV* A19/B33). No entanto, não se segue disso que tudo o que conhecemos deles dependa deles e do que a experiência nos ensina a respeito deles. Para que possamos ter conhecimento de objetos, nossas capacidades cognitivas devem estar envolvidas (*KrV* A1, B1). Se as operações de nossas faculdades determinam os objetos de nosso conhecimento de um certo modo, não importando como esses objetos podem ser em si mesmos nem que influências experimentais eles exercem sobre nós, então aquelas determinações pertencerão a qualquer objeto que conhecemos ou mesmo a qualquer objeto que possamos conhecer e pertencerão a eles *a priori*, isto é, independentemente de qualquer experiência particular que possamos ter deles. Se a ativação de nossas faculdades determina esses objetos de maneira que possam ser expressos em juízos sintéticos sobre os mesmos, então os conhecimentos de objetos que assim dependem de nossas faculdades serão conhecimentos *sintéticos a priori*. Nesse caso, a possibilidade de conhecimento sintético *a priori* em geral se sustenta em um conhecimento do que nossas faculdades contribuem para a pesquisa, sendo que a pesquisa que investiga as condições de possibilidade da própria experiência será uma nova e fundamental área da filosofia – filosofia *transcendental*.

No início do período moderno, houve uma disputa para saber se algumas de nossas idéias eram inatas – estariam em nós desde o nascimento, colocadas lá quem sabe por Deus ou por nossos dons naturais como criaturas. (Entre muitos filósofos, ainda amplamente estudados, o "inatismo" foi defendido por Descartes e Leibniz e famosamente negado por Locke. Kant estava familiarizado com a doutrina das idéias inatas através dos escritos de Christian August Crusius.) Pode-se sustentar que o ponto de Kant concernente à possibilidade de conhecimentos sintéticos *a priori* é também uma forma de inatismo. Kant raramente menciona essa disputa; porém, quando o faz (talvez para nossa surpresa), ele nega terminantemente a existência de idéias inatas ou de conhecimentos inatos de qualquer espécie (*AA* 2:392-393, 8:221). Veremos como isso ilustra a sua teoria do conhecimento sintético *a priori*.[2]

Kant compreendeu o inatismo como o ponto de vista de que algumas de nossas idéias ou conhecimentos são dados a nós por uma fonte diferente daquela dos nossos sentidos (por exemplo, por Deus ou pela natureza). Ele rejeita isso em razão de como conhecimentos *a priori* ocorrem, porque ele considera que alguns de nossos conhecimentos consistem em uma espécie de dado não-sensível, como algumas vezes nos é dado de outro modo que não pela experiência. Idéias inatas, tal como Kant as entende, são pensamentos que provêm não do nosso pensamento, mas que estão "pré-formados" em nós – como (na época de acordo com algumas teorias sobre a reprodução das coisas vivas, que Kant também rejeitou) uma versão em miniatura de cada organismo é atualmente "pré-formada" com o esperma do macho (*KrV* B167; cf. *KU* 5:421-424). Essa teoria, ele pensa, atribuiria a verdadeira forma de nossos pensamentos não a nós, mas a algum poder (divino ou natural) predeterminado. Em vez disso, Kant vê cada coisa *dada* a nós *empiricamente* através das sensações: nosso conhecimento, que fica adstrito inteiramente aos limites da experiência, não é nada mais do que aquilo que fazemos com esses dados através de nossa capacidade passiva de recebê-los e de nossa habilidade ativa de organizá-los. Em outras palavras, Kant pensa os conhecimentos *a priori* como nada mais do que o *nosso* exercício de nossas faculdades sobre o que é dado empiricamente, *nossa* contribuição ativa ao processo de conhecimento. A *Crítica da razão pura*, como um projeto de autoconhecimento, é possível porque nós mesmos, como seres racionais, somos os criadores da "razão pura" e somos, portanto, capazes de entender o que fazemos e como fazemos.

Como devem ser os objetos do conhecimento *a priori*?

Se devemos olhar os objetos de nosso conhecimento como determinados de algum modo pelo exercício ativo de nossas faculdades cognitivas, então como devemos pensar esses objetos para entender suas propriedades como determinadas desse modo? A resposta a essa questão leva-nos à *segunda* tese crucial de Kant sobre o conhecimento sintético *a priori*, que é a sua famosa (ou notória) doutrina do *idealismo transcendental* (ou "crítico"). Essa doutrina afirma que temos conhecimento somente de "fenômenos", não das "coisas em si mesmas". Os objetos da experiência são empiricamente reais, mas transcendentalmente ideais. Essa nova maneira de pensar sobre os objetos do nosso conhecimento empírico é, de acordo com Kant, necessária se devemos responder à questão: "como é possível o conhecimento sintético *a priori*?". Kant compara a revolução no pensar necessária para aceitar essa teoria à revolução no pensar requerida para aceitar a teoria copernicana dos movimentos celestes (*KrV* B XVI). Antes de Copérnico, pensava-se que os corpos celestes moviam-se, mas nós, observadores terráqueos, estávamos imóveis. Agora vemos que nós, mesmo enquanto observadores, temos de nos olhar como estando em movimento. Analogamente, antes de Kant, pensávamos que nosso conhecimento dependia dos seus objetos, mas agora vemos que os objetos que conhecemos dependem do modo como conhecemos os objetos. Em ambos os casos, fazemos uma assunção que era natural porque nossa atenção estava focada nos objetos de nosso conhecimento, e não na nossa relação com eles. Por isso, todas as coisas pareciam depender dos objetos que observávamos, e não de nós. A revolução em ambos os casos consistiu em levar em consideração, contrariamente ao modo como as coisas naturalmente parecem, nosso papel nos processos que estamos tentando observar e entender.

Desde o tempo da publicação da primeira edição da *Crítica da razão pura*, essa doutrina tem sido uma fonte de perplexidade e controvérsia. Alguns dos primeiros leitores viram isso (para decepção de Kant e mesmo em face de sua vigorosa negação) como uma espécie de idealismo de Berkeley, uma posição metafísica que nega a realidade material dos objetos e mesmo do espaço (talvez, inclusive, do tempo). Muitos outros viram a negação kantiana de que nós podemos conhecer os objetos "em si mesmos" como uma capitulação ao extremo ceticismo. Outros ainda pensaram que a posição de Kant poderia tornar-se defensável (ou mesmo internamente consistente) apenas se a existência de "coisas em si mesmas" (inclusive a própria inteligibilidade da noção) fosse completamente negada. No Capítulo 4, veremos que há algumas boas razões, a partir das afirmações do próprio idealismo transcendental de Kant, para embaraço sobre o que essa doutrina revolucionária realmente sustenta. No presente, porém, seria melhor colocar essas questões à parte e olhar, em vez disso, para considerações mais detalhadas de Kant de como nosso conhecimento ocorre e do modo como a operação de nossas faculdades torna possível um conhecimento sintético *a priori*.

Intuições e conceitos

A epistemologia moderna, em seu início, reconheceu duas fontes mais importantes do conhecimento: sensibilidade e pensamento. No entanto, os filósofos divergiam sobre o papel de cada uma delas no conhecimento e, especialmente, sobre quão fundamental seria cada fonte de conhecimento. Descartes recomendava que desconfiássemos dos sentidos e confiava no uso adequado de nosso intelecto na aquisição do conhecimento. Ainda mais importante, ele avaliava a própria sensação como uma espécie de pensamento – uma espécie cuja falta de clareza e distinção a tornava inferior como uma fonte de conhecimento. Leibniz formulou uma sucinta idéia similar quando declarou que a sensação era um pensamento "confuso": um pensamento cujo conteúdo era inerentemente impreciso. Spinoza, similarmente, julgava as sensações como um grau inferior de conhecimento, no qual a mente seria relativamente opaca em suas próprias atividades e operações. Locke, por outro lado, considerou todas as nossas idéias como tendo sua origem ou nos sentidos, ou nas reflexões sobre as operações de nossas mentes de acordo com o que nos é dado pelos sentidos. Mais radicalmente, Hobbes tratou os pensamentos como nada mais do que os fantasmas que permaneciam em nós pelas impressões dos sentidos. Hume classificou os pensamentos (ou "idéias") como cópias fracas de "impressões", das quais as sensações constituiriam a classe mais óbvia e comum.

Kant rejeita a tentativa tanto de classificar as sensações como uma espécie de pensamento quanto de explicar os pensamentos a partir da sensação. Em vez disso, ele sustenta que sensações e pensamentos desempenham funções cognitivas distintas e julga cognições genuínas somente as que ocorrem através de sua eficaz combinação, resultante da cooperação das faculdades pertencentes a cada um dos domínios. O conhecimento de um objeto requer que o objeto seja de algum modo (direta ou indiretamente, real ou virtualmente) *dado* à mente e também que a mente combine ativamente de tal maneira nossas representações de forma a tornar possível uma *experiência* do objeto, fundamentando *juízos* sobre ele e também a combinação de tais juízos em inferências e teorias estruturadas, mostrando a coerência daquela experiência. À receptividade da mente que permite um objeto individual ser dado ao conhecimento, Kant chama de *intuição*. À função da mente que permite que representações sejam combinadas, ele chama de *pensamento* (ou *concepção*).

Em seres como nós, a intuição ocorre através do efeito que um objeto tem sobre nós, e nossa capacidade de receber tais efeitos é chamada de *sensibilidade* (*KrV* A19/B33). O uso kantiano do termo "intuição" não tem nada a ver com a conotação quase-mística que essa palavra pode ter no português comum. A palavra germânica *Anschauung* significa simplesmente "olhar para" e a palavra latina *intuitus* (que Kant pensava ser equivalente) é o termo tradicional usado na epistemologia escolástica para qualquer contato cognitivo imediato com os objetos individuais. "Intuição" (no uso de Kant) é ambígua: pode referir-se ou ao estado do ser em tal contato, ou à coisa com a qual estamos em contato vista simplesmente como um objeto da intuição, ou ao estado mental (ou representação) fornecido a nós quando intuímos um objeto. Para Kant, todas as nossas intuições advêm dos sentidos, que nos põem em contato imediato com objetos através da influência que eles têm sobre nós. Os objetos são, assim, dados a nós em intuições através de sensações. Uma intuição é uma espécie de representação resultante da afecção de um objeto sobre nós que nos põe em relação cognitiva imediata com o objeto.

As representações (sejam sensações ou qualquer outra sorte de item mental) fornecem-nos conhecimento genuíno, mas somente se são combinadas de modo a representar os objetos que as causam e a nos permitir fazer juízos predicando propriedades desses objetos. Quando tenho a sensação de uma maçã de cor verde, de textura lisa ou de gosto ácido, eu obtenho conhecimento da maçã somente se posso formar o juízo que as propriedades que estão sob os conceitos "vermelho", "liso" e "ácido" são verdadeiramente predicados da maçã como uma coisa que esteja sob os conceitos "objeto material" ou "fruta". Minhas sensações, porém, não me fornecem diretamente os conceitos nos termos dos quais se formam tais juízos. De fato, há muitas maneiras diferentes por meio das quais os sujeitos são capazes de conceitualização do que lhes é dado na sensação. Conceitualizar e julgar dependem de como o sujeito combina suas representações ou, por exemplo, relaciona umas às outras, se o sujeito vê a maçã como um exemplar singular da fruta ou, em vez disso, como uma coleção, por exemplo, de células vivas ou moléculas orgânicas.

Essa combinação de representações não é um ato de intuição nem uma combinação simplesmente sem atividade de nossa sensibilidade (passiva). Toda combinação é dada por nossas faculdades cognitivas *ativas*. Isso inclui *entendimento* (que forma conceitos dos objetos e faz juízos sobre eles) e *razão* (que conecta tais juízos através de inferências e unifica nosso conhecimento sob *princípios* que especificam os fins autodirigidos de nossas faculdades cognitivas como um todo). Nem o entendimento, nem a sensibilidade são conversíveis um no outro. Ainda que o entendimento seja "superior" à sensibilidade no sentido de que tem autoridade para ordenar o que é dado na sensibilidade, nenhuma faculdade pode "ser preferida" à outra como a fonte de conhecimento, já que para qualquer conhecimento ambas são requeridas e ambas devem trabalhar juntas. "Essas duas faculdades ou capacidades também não podem trocar suas funções. O entendimento nada pode intuir e os sentidos nada podem pensar". Nem pode também qualquer uma produzir conhecimento sem a cooperação da outra: "Pensamentos sem conteúdo são vazios, intuições sem conceitos são cegas" (*KrV* A51/B75).

Para um entendimento divino concebido abstratamente, os objetos são intuídos através da faculdade ativa (o entendimento) que também cria os objetos conhecidos; e na absoluta simplicidade da natureza e ação de Deus não há necessidade (ou mesmo a possibilidade) de combinar representações ou inferir um juízo do outro. Deus é impassível (portanto, ele não tem sentidos) e seu intelecto é ativo pela criação, não pela combinação; portanto, ele não tem necessidade de pensamento ou de conceitos para organizar o que conhece. Em criaturas finitas como nós, porém, que conhecem objetos sendo afetados por eles e, então, organizando esses dados em pensamento, duas faculdades heterogêneas de pensamento são necessárias.

O dualismo kantiano de nossas faculdades cognitivas foi objeto de suspeição e ceticismo por parte dos seus primeiros leitores e seguidores. Alguns julgaram que sua aparentemente não-argumentada assunção de que somos afetados por objetos externos a nós escamoteia a questão de uma resposta mais substantiva que deveria ter fornecido contra espécies importantes de ceticismo e idealismo. Outros se surpreenderam pelo modo como Kant, que se propõe a examinar criticamente nossas faculdades de conhecimento tendo em vista avaliar previamente o que podemos e o que não podemos conhecer, possa pretender simplesmente qualquer conhecimento sobre essas faculdades. Eles sustentaram que uma crítica da razão ou a própria filosofia transcendental requer uma investigação "meta-crítica" de como conhecemos essas faculdades, que podem pôr em questão as pretensões "dogmáticas" do próprio Kant sobre elas. Naturalmente, esses problemas reais e as teorias criativas geradas em resposta a eles por filósofos como Reinhold, Fichte e Hegel seriam impensáveis antes que o próprio projeto de Kant tornasse possível articulá-los. Não se pode dizer que o próprio Kant não os tenha mencionado em parte alguma de seus escritos. Os defensores de Kant não devem pensar que seus seguidores imediatos foram na direção errada ao buscar soluções para tais problemas.[3] Todavia, pode ajudar a tornar o ponto de partida de Kant mais inteligível, tentar descrever seu projeto na *Crítica da razão pura* de tal maneira a tornar claro o que ele não poderia ter pensado se tivesse que lamentar muito isso, como fizeram alguns dos seus críticos e sucessores mais imediatos.

Perspectivismo e objetividade

Todos nós tomamos nossa experiência como sendo perspectivista, no sentido de que cada um de nós conhece o mundo de um ponto de vista singular, que deve ser contrastado com o ponto de vista de outras experiências possíveis ou reais. Contudo, também fazemos juízos sobre os objetos que experienciamos, os quais pensamos como alguma coisa realmente (ou ao menos possivelmente) *verdadeira* – isso implica que não importa que perspectiva um outro experienciador possa ocupar, ele somente poderá julgar corretamente se concordar com aqueles juízos que se pretendem verdadeiros. Que eu experiencie somente a partir de minha perspectiva individual única deriva do fato de ser peculiar a mim o contato direto com itens individuais da experiência, ao passo que minha capacidade de formular juízos pretendendo verdade (para qualquer um, não importando a sua perspectiva do mundo) depende do fato de que eu penso sobre o que eu experiencio, de um modo que não é totalmente ligado à minha perspectiva.

Esse mesmo contraste pode ser visto como uma peculiaridade do conceito de "eu", o qual é o sujeito das experiências. "Eu" é sempre usado para se referir ao ocupante de uma perspectiva particular, em contraste a outro passível ocupante de outras perspectivas possíveis. Se eu não garantisse que essa outra perspectiva ao lado da minha fosse ao menos possível, então não haveria referência significativa a mim como o sujeito de minhas experiências ou a essa perspectiva como "minha". Ao mesmo tempo, o conceito de "eu" tem a peculiaridade contrastante de ser capaz de se referir ao sujeito de qualquer perspectiva enquanto tal – qualquer experienciador que seja (ou mesmo qualquer possível experienciador) conta como um "eu", já que é somente do fato de que ele é um "eu" que se torna o ocupante de uma perspectiva possível qualquer. Assim, "eu" é ao mesmo tempo o termo mais singular e mais universal, sendo inevitável o fato de que seja o individual singular que faça também o outro. Somente se o mesmo conceito pode, simultaneamente, desempenhar o papel de ocupante dessa perspectiva e o papel de ocupante de qualquer perspectiva possível, é possível que aí haja uma pluralidade de perspectivas possíveis em uma e mesma realidade, sobre a qual juízos (possivelmente) verdadeiros possam ser feitos.

Essa dualidade do "eu", que corresponde à dualidade do perspectivismo que pertence à nossa experiência de uma realidade singular, é o fundamento do dualismo kantiano de intuição e pensamento. Na terminologia kantiana, é a *intuição* que representa o imediato, o contato individual entre o conhecedor e o objeto que torna possível o perspectivismo, ao passo que o *pensar* é o que torna os conceitos que permitem aos ocupantes de qualquer perspectiva possível a oportunidade de fazer juízos que sejam verdadeiros e, portanto, igualmente válidos para todas as perspectivas.

Talvez seja possível para uma certa espécie de cético radical questionar até mesmo a possibilidade de uma pluralidade de perspectivas e sobretudo a realidade de um mundo de objetos sobre os quais juízos verdadeiros não-perspectivos possam ser feitos. Contudo, é difícil para o cético questionar essa autoconsistência, já que qualquer juízo que seja falso ou mesmo duvidoso – qualquer negação ou dúvida de que haja juízos que sejam (de forma não-perspectivista) verdadeiros e então válidos para todas as perspectivas – necessariamente faz uma pretensão afirmativa à própria verdade que o cético está tentando pôr em questão. Portanto, a única forma de cético que poderia questionar isso seria alguém, seguindo algumas das sugestões de Sextus Empiricus, verdadeiramente se abster de todas as asserções ou juízos, quaisquer que sejam, inclusive do juízo de que alguma coisa é duvidosa. Tomado estritamente, de fato, seria impossível para tal filósofo não fazer asserções ou juízos, até mesmo contestar ou duvidar de alguma coisa. Duvidar é uma postura doxástica que faz sentido somente quando está em contraste com uma possível asserção de que a proposição da qual se duvida seja verdadeira ou falsa e, portanto, equivale a um compromisso de *afirmar* e *julgar* que a proposição é duvidosa em vez de certa.

Mesmo que esse ceticismo fosse concebível, Kant não estaria desprovido de recursos para combatê-lo. Ele começa a Analítica Transcendental considerando que o conhecimento requer intuição e pensamento, partindo da possibilidade de que os objetos possam ser dados e da conexão das representações em um todo dos conhecimentos. Porém, essa consideração *não* é assumida dogmaticamente ou simplesmente invocada no curso de seus argumentos seguintes (como alguns dos seus primeiros críticos céticos parecem pretender). O método da filosofia transcendental está muito longe de permitir tal procedimento. Na Estética Transcendental, Kant tenta fornecer uma consideração de nossos genuínos conceitos de espaço e tempo que os revelam como formas necessárias da intuição. O perspectivismo de nossa experiência traça seu caminho no fato de que todo experienciador está localizado em uma posição do espaço e de que toda experiência é determinadamente orientada a partir daquela posição, tomando lugar em um determinado momento no tempo, com uma orientação a outros momentos já realizados determinadamente ordenados como passado e outros momentos ainda não-realizados que lhe são relacionados como uma ordem determinada similar de futuros possíveis. Se, como Kant argumenta, os conceitos genuínos de espaço e tempo revelam que são formas de nossa intuição, então alguém que tentasse duvidar de que temos intuição a respeito do espaço e do tempo teria também de rejeitar conceitos pressupostos por todo pensamento que vê a si mesmo como estando aqui e agora, bem como dirigindo a si mesmo em direção a um lá e depois. Isso tornaria impossível inclusive *perguntar*, por exemplo, se há um mundo externo às nossas experiências ou se o futuro será como o passado. Isso tornaria ininteligível a dúvida cética sobre essas questões.

Na Dedução Transcendental, Kant tenta argumentar que qualquer sujeito que se considere capaz até mesmo para rejeitar uma série temporal de suas próprias representações subjetivas – *como* uma série, para *este* sujeito – deve ser capaz de conceber tais representações de maneira que elas se refiram a itens que contam como "objetos", sobre os quais ele pode fazer juízos pretendendo validade para qualquer matéria possível de experiência. Nos Princípios do Entendimento Puro, Kant apresenta ainda um argumento conectado, mostrando que, até para que seja experimentada uma série de experiências subjetivas, essas experiências devem ter objetos que sejam considerados como constituindo um mundo de substâncias governadas por leis causais, distintas de qualquer uma de minhas representações subjetivas. Novamente, o cético que não admite nem mesmo que possamos apreender uma série de nossas experiências subjetivas no tempo não tem outro jeito a não ser, de maneira autoconsistente, *formular questões* sobre se podemos conhecer objetos dessas experiências ou se as mudanças aparentes em tais objetos são mudanças reais ou governadas por regularidades causais. O efeito dos argumentos kantianos é, portanto, mostrar que os céticos podem duvidar da existência de um mundo empiricamente ordenado de substâncias, interagindo causalmente, distinto das representações mentais do próprio sujeito, apenas ao preço da inteligibilidade do que devemos pressupor até mesmo para que tenha sentido o seu próprio questionamento cético.

Tais argumentos anticéticos na Estética Transcendental e na Analítica Transcendental não dependem de se assumir a verdade do desenho inicial de Kant da dualidade de intuição e pensamento, ou de se assumir que a experiência seja resultante dos efeitos dos objetos reais sobre nossa sensibilidade, ou de se assumir que se pode ter conhecimento desses objetos que são válidos para qualquer perspectiva concebível. Em vez disso, eles começam com assunções sobre nossa experiência que são tão fracas e tão pouco exigentes, que um ceticismo que as questionasse solaparia seus próprios interesses filosóficos, até mesmo sua própria inteligibilidade. A estratégia de Kant é mostrar que aquilo que faz a vontade do cético duvidar é pressuposto inclusive por um conceito de experiência que tem de ser assumido para que essas próprias dúvidas possam fazer sentido.

A ESTÉTICA TRANSCENDENTAL: SENSIBILIDADE PURA

A verdade percebida por aqueles que levantam dúvidas "meta-críticas" sobre o projeto de Kant é mais propriamente a seguinte: que junto a seus argumentos anticéticos, Kant está constantemente tentando integrar seus resultados em sua teoria da experiência como objetiva, ainda que perspectivista e, por isso, inevitavelmente resultante da operação de nosso entendimento sobre o material fornecido pela intuição sensível. A Estética Transcendental e a Analítica Transcendental são, portanto, não *somente* (talvez nem mesmo principalmente) exercícios de argumentos anticéticos, mas elas *também* contêm uma teoria positiva concernente à constituição necessária de nossa experiência e à operação de nossas faculdades cognitivas.

Espaço e tempo

A discussão kantiana do espaço e do tempo na Estética Transcendental tem lugar frente ao pano de fundo da controvérsia entre os pontos de vista leibnizianos e newtonianos, tal como eles eram discutidos na correspondência de 1715-1716 entre Leibniz e Samuel Clarke (o britânico arquiracionalista a quem Newton escolheu para representar sua posição na controvérsia com Leibniz). A posição newtoniana é a de que o espaço e o tempo são entidades reais, existentes independentemente de nossas mentes e dos objetos materiais que os preenchem. O ponto de vista de Leibniz é o de que o espaço e o tempo são construções conceituais elaboradas por nossas mentes como maneira de sistematizar as relações percebidas entre as coisas (relações como "três segundos antes de" e "dois metros à esquerda de"). Kant considerou ambas as posições não-satisfatórias porque não podiam dar conta da aprioridade da geometria como um conhecimento do espaço, nem do conhecimento *a priori* das quantidades temporais e espaciais que temos na aritmética. Ambas as posições tratam nosso conhecimento do espaço e do tempo como dependentes de nossa familiaridade com coisas existentes independentemente ou com suas propriedades, de modo que essa familiaridade pode ser somente empírica, nunca *a priori*.

Kant também pensou que ambas as posições violavam nossos genuínos conceitos de espaço e tempo de maneira crucial. Está contido em nossos conceitos de espaço e tempo que eles são entidades singulares, familiaridades imediatas com o que é pressuposto por nossa familiaridade com qualquer uma das coisas que os preenchem ou mesmo das propriedades espaço-temporais dessas próprias coisas (*KrV* A23-25/B38-41/A30-31/B46-49). Do ponto de vista newtoniano, espaço e tempo são coisas reais, mas não têm propriedades diretamente observáveis, ou seja, não são a espécie de coisas reais com as quais podemos ter familiaridade imediata (embora assumamos ter familiaridade imediata com o espaço e o tempo em cada experiência). Os newtonianos deixam, assim, desesperançosamente no mistério saber como podemos sempre obter o tipo de contato cognitivo com o espaço e o tempo que pertence aos conceitos genuínos que temos deles.

Do mesmo modo, a percepção das relações que Leibniz propõe usar na construção conceitual do espaço e do tempo só é possível com base na familiaridade prévia com o espaço e o tempo *em si mesmos*. Somente estando diretamente conscientes do passar do tempo é que nós podemos continuamente perceber que um acontecimento ocorre três segundos antes de outro e somente pela percepção de objetos já em espaço inclusivo é que nós podemos constantemente entender o que significa para um objeto estar a dois metros à esquerda de um outro. O problema com ambas as teorias, do ponto de vista de Kant, é que elas tentam compreender o espaço o tempo como se fossem coisas reais, como propriedades e acontecimentos que nós experienciamos preenchendo-os. No entanto, nossos conceitos genuínos de espaço e tempo, ele pensa, impedem que sejam concebidos desse modo.

A proposta radical de Kant sobre a natureza do espaço e do tempo é que eles são *formas de intuição*, modos necessários por meio dos quais conhecedores como nós mesmos podemos fazer contato cognitivo com as coisas. Nem eles, nem as propriedades espaço-temporais das coisas e dos eventos têm alguma existência à parte de nossa capacidade de intuir objetos e mudanças nos mesmos. Essa proposta pode ser vista como oriunda do *insight* de que a consciência da temporalidade (de estar localizado agora, neste momento determinado do tempo) é fundamental para o caráter perspectivista de todas as experiências que são possíveis para nós e de que ser posicionado e orientado no espaço é igualmente fundamental ao inelutável perspectivismo de nossa experiência a respeito de qualquer coisa que tomamos ser outra que não nós mesmos e nossas experiências subjetivas. Espaço e tempo não estão, portanto, entre os objetos existentes independetemente de serem dados na experiência, nem são propriedades espaço-temporais das coisas *fundamentalmente* propriedades de tais objetos. Em vez disso, espaço e tempo têm essencialmente a ver com modos pelos quais *nos relacionamos com objetos* quando os intuímos, quer dizer, quando temos contato cognitivo imediato com eles na base de nossa perspectiva cognitiva única. A espaço-temporalidade do mundo não é fundamentalmente um aspecto objetivo deste, mas uma função do perspectivismo de nossa experiência sobre ele. O que é objetivo sobre o espaço e o tempo depende do que é comum entre todos os sujeitos concernentes àquele perspectivismo.

Entretanto, espaço e tempo são também *intuições formais*, ou seja, eles são como *objetos* intuídos, de tal forma que são indivíduos com os quais nossa intuição coloca-nos em uma relação cognitiva imediata. Espaço e tempo são como objetos em que qualquer intuição de um objeto é também uma intuição do espaço no qual o objeto é localizado e do tempo no qual a própria experiência toma lugar. Espaço e tempo, Kant insiste, são também intuídos como objetos *singulares*, em que qualquer ciência de uma localização no espaço (por exemplo, desta sala) é igualmente uma ciência do *espaço como um todo*, ao qual o espaço nesta sala pertence (como parte sua). Do mesmo modo, qualquer ciência de um instante no tempo (o instante presente) é uma ciência de todo o tempo em cujo fluxo esse instante ocorre. Espaço e tempo são intuições formais que condicionam nossa intuição de todos os objetos que intuímos, fundamentando um sistema de relações pertencentes aos objetos e às mudanças que podem acontecer com eles, pelas quais tais objetos têm as propriedades que podem ser predicadas deles e em cujo âmbito tais propriedades podem ser alteradas. Localizações espaço-temporais das coisas e acontecimentos nesse sistema não são obtidos meramente entre as perspectivas dadas dos sujeitos, mas objetivamente a partir de qualquer perspectiva espaço-temporal – justamente como se espaço e tempo fossem objetos independentes em si mesmos ainda que eles não o sejam. Espaço e tempo não *consistem* apenas (como Leibniz pensou) em um sistema de relações intelectualmente representadas (conceitualmente construídas), já que nossas relações originais com eles não são intelectuais (conceituais), mas sim intuitivas. No entanto, Kant segue Leibniz no pensamento de que localizações objetivas de um objeto (no espaço) ou de um evento (no tempo) são determináveis somente em relação a outros objetos e eventos – não há localizações "absolutas" no espaço ou tempo, tal como os newtonianos pensavam.

Sensibilidade *pura,* intuição *a priori*

É porque espaço e tempo não pertencem aos objetos, mas às nossas faculdades de intuição, e é porque eles são condições necessárias de qualquer intuição, que nossa intuição sobre eles é *a priori*, ou seja, essa intuição é independente do conteúdo particular das sensações que recebemos de qualquer uma das coisas reais que intuímos no espaço e no tempo. Quando as relações das coisas com o espaço e o tempo são conceitualizadas, Kant sustenta que elas tornam possível um sistema *a priori* de conhecimento que se aplica necessária e universalmente a todos os objetos que podem ser intuídos. Esse conhecimento constitui a matemática pura – a geometria como uma ciência *a priori* de qualquer espaço físico possível e a aritmética como uma ciência da quantidade, aplicada *a priori* a qualquer magnitude (espacial ou temporal) encontrada nas coisas que ocorrem no espaço e no tempo. A teoria kantiana de que o espaço e o tempo são formas puras da intuição que pertencem às nossas capacidades cognitivas, e não entidades existentes independentemente (ou constructos conceituais baseados na propriedades de tais entidades), pareceu-lhe o único modo de explicar a possibilidade de conhecimento sintético *a priori* que se encontra na matemática.

Naturalmente, houve grandes mudanças na geometria e na física desde o tempo de Kant. Para ele, a única geometria era a de Euclides, sendo estabelecido que a geometria euclidiana fornecia conhecimento *a priori* e que este era um conhecimento diretamente sobre o espaço *físico*. Porém, os séculos XIX e XX viram o desenvolvimento de geometrias não-euclidianas, e tornou-se uma questão empírica se a geometria descreve o espaço físico. Portanto, o tratamento kantiano de tais matérias, ainda que engenhoso e cogente no seu tempo, não é mais aplicável no nosso tempo, como muitos já sustentaram. Todavia, desde a época de Kant ocorreu outra mudança, ainda mais radical, sobre a qual se chamou menos a atenção. Para um filósofo na época de Kant, ainda parecia possível formular uma teoria única do espaço e do tempo que dava conta dos nossos conhecimentos deles na matemática e na física e também do modo como espaço e tempo, como partes de nossa experiência vivida, são fundamentais ao nosso conhecimento cotidiano do mundo natural, bem como ao nosso conhecimento científico dele. Atualmente, os modelos matemáticos oferecidos pelos físicos podem dar conta dos dados e de todo o confuso âmbito de exigências teóricas requeridas para sistematizá-los, mas não se pode considerar que ofereçam qualquer interpretação do espaço e do tempo tal como os vivenciamos na experiência sensorial e segundo o papel fundamental que desempenham em nosso conhecimento cotidiano do mundo. A teoria de Kant, portanto, ainda que não seja mais sustentável, é de um interesse perene porque é uma das últimas tentativas plausíveis de realizar uma teoria unificada do espaço e do tempo simultaneamente da perspectiva científica e epistemológica cotidiana. Isso é algo de que ainda necessitaremos, embora não saibamos mais como obtê-lo. A própria física nunca mais será um departamento intelectualmente satisfatório de conhecimento até que ganhemos de alguma forma uma concepção de espaço e tempo que reconcilie a ciência com a experiência cotidiana vivida.

A idealidade transcendental dos fenômenos

A conclusão mais radical da teoria kantiana do espaço e do tempo é uma que ele se apressa em enfatizar. Se espaço e tempo não são nem coisas que existem à parte de nossa intuição, nem relações entre as propriedades de tais coisas, então eles são, como Kant diz, *fenômenos*, não tendo existência em si mesmos. Mas o que são, então, os *objetos* que aparecem no espaço e no tempo? Eles também são fenômenos, que conhecemos não como são em si mesmos, mas apenas como podem ser intuídos por nós. Kant sempre considerou seu mais básico argumento para a idealidade transcendental dos objetos que conhecemos, aquele baseado na idealidade transcendental do espaço e do tempo, somente nos quais os objetos podem ser conhecidos por nós. Kant insiste, contudo, que a idealidade do espaço e do tempo, e dos objeto neles, é só *transcendental* – quer dizer, refere-se ao *status* que eles têm em uma teoria que nos diz como nossa experiência é possível. Empiricamente, espaço e tempo, assim como objetos espaço-temporais neles, são reais. Eles não são ilusões, mas devem ser distinguidos do que, falando empiricamente, chamamos de "mera aparência" (sonhos, alucinações, miragens, e assim por diante). Sua realidade empírica, porém, não consiste em seu ser coisas existentes em si mesmas, independentemente das condições sob as quais nós as conhecemos. Ela consiste, antes, no modo como elas se conformam a uma ordem da natureza que Kant sustentará ser necessária transcendentalmente se a experiência é possível enquanto tal. Se os fenômenos sempre *têm* uma existência em si mesmos, esta é uma questão à qual Kant, infelizmente, não nos dá uma resposta consistente. Eu adiarei até o Capítulo 4 a discussão das perplexidades do idealismo transcendental que advém dessa ambivalência.

A ANALÍTICA TRANSCENDENTAL: ENTENDIMENTO PURO

Lógica transcendental

Objetos são *dados* ao nosso conhecimento através da intuição sensível, produzindo sensações. Tudo o que é conhecido pela sensação tem de estar no espaço e no tempo, e nosso conhecimento do espaço e do tempo produz um corpo de conhecimentos sintéticos *a priori* através da intuição – *matemática pura*. No entanto, não seria possível nem conhecimento, nem qualquer coisa digna do nome "experiência", apenas na forma de sensações não-conceitualizadas. "Intuições sem conceitos são cegas" (*KrV* A51/B75). O conhecimento requer também a atividade do pensar, conceitualizar e julgar, a qual é realizada pela nossa faculdade do entendimento. Assim, em acréscimo à Estética Transcendental, que trata das condições *a priori* da experiência como formas da intuição (espaço e tempo), uma crítica da razão pura também deve conter uma Lógica Transcendental, que trata das condições *a priori* do pensamento.

"Lógica" é, para Kant, a ciência que trata do uso do entendimento no pensamento. A lógica formal tradicional (primeiro concebida por Aristóteles e depois codificada pela escolástica) abstrai de todos os conteúdos do pensamento e especialmente do modo como o pensamento se relaciona aos objetos do conhecimento. Contudo, Kant argumenta que os objetos de conhecimento, como fenômenos, são constituídos não só pelo modo como os intuímos no espaço e no tempo, mas também pelo modo como o entendimento os pensa enquanto condições *a priori* para a possibilidade da experiência em geral. A ciência que trata com objetos desse modo não é a lógica formal (ou geral), mas a lógica transcendental.

Uma parte da Lógica Transcendental, que Kant chama de Analítica Transcendental, trata das condições de possibilidade da experiência que constroem conhecimentos sintéticos *a priori* mediante conceitos – a *metafísica*. A Analítica Transcendental visa de fato a expor e justificar *a priori* a concepção do mundo empírico. Esse é um mundo de objetos materiais no espaço que muda através do tempo, cujas propriedades e mudanças estão submetidas à medição matemática. Esses objetos são todos constituídos por uma substância cujas determinações alteram-se, mas cuja quantidade não aumenta ou diminui. Objetos materiais diferentes são distinguidos um do outro pela colocação de partes distinguíveis dessa substância em regiões diferentes do espaço. Suas inter-relações em um certo momento do tempo e suas alterações através do tempo são governadas por leis causais necessárias. Substâncias materiais são distintas de nossas representações subjetivas ou internas – elas constituem um mundo real ou externo. Os juízos que fazemos sobre elas, seus estados e suas relações procuram validade – e em princípio podem pretender validade objetiva – para a "consciência em geral", isto é, para todos os seres capazes de fazer tais juízos. O projeto da Analítica Transcendental é, portanto, defender *a priori* a concepção fundamental de um mundo com o qual a ciência natural matemática moderna está comprometida e responder a objeções céticas à realidade e à cognoscibilidade desse mundo.

A outra parte da Lógica Transcendental, chamada Dialética Transcendental, trata dos princípios derivados não do entendimento, mas da razão.

Kant pensa que os últimos princípios são guias indispensáveis para a investigação empírica e para a sistematização dos resultados daquelas investigações, mas ele também pensa que a razão tende, em suas próprias operações, a se desviar quando deixada a seus próprios princípios – ela está sujeita a uma espécie de ilusão que a faz pensar que os princípios e conceitos autogerados, que deveriam dirigir suas investigações empíricas, também fornecem conhecimentos metafísicos (ou sintética *a priori*) de objetos não-empíricos (tais como Deus, a vontade livre e a imortalidade da alma) que não podem ser dados em qualquer intuição a seres como nós. "Dialética", para Kant, significa uma "lógica da ilusão". É um objetivo da Dialética Transcendental expor as ilusões dialéticas na metafísica, corrigindo seus erros e conduzindo à sua função e esfera própria os princípios racionais legítimos que levam a tais ilusões. No Capítulo 5, discutiremos a Dialética Transcendental. O restante do presente capítulo será dedicado (ainda que brevemente) à exposição da complexa e famosa cadeia de argumentos encontrada na Analítica Transcendental. O objetivo da argumentação é mostrar, contrariamente aos céticos, que a constituição do mundo objetivo, da ordem fundamental da natureza tal como a ciência moderna a concebe e a investiga, é necessária *a priori* como uma condição para que simplesmente tenhamos experiência.

Esse famoso e altamente ambicioso argumento é dividido em três fases principais. A primeira fase, que Kant (ao menos em *KrV* B159) chama de "dedução metafísica [das categorias]", propõe-se a identificar doze conceitos fundamentais, chamados "categorias", cuja origem está *a priori* no sentido de que as adquirimos não da experiência à qual as aplicamos, mas do exercício de nosso próprio entendimento. A segunda fase, chamada de "dedução transcendental das categorias", visa a mostrar que, apesar de sua origem em nossas faculdades, em vez de nos objetos da experiência, as categorias necessariamente se aplicam a qualquer objeto que possa ser dado aos nossos sentidos. A terceira fase, contida em capítulo intitulado "Sistema de todos os princípios puros do entendimento", defende que as categorias necessariamente se aplicam à experiência de modos determinados: por exemplo, que as formas espaço-temporais e os conteúdos qualitativos reais da experiência são quantitativamente mensuráveis e que todas as mudanças que nós podemos experienciar são alterações nas determinações de uma substância subjacente e que tais alterações seguem leis causais.

Como eu já afirmei, os argumentos da Analítica Transcendental são melhor percebidos como uma extensamente única, mas interconectada, cadeia de argumentos, sendo as primeiras ligações em alguma medida dependentes das últimas, tanto para a sua inteligibilidade quanto para a sua persuasão. Se há uma fase do argumento que é fundamental, então é provavelmente (como o próprio Kant sugere em *KrV* A XVI) a dedução transcendental das categorias. Para realizar a dedução metafísica, utiliza-se a lógica formal dos juízos como guia para a descoberta daquelas categorias que são *a priori* e fundamentais, sendo apenas na dedução transcendental que Kant sustenta que qualquer experiência possível tem de conter objetos sobre os quais qualquer sujeito que tenha experiências deve formar juízos que pretendam ter validade universal para a consciência em geral (para todos os sujeitos da experiência). É também a aplicabilidade das categorias a todos os objetos dos sentidos (estabelecida na dedução transcendental) que fornece uma garantia de que aquilo que é dado aos sentidos deva ser determinável através das categorias da quantidade e da qualidade (fundamentando os princípios matemáticos do entendimento, *KrV* A162-176/B201-218), assim como do tempo, do mesmo modo como a forma de toda intuição é "determinada" com respeito à duração, à sucessão e à co-existência que fundamenta as analogias da experiência (que exploraremos mais tarde no próximo capítulo) e as leis da substância, da causalidade e da reciprocidade (*KrV* A176/B218).

A dedução metafísica: formas de juízo e categorias

O ponto de partida de Kant é a concepção de um juízo na lógica tradicional (escolático-aristotélica). Nessa tradição, a forma geral dos juízos era:

S é P

ou seja, um *termo sujeito* conectado a um *predicado* por meio de uma *cópula* "é". Diferentes tipos possíveis de juízo podem, portanto, ser apresentados pela análise desse termo sujeito, pelo tipo de termo predicado e pelo tipo de cópula. Por exemplo, todos os termos sujeito são de três tipos:

Universal: *Todo S*
Particular: *Alguns S*
Singular: *Um S*

Os predicados formam uma tríade similar:

Positivo: P (uma propriedade positiva)
Negativo: não-P (a negação de uma propriedade positiva)
Infinito: não-P

Um juízo infinito é aquele em que o predicado é uma propriedade positiva, mas que é significado por um conceito que restringe parte de um domínio de tais propriedades pela negação do restante do domínio. Por exemplo, eu posso designar a cor de um livro diante de mim dizendo que o livro não é vermelho (significando que ele é ou amarelo, ou azul, ou alguma outra cor, mas não é vermelho). Isso é diferente de um juízo negativo, porque um juízo negativo não traz consigo a implicação de que o predicado seja simplesmente alguma propriedade positiva. Por exemplo, seria inteiramente correto predicar do número três que ele é não azul, mas incorreto aplicar a ele o juízo infinito "O número três não é azul" porque isso seria afirmar (o que é falso) que tenha alguma outra cor.

Existem, similarmente, três tipos de cópula, correspondentes ao *status* modal dos juízos:

    Problemático: S *é possivelmente* P
    Assertórico: S *é (efetivamente)* p
    Apodítico: S *é necessariamente* P

Em acréscimo, há uma quarta tríade decorrente do fato de que na lógica tradicional os juízos podem ser combinados uns com os outros em inferências silogísticas, e isso de três maneiras:

    Categórico: Todo S é P (e Todo P é R, portanto, Todo S é R).
    Hipotético: Se S é P, então S é R (e S é P, portanto, S é R).
    Disjuntivo: S é ou P ou R (e S não é R, portanto, S é P).

Isso dá origem à "tábua dos juízos" (KrV A70/B95) que Kant organiza do seguinte modo:

    Quantidade dos juízos
    Universal
    Particular
    Singular

Qualidade   *Relação*
Positivo   Categórico
Negativo   Hipotético
Infinito   Disjuntivo

    Modalidade
    Problemático
    Assertórico
    Apodítico

A próxima alegação de Kant é que, correspondendo a essa tábua, haja uma "tábua das categorias" (*KrV* A80/B106), cada uma correspondendo a uma entrada na tábua dos juízos. Esses doze conceitos *a priori* são tais que sua esquematização no mundo sensível torna a experiência possível:

1
Da quantidade
Unidade
Pluralidade
Totalidade

2
Da qualidade
Realidade
Negação
Limitação

3
Da relação
Inerência e subsistência
(*substantia et accidens*)
Causalidade e dependência
(causa e efeito)
Comunidade
(ação recíproca entre agente e paciente)

4
Da modalidade
Possibilidade – Impossibilidade
Existência – Inexistência
Necessidade – Contingência

Algumas dessas correspondências são auto-evidentes, mas outras envolvem sutilezas para as quais não temos espaço aqui.[4] Para nossos objetivos, o ponto mais importante na relação geral de cada categoria à sua forma de juízo correspondente é que nossa faculdade de julgar de acordo com aquela forma comporta a capacidade de organizar nossas representações sob o conceito correspondente. Contudo, Kant não está comprometido a sustentar (e de fato não sustenta) que, sempre que empregamos uma forma de juízo, empregamos o conceito correspondente. (Por exemplo, quando eu digo "Se este livro é vermelho, então ele é colorido", eu não tenho de pensar que o ser vermelho do livro é a *causa* de seu ser colorido.) Sua pretensão é, antes, a de que o que nos permite formar conceitos como "um", "muitos", "causa", e assim por diante, é simplesmente o fato de que somos aptos a julgar as coisas que experienciamos de acordo com essas formas de juízo. As categorias não são como conceitos empíricos, tais como "vermelho" ou "cachorro" ou "abridor de lata", que podem aplicar-se ou não à nossa experiência, dependendo do que os conteúdos sensíveis possam ser. Em vez disso, levamos esses conceitos para a nossa experiência (juntamente com as formas nos termos das quais formulamos juízos sobre ela). Os próprios conceitos empíricos são sempre instâncias de categorias (um cachorro é "um" animal e uma substância; "vermelho" é um acidente de uma substância e uma *realidade* [positiva ou negativa]; um abridor de latas é uma substância e também um objeto com a capacidade causal de abrir latas de sopa). Em qualquer conjunto de dados sobre os quais possamos formular juízos, necessariamente haverá instâncias de "um", "muitos", "todos", e assim por diante.

Uma das primeiras críticas a Kant a ganhar aceitação – essa foi uma parte importante do problema "meta-crítico" mencionado antes – foi a de que ele estava tomando por excessivamente seguro assumir que as formas dos juízos na lógica tradicional poderiam ser tomadas, sem justificação posterior, para representar o único modo pelo qual podemos conceitualizar a nossa experiência. A história do kantismo viu muitas versões dessa preocupação e muitas tentativas de tornar as formas kantianas da intuição e a tábua de categorias uma estrutura conceitual que pudesse ser historicamente alterável e dependente de mudanças na história da ciência ou da escolha dos investigadores sobre como conceitualizar suas pesquisas ou seus objetos de estudo. A preocupação óbvia aqui, naturalmente, é a de que a permissão de tais modificações do projeto kantiano poderia ameaçar tanto o caráter sintético quanto o caráter *a priori* dos princípios, cujo *status* sintético *a priori* é requerido se a limitada defesa kantiana da metafísica deve ser preservada contra as objeções céticas. Tais controvérsias continuam até o presente, e o modo como elas têm reformulado a filosofia e a investigação científica são uma parte importante do duradouro legado de Kant.

NOTAS

1. Pensa-se, algumas vezes, que uma proposição analítica deva ser "verdadeira por definição". Esta não é a formulação que Kant aprovaria. Ele pensa que a definição genuína de um conceito deve envolver uma demonstração de que o conceito possa ser aplicado a alguma coisa e de que ele deve exibir o *definiens* como apresentando o conteúdo completo do conceito. Definições que preencham esses requerimentos podem, desse ponto de vista, ser encontradas somente na matemática, na qual podemos construir nossos conceitos *a priori*, exibindo seus objetos na intuição pura (*KrV* A727-732/B755-760). Conceitos empíricos, tais como "corpo" ou "solteiro", não têm definições porque não pode haver demonstração de sua possibilidade, exceto pelo fato contingente das experiências a partir das quais os desenhamos, e porque seus limites são inerentemente vagos: experiências adicionais podem levar-nos a pensar mais conteúdo neles do que tínhamos feito no início. Essas considerações, que são muito semelhantes àquelas que levaram W. V. O. Quine a colocar toda a distinção analítico/sintético em questão em meados do século XX, não pareceram mostrar a Kant que não podemos estar corretos de algumas marcas pertencentes a um conceito dado e, portanto, não pareceram mostrar a ele que não poderia haver juízos analíticos feitos nessa base. Ver Quine, "Two Dogmas of Empiricism", *From a*

Logical Point of View, 2.ed. (Cambridge, MA: Harvard University Press, 1980) e Philip Kitcher, "How Kant Almost Wrote 'Two Dogmas of Empiricism' (And Why He Didn't)", *Essays on Kant´s Critique of Pure Reason*, eds. J. N. Mohanty e Robert W. Shahan (Norman: University of Oklahoma, 1982, p. 217-249).
2. Sobre a rejeição kantiana do inatismo, ver Graciela de Pierris, "Kant and innatism", *Pacific Philosophical Quarterly* 68 (1987): 285-305, e Lorne Falkenstein, "Was Kant a Nativist?" in Patricia Kitcher (ed.), *Kant's Critique of Pure Reason: Critical Essays* (Lanham, MD: Rowman and Littlefield, 1998, p. 21-44).
3. Como argumenta Karl Ameriks em *Kant and the Fate of Autonomy: Problems in the Appropriation of the Critical Philosophy* (New York: Cambridge University Press, 2000).
4. A melhor discussão sobre esse assunto é de Béatrice Longuenesse, *Kant et le pouvoir de juger* (Paris: PUF, 1993).

LEITURAS COMPLEMENTARES

Henry Allison, *Kant's Transcendental Idealism*. New Haven: Yale University Press, 1983.

Michael Friedman, *Kant and the Exact Sciences*. Cambridge, MA: Harvard University Press, 1992.

Sebastian Gardner, *Routledge Guidebook to Kant and the Critique of Pure Reason*. London: Routledge, 1999.

Paul Guyer, *Kant and the Claims of Knowledge*. New York: Cambridge University Press, 1987.

Patricia Kitcher (ed.), *Kant's Critique of Pure Reason: Critical Essays*. Lanham, MD: Rowman and Littlefield, 1998.

Béatrice Longuenesse, *Kant et le pouvoir de juger*. Paris: PUF, 1993.

Wayne Waxman, *Kant's Model of the Mind*. New York: Oxford University Press, 1991.

3

OS PRINCÍPIOS DA EXPERIÊNCIA POSSÍVEL

A DEDUÇÃO TRANSCENDENTAL DAS CATEGORIAS

Dúvidas céticas ameaçam com sucesso a possibilidade de nosso conhecimento somente enquanto o cético implicitamente nos garante certas coisas que nós naturalmente pensamos constituir um fundamento suficiente para o que julgamos conhecer e, então, surpreende-nos pela exibição de que tais coisas oferecem-nos justificações menos adequadas para o nosso suposto conhecimento do que pensávamos que ofereciam. É assim que a dúvida cética opera, bem como indica as condições limitadoras sob as quais os argumentos céticos mantêm seu interesse filosófico.

Por exemplo: estamos cientes de ter uma série de estados mentais através do tempo que exibem certas consistências, arranjos recorrentes e conjunções constantes. Sob a base desse modelo, julgamos que tais estados são causados por um mundo de objetos fora de nós, por substâncias permanentes, cujas mudanças perceptíveis seguem certas regularidades causais. É nesse momento que as objeções céticas intervêm. Não temos acesso às conexões causais entre nossos estados e o que quer que seja que os possa produzir; logo, não temos um fundamento para nossos juízos causais sobre sua origem. Nem as constâncias e os arranjos recorrentes são evidência firme, seja para identificar as substâncias através do tempo, seja para suprir a necessidade da seqüência entre os eventos que é requerida para justificar a pretensão de que haja conexões causais envolvidas. Onde pensamos que nossas experiências oferecem-nos a equivalência evidente de dinheiro vivo, as dúvidas céticas levam-nos a sentir como se estivéssemos segurando, em vez disso, somente um punhado de bilhetes de loteria não-premiados, datados de ontem. O problema cético não é constituído pelo fato de que possa haver substâncias ou conexões causais outras, diferentes daquelas que pensamos haver, pois nossa experiência fornece-nos evidência desse ponto, e não alegamos infalibilidade de modo algum sobre tais juízos. O problema real é que o argumento cético põe em questão se podemos estar seguros em aplicar conceitos como "objeto", "substância" e "causa" ao que nos é apresentado, não importando o que a evidência de nossa experiência possa parecer.

Kant compara aqui a tarefa do filósofo àquela que enfrentaria um promotor público (em um sistema legal de base romana) que está tentando mover uma ação contra um acusado (*KrV* A84/B116). Há duas questões a serem estabelecidas:

1. A *quaestio quid iuris* (a questão de direito, isto é, qual direito, sob o ponto de vista legal, pretende-se que o acusado tenha violado, o que equivale a mostrar que a acusação contra o acusado tem uma base legal válida): para isso, é preciso derivar dos estatutos legais uma proposição da forma "Se o acusado fez X, então ele é culpado do crime Y". (Por exemplo, se ele *se apropriou de algo que não é seu*, então ele é culpado de *furto*.)
2. A *quaestio quid facti* (ou questão de fato): é preciso apresentar evidência de que o acusado fez X (que ele se apropriou de algo que não era seu).

Ambos os pontos têm de ser provados se a ação contra o acusado é movida. Se não se pode mostrar que o acusado fez X, então ele é inocente de qualquer crime, qualquer que fosse e que estaria supostamente envolvido na ação X. Não importa quais os fatos, mesmo que ele tenha feito X, ele ainda não cometeu crime se não se pode derivar dos estatutos de que fazer X constitua cometer algum crime Y.

Kant pretende ainda ter mostrado que conceitos como *substância* e *causa* são *a priori*. Eles não advêm da experiência, mas das formas dos juízos empregados pelo entendimento. Com relação a conceitos *a priori*, como *substância* e *causa*, no entanto, há uma possível "questão de fato" que concerne às experiências através das quais primeiro encontramos instâncias desses conceitos e que depois poderiam autorizar-nos a empregá-los em casos particulares. A questão de direito, contudo, concerne ao nosso direito de usar esses conceitos enquanto tais, não importando o que os fatos possam ser. O termo técnico legal na lei romana para o argumento que conduzia à resposta concernente à questão de direito era *dedução*. É metaforicamente baseado nesse uso que Kant cunha o termo "dedução transcendental". Como ele emprega o termo "transcendental" para se referir à investigação sobre a possibilidade da experiência e como ele pensa que uma "dedução" das categorias é para ser derivada não de estatutos legais, mas da demonstração de como sua instanciação serve como condição necessária para a possibilidade da experiência, Kant nomeia a tarefa de justificar nosso uso das categorias de "dedução transcendental". Isto é, seu objetivo concernente às categorias é estabelecer como elas podem ser legitimamente aplicadas a objetos da experiência. Fazer isso é responder ao ceticismo que ameaça a alegação empírica que fazemos ao empregar conceitos como *substância* e *causa*.

Síntese e apercepção

Pode-se pensar que o curso de nossa experiência jamais poderia ser algo que não fosse totalmente contingente e que possivelmente nada seria cognoscível sobre ela *a priori*. O que aparece para nós em cada momento é uma existência inteiramente distinta do que aparece em qualquer outro momento e, portanto, do que está ocorrendo agora ou do que ocorreu no passado, nada poderia ser inferido sobre o que ocorrerá em momentos futuros ou mesmo no momento seguinte. Este é, com efeito, o argumento de Hume para a dúvida cética sobre a base da razão para nossas pretensões sobre questões de fato futuras e sobre a causalidade ou a conexão necessária.[1] Contudo, apesar da obviedade e da irrefutabilidade que o argumento humeano possa parecer ter, o argumento transcendental de Kant pode ser visto como um ataque a ele.

O primeiro ponto a ser relevado é o seguinte: nem tudo pode ser considerado como "experiência". Com efeito, o argumento de Kant começa com uma certa concepção mínima de experiência que ele pensa que até mesmo o mais extremado cético deva sustentar. Experiência é algo *diverso* através do tempo, uma *sucessão* de conteúdos distinguíveis que estão presentes a um *sujeito* daquela experiência – e presentes ao *numericamente mesmo* sujeito através do tempo no qual aparecem. A não ser que ao menos admitamos que isso é verdadeiro a respeito de nossa experiência, não poderemos nem mesmo *suspender questões céticas* sobre se a sucessão representa uma existência contínua (como uma substância), ainda menos uma existência (como um objeto material) distinta dos próprios conteúdos experienciados, ou se as ocorrências sucessivas são ligadas às seguintes por relações causais. A estratégia de Kant é começar com o que podemos chamar de indisputável concepção de experiência, à qual podemos dar o nome de "experiência mínima", para então argumentar que a própria experiência mínima será possível somente se seus conteúdos ostentarem certas relações necessárias entre si que podem ser consideradas obtidas *a priori*.

O primeiro estágio do argumento chama a atenção para o fato de que, para haver experiência mínima, tem de ser possível para o sujeito *apreender* a série dos conteúdos experienciados em um intervalo de tempo *como uma série* e, então, ao fim do intervalo referir esses conteúdos a si mesmo como seu sujeito idêntico. Para representar o que é diverso em uma experiência, afirma Kant, o sujeito deve "primeiro percorrer a diversidade e então reunir esse percurso, cuja ação eu chamo *síntese da apreensão*" (*KrV* A99).

Consideremos qualquer sucessão de experiências, por exemplo, a série puramente mental constituída de alguém pensando uma linha de poesia, como a primeira linha do *The Wasteland*, de T. S. Eliot:

Abril é o mais cruel dos meses

Essa experiência é feita de uma série (ou diversa) de distintos momentos que ocorrem no tempo. Podemos distinguir os itens de várias maneiras, como fonemas, sílabas ou palavras. Vamos considerar os itens como palavras (pensadas e faladas por alguém, silenciosamente, tratando a linha de poesia como uma mera série de representações subjetivas). Ao fim de um certo intervalo de tempo no qual eu penso essa linha por mim mesmo, tenho diante de mim a palavra "mês", mas também apreendo essa palavra como tendo sido precedida sucessivamente por seis palavras que não estão mais presentes: "abril", "é", "o", "mais", "cruel", "dos". Essas seis palavras ocorreram em seis distintos momentos prévios da série. Ademais, nesse sétimo momento no tempo, devo ser apto a reapresentar esses seis conteúdos prévios como tendo justamente ocorrido naquela ordem em seis momentos sucessivos. Isso significa que ao fim do intervalo eu devo estar apto a *reproduzir* esses conteúdos relembrados como tendo ocorrido previamente durante o intervalo.

No entanto, não é qualquer sucessão de conteúdos que pode admitir essa síntese da reprodução, pois nossa capacidade de reproduzir esses conteúdos depende de leis empíricas, como a lei empírica humeana da associação por semelhança, contigüidade e causa e efeito. "Mas essa lei da reprodução pressupõe que os próprios fenômenos sejam efetivamente submetidos a tal regra (...) Se o cinabre fosse ora vermelho, ora preto, ora leve, ora pesado, (...) então minha faculdade de imaginação empírica nunca alcançaria a oportunidade de pensar o cinabre pesado por ocasião da representação da cor vermelha" (*KrV* A100-101). Voltando ao nosso exemplo, deve haver algo no *conteúdo* da representação "abril", "é", e assim por diante, que me permite reproduzi-las ao fim do intervalo como tendo ocorrido e como tendo ocorrido sucessivamente na ordem em que me lembro delas. A associação nessa linha de poesia repousa sobre uma síntese empírica, mas mesmo a sucessão de momentos de tempo (ou a visão sucessiva de pontos no espaço), que são intuições puras, requer uma síntese análoga se sua reprodução é possível. Essa síntese pura, sustenta Kant, é a fundamentação daquela outra, empírica, assim como a síntese da reprodução dos momentos de tempo nos quais pensamos (ou silenciosamente falamos) as palavras "abril", "é", e assim por diante, é uma condição de possibilidade da reprodução daquelas palavras na imaginação. Até mesmo para que uma experiência mínima seja possível, deve haver algo nos próprios conteúdos, uma combinação com eles e entre eles, que torne possível sua reprodução ordenada: Kant chama a isso de "síntese da reprodução".

Todavia, Kant sustenta agora um terceiro passo (ou terceira "síntese") que é necessário para que ao menos uma experiência mínima seja possível. Não é suficiente que eu seja apto a *reproduzir* os conteúdos "abril", "é", e assim por diante. Eu também tenho de estar apto a *reconhecer* os conteúdos produzidos como os *mesmos* conteúdos-tipo que ocorreram antes nas séries. De outro modo, como afirma Kant, "todas as reproduções nas séries de representações seriam em vão. Poderia ser uma nova representação em nosso estado corrente, que simplesmente não pertenceria ao ato através do qual ele foi gradualmente gerado, e esse diverso nunca poderia constituir um todo, pois lhe faltaria a unidade que somente a consciência pode dar a ele" (*KrV* A203). Isso significa que eu devo ser apto a submeter o conteúdo original e o conteúdo reproduzido a um *conceito* comum (por exemplo, o conceito da palavra-tipo "abril"). Os próprios conteúdos devem ser tais que eles sejam *conceitualizáveis* de determinados modos, permitindo seu reconhecimento sob esses conceitos que tornam sua reprodução possível – o que significa que já têm de ser ser combinados através do que Kant chama de "síntese de reconhecimento" (*KrV* A103).

A combinação ou síntese de conteúdos experienciados que torna a experiência mínima possível é uma certa relação (ou conjunto complexo de relações) entre os próprios conteúdos. Ela é, nomeadamente, aquele conjunto de relações que nos torna aptos a apreendê-los, reproduzi-los e conceitualizá-los. Mas Kant argumenta que estas não são relações que apenas acontecem entre esses conteúdos, nem são o tipo de coisa que pode ser "dada" de forma meramente contingente através dos sentidos. Nada pode ser combinado para nós na experiência a não ser que a combinemos por nós mesmos através da auto-atividade de nosso entendimento (*KrV* B130).

A síntese da qual depende a possibilidade da experiência, portanto, advém não dos próprios dados sensíveis, mas, ao contrário, do *exercício de nossas faculdades* sobre esses dados. Essa síntese é, portanto, não-contingente e empírica, mas um aspecto necessário e *a priori* da experiência. A síntese fundamental que torna a experiência possível é a combinação que nos permite atribuir todas as nossas experiências a um mesmo sujeito idêntico a si, a saber, o "eu". Kant usa o termo "apercepção" para se referir à autoconsciência e, por isso, ele chama essa síntese fundamental de "unidade sintética da apercepção".

"O 'eu penso' deve ser capaz de acompanhar todas as minhas representações; do contrário, seria representado em mim algo que não poderia de modo algum ser pensado, o que equivale a dizer que a representação seria impossível ou, pelo menos para mim, não seria nada" (*KrV* B131-132). Kant *não* sustenta que todas as nossas representações são realmente acompanhadas pela auto-atribuição "eu penso". Ele até segue Leibniz (e opõe-se a Descartes e Locke) no pensamento de que a maior parte de nossas representações (ou estados mentais) é *inconsciente* (*Anth* 7:135-136). Contudo, ele argumenta que, para chamá-las de *minhas* representações, pressupõe-se que estejam em uma relação com todas as minhas outras representações, uma relação constituída pela atividade do meu entendimento, que as torna, em princípio, recuperáveis para a minha consciência e atribuíveis por mim ao meu próprio eu – sem isso, elas não seriam "nada para mim" e não seriam elementos de *minha* experiência (ou *minha* vida mental).

Objetividade e juízo

Até o momento, o argumento kantiano estabeleceu somente uma conclusão muito abstrata: para que uma experiência mínima seja possível, os conteúdos da experiência têm de ser organizados e ordenados de determinados modos, os quais são determinados não pelo que é dado aos sentidos, mas pela auto-atividade de nosso entendimento, uma vez que constitui a unidade da apercepção – o fato de que todas as minhas experiências possíveis são conectadas de forma que sejam princípios atribuíveis ao "eu" idêntico a si mesmo. O próximo passo no argumento de Kant é identificar essa mesma combinação necessária com um conceito específico que desempenha um papel fundamental em nossa experiência – a saber, o conceito de um *objeto* – e identificar as funções cognitivas fundamentais que dão expressão a sínteses necessárias com a mesma função que nos leva às categorias – a saber, a função de *julgar* sobre objetos.

Em relação ao que chamamos de "experiência mínima", os objetos foram freqüentemente pensados até então apenas como algo "fora" daquela experiência que pode de algum modo "entrar" nela, sendo a *causa* de seus conteúdos. O próprio Kant pensa nesses termos quando trata a intuição sensível como o efeito de um objeto sobre nós. Porém, na Dedução Transcendental, sua posição é diferente e até mesmo revolucionária, pois ele quer mostrar que, devido à síntese necessária que torna inclusive a experiência mínima possível, também deve ocorrer em nossa experiência algo que desempenhe o papel de um objeto das representações da experiência mínima. Em outras palavras, a sua pretensão é a de que *a mera experiência mínima não é de modo algum possível*. Ela não é possível porque, mesmo para que uma experiência mínima seja possível, as meras representação subjetivas da experiência mínima têm de estar em relação com objetos que vão além daquelas meras representações subjetivas, pretendendo uma espécie de validade para qualquer consciência capaz de simplesmente experimentar.

Vimos que a experiência mínima é possível somente se ela for combinada de tal maneira que seus conteúdos possam ser conceitualizados. Em relação a isso, Kant afirma que um *objeto* "é aquilo em cujo conceito é *reunido* o múltiplo de uma intuição dada" (*KrV* B137). Em outras palavras, um objeto é aquilo que está classificado entre aqueles conceitos específicos em termos dos quais a síntese necessária para a experiência mínima é pensada. Mas como pensamos essa síntese necessária? Kant sustenta que nosso pensamento a respeito dessa síntese assume a forma geral de um *juízo*. Todo juízo apreende a *matéria* do juízo em pensamento e aplica a ele um *predicado*, que é um *conceito*. Por exemplo, julgamos que algo em nossa experiência classifica-se conforme o conceito "pesado" ou "vermelho"; então, o juízo pode assumir a forma: "Isto é pesado" ou "Isto é vermelho". Ou o próprio objeto também pode ser subumetido a um conceito, como "pedaço de cinabre", de tal modo que o juízo seria: "Esta peça de cinabre é pesada" ou "Esta peça de cinabre é vermelha".

Estamos habituados à imagem de acordo com a qual "experiência" é somente experiência mínima. Nessa imagem, "objetos" são alguma coisa inteiramente externa a essa experiência e "juízos" são apenas nossa tentativa de "dizer algo verdadeiro" sobre essas coisas independentes. Por essa razão, a maneira de Kant olhar as coisas é seguramente vista como incomum e enigmática. Por que eu devo pensar sobre o que chamamos de "objetos" e "juízos" como desempenhando na experiência o papel que determinamos a eles?

Para começar, quaisquer outros juízos que possamos fazer, obviamente, desempenham o papel de unificar nossa experiência e representar a nós mesmos os modos pelos quais diferentes experiências são combinadas e organizadas. Quando eu julgo que o objeto que estou segurando na minha mão é vermelho e pesado, coloco minhas atuais percepções sob conceitos gerais, relacionando o que agora vejo e sinto a outras coisas que eu considero como "vermelhas" ou "pesadas". Quando eu julgo que cinabre é vermelho e pesado, então coloco um número indefinido de percepções possíveis (nas quais eu posso perceber peças de cinabre) sob esses mesmos conceitos. Além disso, os juízos representam um modo de organizar o que é dado na experiência que tem referência a aspectos dela que são em algum sentido necessários, e não-contingentes, sendo essa necessidade o que fundamenta a *objetividade* dos juízos, o fato de que um juízo verdadeiro é válido não só para o sujeito que julga, mas para todos os sujeitos que podem considerá-lo. Isso ocorre porque a ordem entre fenômenos expressos em juízos deve-se não apenas aos aspectos contingentes do modo como são dados na sensação, mas também à atividade de nosso entendimento em sua síntese, de modo a tornar a experiência possível. Isso torna *a priori* o fundamento da objetividade dos juízos e garante a validade de um juízo verdadeiro para qualquer sujeito que experiencie e que julgue.

Kant pensa que a objetividade do juízo ou sua validade universal é o que expressamos por meio da cópula "é" que une o sujeito ao predicado: "Com efeito, tal palavrinha designa a referência dessas representações à apercepção originária e à sua *unidade necessária*, embora o próprio juízo seja empírico e por conseguinte contingente, por exemplo, os corpos são pesados. Com isso não quero, na verdade, dizer que na intuição empírica tais representações pertençam *necessariamente umas às outras*, mas que na síntese das intuições pertencem umas às outras *em virtude da unidade necessária* da apercepção" (*KrV* B142). Assim, a posição de Kant *não* é a de que, ao julgar uma peça de cinabre como vermelha, eu esteja julgando que *ela* é *necessariamente* vermelha, pois é somente um fato empírico, contingente, que o cinabre seja vermelho. Em vez disso, seu argumento é o de que meu juízo de que ele é (contingentemente) vermelho comporta uma certa força normativa, não só para mim neste momento do tempo, mas para mim em outros momentos e, com certeza, para qualquer outro sujeito possível. Se meu juízo for verdadeiro, então ele será vinculante para mim também em outro momento do tempo no qual julgue que uma peça de cinabre é vermelha, sendo essa verdade também vinculante para qualquer outro sujeito que possa julgar sobre a cor dessa amostra de cinabre.

Kant pensa que essa necessidade normativa peculiar dos juízos verdadeiros, sua aplicabilidade universal, deva ser entendida transcendentalmente como a maneira por meio da qual sua verdade supre uma das conexões sintéticas entre as experiências que são necessárias para que ela seja simplesmente possível. Em outras palavras, a força normativa desses juízos empíricos reside no fato de que é uma instância da espécie de conexão necessária entre os conteúdos da experiência que se tem de obter para que mesmo uma experiência mínima seja possível. A necessidade da síntese expressa em juízos sobre o cinabre como um objeto de juízo é que torna o juízo verdadeiro – inclusive quando sua verdade é contingente – válido para todos os possíveis experienciadores desse cinabre. Em resumo, é o que torna um juízo verdadeiro *objetivamente* válido e, portanto, o que torna a própria peça de cinabre um *objeto*, antes do que meramente uma coletânea contingente de representações presentes a um sujeito isolado singular.

No modo tradicional de pensar sobre a objetividade – sobre a validade para todas as matérias de conhecimento pertencentes a juízos verdadeiros sobre objetos –, ela é vista como parasitária da existência de coisas "em si mesmas" – separadas de qualquer consciência – sobre as quais estamos julgando e sobre suas propriedades objetivas. É uma conseqüência da "revolução copernicana" que temos de revisar nosso modo de pensar e tratar a validade universal para a consciência em geral como constitutiva da objetividade dos objetos.

A unidade sintética da apercepção (ou as relações necessárias das representações subjetivas na experiência mínima) garante, portanto, que qualquer experiência possível é mais do que experiência mínima, através da qual qualquer experiência possível deve ser conceitualizada, de tal modo que seja considerada como contendo objetos sobre os quais o sujeito daquela experiência pode formular juízos que são verdadeiros – juízos que são válidos para todos os possíveis sujeitos e pode ser visto, então, como "correspondendo" ao objeto sobre o qual versa o juízo.

Alguns filósofos pensaram que o modo transcendental revolucionário de Kant tratar a experiência envolve uma negação da teoria da verdade como "correspondência". Tomado em sentido literal, isso é claramente um engano, posto que Kant explicitamente afirma, como uma definição "nominal", que a verdade consiste na correspondência do juízo ao objeto e nega que qualquer definição "real" de verdade seja possível (*KrV* A57-59/B82-83).[2] Isso significa afirmar que a teoria da correspondência nos diz o que significamos pela "verdade", mas não pode haver um tratamento da verdade que possamos utilizar como critério para decidir o que é verdadeiro e o que não é. Pode haver algo correto no pensamento que Kant nega a teoria da correspondência se isso significar que, do ponto de vista do papel desempenhado pelo *entendimento* puro e sua *conceitualização* na constituição da experiência, ele trata "correspondência" não como uma relação misteriosa *sui generis* entre um ato mental e algo totalmente alheio ao que é experienciado, mas sim como uma relação *constituída* pelo modo em que os itens postos sob certos conceitos desempenham um papel necessário na satisfação das condições transcendentais sob as quais a experiência de qualquer um e de todos os objetos torna-se possível.

Contudo, o pensamento de que Kant rejeita a teoria da verdade como correspondência também é falso em um nível mais profundo, já que ignora o papel necessário da *intuição* na constituição da objetividade das coisas, às quais corresponde nosso juízo. É crucial para Kant que aquilo que seja conceitualizado como desempenhando o papel de um objeto na unificação do diverso da intuição também deva ser tomado como alguma coisa *dada na* intuição (se não diretamente, ao menos como alguma intuição sobre outro objeto que está conectado com ele, em uma maneira governada por regras, com o objeto sobre o qual estamos julgando). Portanto, para Kant, os juízos que fazemos sobre um objeto – se eles são verdadeiros – devem *corresponder* ao objeto como uma coisa que é – ou ao menos possa ser – imediatamente presente a nós no espaço e no tempo. O juízo de que todas as amostras de cinabre são pesadas pode, naturalmente, ser feito por alguém que nunca pesou uma peça de cinabre. Mas a verdade, e mesmo a significação desse juízo, depende do fato de que o conceito "cinabre" representa uma certa síntese de possíveis experiências para qualquer sujeito que sejam válidas para todos os sujeitos e que possam ser, em princípio, atestadas na intuição de qualquer sujeito – como quando aquele sujeito cruza com uma amostra de cinabre e sente seu peso em suas próprias mãos. É importante, então, reconhecer que a verdade do juízo não está meramente presente como uma necessidade transcendental abstrata requerida pela unidade sintética da experiência, mas é algo que intuímos como dado aos nossos sentidos e, portanto, como um fato *intuído* que *corresponde* ao nosso juízo.

OBJETOS, CATEGORIAS E ESQUEMAS

Na "dedução metafísica", Kant sustenta que as doze categorias correspondem às formas de nosso juízo, de tal modo que esses doze conceitos são dominados por qualquer sujeito que tenha simplesmente a capacidade de julgar. O que é crucial para a dedução transcendental das categorias, contudo, não é apenas que elas correspondem às formas fundamentais de todos os juízos que podemos formular, mas também que elas necessariamente se aplicam a qualquer objeto possível que nos possa ser dado através da intuição sensível (*KrV* B144-145). A chave para dar esse novo passo, do ponto de vista de Kant, parece ser que espaço e tempo sejam dados tanto como formas da intuição quanto como intuições *a priori* que sejam unidades em si mesmas (*KrV* B160-161). Assim, há uma correspondência entre a unidade *sintética* que a apercepção aporta à experiência e a unidade intuída do que é dado na experiência. Talvez o ponto seja melhor colocado dizendo-se que espaço e tempo são dados na intuição como uma estrutura unificada separada ou um sistema de relações entre os objetos e suas mudanças, de tal forma que a unidade objetiva da experiência que é *pensada* pelo entendimento na apercepção e expressa na validade universal dos juízos possa ser vista como a mesma unidade da experiência que é imediatamente dada na intuição.

Isso oferece a Kant uma maneira de tratar, com uma estrutura idealista transcendental, a realidade dos objetos naturais que nunca podem ser realmente percebidos por sujeitos como nós mesmos (seja porque eles são muito pequenos, muito distantes, seja porque eles existiram em um momento na história do mundo anterior à existência de qualquer sujeito como nós mesmos). Pelo fato de que a experiência constitui um sistema de objetos no espaço e no tempo, governado por leis, unificado, é que Kant descreve que nenhuma coisa será "efetiva" ou "real" se não estiver conectada com uma sensação efetiva em acordo com as leis da experiência (*KrV* A218/B266). Assim, dinossauros contam como reais no tempo passado, quando existiram, porque sensações reais de ossos de dinossauros fossilizados podem ser conectadas de acordo com determinadas leis causais (aquelas que governam o processo geológico de fossilização, a queda do carbono-14, e assim por diante) com a existência passada dos animais, cujos ossos são uma evidência empírica.

Contudo, a aprioridade das categorias, combinada com a pretensão de que elas necessariamente se aplicam aos objetos da experiência, deixa-nos com um sério problema, na forma de uma questão que parece não ter resposta: como chegamos a reconhecer exemplos de categorias (de quantidade, realidade, substância, causa, e assim por diante) em nossa experiência em casos particulares? Se fossem conceitos empíricos, como "cachorro", ou "água", ou "carvão", a questão de como reconhecemos exemplos deles poderia virtualmente responder a si mesma. Já que adquirimos conceitos empíricos, através da intuição sensível de seus exemplares (ou, em alguns casos, dos exemplos de conceitos parciais dos quais eles são compostos), a mesma experiência que nos fornece esses conceitos também pode fornecer experiências nas quais seus exemplos sejam reconhecidos. Todavia, nossa posse de conceitos *a priori* não deve ser tratada desse modo – de fato, a dedução transcendental de Kant argumentou que nossa posse e inclusive nosso uso deles é uma questão que diz respeito mais àquilo que nosso entendimento ativamente fornece à experiência do que àquilo que nos é dado através dela. Se causas estão em nossa experiência porque temos de aplicar o conceito de causa a fim de formular juízos e, por meio disso, constituir a experiência como uma unidade de nossa apercepção, pode-se perguntar o seguinte: por que devemos aplicar o conceito a um objeto em nossa experiência e não a outro e, da mesma forma, como podemos esperar distinguir casos de conexão causal no mundo empírico de casos nos quais não há conexão causal?

Kant propõe-se a responder essa questão no próximo capítulo depois da Dedução Transcendental, que ele intitula "Do esquematismo dos conceitos puros do entendimento". Para Kant, o "esquema" de um conceito é uma condição da sensibilidade sob a qual o conceito pode ser aplicado a um objeto (*KrV* A140/B179). Ele compara o esquema a imagens e afirma que o esquematismo das categorias é realizado por meio da "imaginação reprodutiva" (*KrV* A141-142/B180-181). Podemos nos imaginar aplicando o conceito "cão" através do fato de que temos uma imagem sensível de um cão (ou antes, provavelmente, um grupo amplo indefinido de tais imagens), reproduzida a partir de experiências passadas de cães, com os quais podemos comparar um objeto dado na sensação para determinar se ele se classifica em nosso conceito "cão". Analogamente, somos convidados a pensar o esquema de um conceito como uma representação criada *a priori* pela nossa imaginação. No entanto, isso nos leva à perplexidade de pensar no reconhecimento de instâncias de conceitos (puros ou *a priori*) como sendo realizadas por meio de representações que são como imagens mentais. Isso ocorre por uma razão: quando Kant descreve o esquema como uma representação, ele precisa descrevê-lo, paradoxalmente, como uma representação que seja "homogênea" com um conceito e com uma sensação (*KrV* A137/B176), ou que seja ao mesmo tempo intelectual e sensível (*KrV* A138/B177). Mais basicamente, a habilidade de reconhecer exemplos de conceitos sempre permanece uma *habilidade* e nunca pode ser simplesmente identificada com o fato de ter uma representação mental de qualquer tipo. Para qualquer descrição de um cão (ou uma causa) que possamos ter em nossa mente, reconhecemos cães (ou causas) por meio disso somente se dispomos da *habilidade* de aplicar essa descrição *corretamente* ao que quer que seja que se apresente a nós na experiência.

Um "esquema" é descrito como "uma representação de um procedimento universal da capacidade de imaginação para proporcionar a um conceito sua imagem" (*KrV* A140/B179-180). Esquemas e conceitos são *regras* que governam o exercício correto de nossas capacidades mentais. Um conceito é uma regra para combinar outras representações sob uma representação comum. Esquemas são regras para mostrar ou reconhecer exemplos de um conceito na intuição sensível. Kant nega, porém, que haja alguma imagem correspondente a um conceito puro do entendimento (*KrV* A142/B181). Portanto, quando chegamos a caracterizar o esquema das categorias, o que ele nos dá não é nem uma imagem mental, nem uma habilidade, mas sim um *padrão reconhecível* na experiência, em particular em intervalos ou seqüências no tempo. Devemos interpretar essas descrições gerais de padrões na experiência como regras ou procedimentos para identificar exemplares intuídos de conceitos empíricos que se classificam em um esquema.

O esquema da realidade "é aquilo que corresponde a uma sensação em geral; é, portanto, aquilo cujo conceito indica em si mesmo um ser (no tempo)" (*KrV* A143/B182). O esquema da substância é "a permanência do real no tempo", ao passo que o esquema da causalidade é "o real ao qual, se é posto a bel-prazer, segue sempre algo diverso" (*KrV* A144/B183). Essas fórmulas não descrevem alguma coisa como imagem mental. Ter o esquema de uma categoria é ter a habilidade de reconhecer no tempo algumas ocorrências muito abstratamente caracterizadas, em especial no contexto de formular juízos. Ser apto a aplicar o conceito de causa, por exemplo, é ser apto a julgar que se alguma coisa real ocorreu, então alguma outra coisa sempre se seguirá (de acordo com uma certa regularidade). Se isso for correto, então talvez Kant não esteja tão distante em referir o esquematismo do entendimento à imaginação produtiva, pois é razoável pensar que a habilidade de formular juízos desse jaez tenha uma ligação muito estreita com a habilidade de formar imagens. E se alguém se admirasse de como é possível que tivéssemos essa habilidade, Kant responderia a tal cético na próxima parte da Analítica Transcendental, na qual ele mostra que a própria possibilidade da experiência depende de nossa habilidade de formular tais juízos.

OS PRINCÍPIOS DO ENTENDIMENTO PURO

A fase final e a culminação da longa e interdependente cadeia kantiana de argumentos na Analítica Transcendental tenta sustentar *a priori* uma certa concepção de natureza, a qual fundamente os métodos e procedimentos da moderna física matemática (e, mais especificamente, newtoniana). A imagem da natureza é aquela de um sistema de relações no espaço e no tempo, constituída por uma substância material singular, entendida através do espaço e alternada constantemente no tempo, cuja quantidade permanece constante ao longo de todas as mudanças naturais. O sistema também pode ser tratado como contendo uma pluralidade de substâncias, já que as partes espaciais da substância material podem ser tratadas como existências distintas. O estado dessas substâncias diferentes são mutuamente determinadas em um instante dado por relações causais entre as substâncias, nas quais a mudança perpétua nos estados das substâncias seguem regularidades causais necessárias. Tanto as relações formais obtidas no sistema da natureza (as relações no espaço e no tempo) quanto as relações materiais (dependentes da realidade da substância e dos poderes causais dos estados das diferentes substâncias) são quantidades. Portanto, são as leis causais que as determinam como essencialmente matemáticas em sua forma.

O capítulo dos "Princípios" é dividido em quatro subseções, que correspondem aos quatro grupos de categorias. A primeira, "Axiomas da intuição" (*KrV* A161-165/B202-207), procura estabelecer a aplicação dos conceitos de quantidade às "magnitudes extensivas" do espaço e do tempo, através da aplicação da matemática a objetos espaço-temporais. A segunda, "Antecipações da percepção" (*KrV* A165-176/B207-218), faz o mesmo com relação às "magnitudes intensivas", como os poderes causais dos objetos. A quarta, "Postulados do pensamento empírico" (*KrV* A218-235/B265-287), especifica a aplicação das categorias modais (possibilidade, existência, necessidade) – que, afirma Kant, nunca concernem aos objetos como tais, mas somente à relação de nosso entendimento deles. A subseção mais importante, e uma das que queremos discutir aqui, é a das "Analogias da experiência" (*KrV* A176-218/B218-265). Ela trata das categorias de relação e argumenta que toda mudança no mundo empírico envolve certas conexões necessárias. A Primeira Analogia (*KrV* A182-189/B224-232) afirma que toda mudança é uma alteração (ou mudança de estados) de uma *substância* (matéria) singular que permanece, cuja quantidade nunca aumenta ou diminui. A Segunda Analogia (*KrV* A189-211/ B232-256) sustenta que todas essas relações seguem leis (causais) necessárias, determinando que o estado que é anterior no tempo seja necessariamente sucedido por um estado posterior. A Terceira Analogia (*KrV* A211-215/B256-262) afirma que em qualquer tempo dado existem relações causais simultâneas, mutuamente determinantes, dos estados de diferentes substâncias (isto é, das partes espaciais de uma substância que permanece). Desse modo, as Analogias tentam fundamentar *a priori* a concepção científica moderna do mundo como um sistema de objetos materiais governado por leis causais deterministas.

As condições da determinação temporal

A idéia básica subjacente ao argumento de Kant para as Analogias é a de que nossa experiência é determinada no tempo, isto é, nossa experiência ocorre através de intervalos de tempo, sendo que há uma sucessão no tempo diverso da experiência. Além disso, há um fato do substrato sobre se (e quanto) o tempo passou e há, para quaisquer dois acontecimentos no tempo, o fato do substrato se eles aconteceram ao mesmo tempo ou (se não foi o caso) qual deles precedeu e qual se seguiu ao outro. A tese de que nossa experiência é (nesse sentido) "determinada no tempo" pode ser vista como parte da concepção de uma "experiência mínima", a partir da qual Kant argumentou na Dedução Transcendental. A experiência mínima é a ocorrência de uma sucessão de representações através do tempo, que será possível somente se houver o fato do substrato sobre a passagem do tempo e sobre a sucessão dos eventos no tempo. Se admitimos uma conclusão importante da Dedução Transcendental, tal experiência mínima será possível somente se a experiência também contiver *objetos* (em adição às representações subjetivas), de tal forma que, então, temos de tomar também os estados desses objetos como determinados no tempo.

A determinação temporal, nesse sentido, significa que há um *um fato do substrato* sobre a duração dos estados e sobre a ordem de sua sucessão. Isso *não* implica que haja alguma coisa (como uma substância) que permaneça através dos momentos do tempo, ou que os estados sucessivos sejam causalmente determinados pelo estado precedente. A fim de estabelecer tais conclusões (como ele pretende fazer nas Analogias), Kant tem de apelar a outras premissas que se relacionam com as condições sob as quais podemos olhar nossa experiência como determinada no tempo.

Uma dessas premissas é a de que, se há o fato do substrato concernente à determinação temporal de duração, sucessão e simultaneidade, então isso é um fato *cognoscível por nós*, ao menos em princípio. Essa premissa pode ser vista como algo que estamos justificados a fazer se, tal como Kant, tomamos o espaço, o tempo e os objetos da experiência não como existentes em si mesmos, mas como aparecem a nós, considerados na medida em que estão sob a condição de nossa intuição sensível (da qual o próprio tempo é apenas uma condição). Supor dos objetos que seus estados possam ser determinados no tempo, ainda que tais determinações não possam ser cognoscíveis por nós, nem mesmo em princípio, significa tratar os fatos da determinação temporal como residindo além do reino de nossas faculdades cognitivas, o que contradiz a assunção de que eles são fatos precisamente *para* aquelas faculdades. (É razoável, para Kant, pressupor o idealismo transcendental nas analogias porque o idealismo transcendental já foi defendido na estética transcendental, cujos resultados estão sendo tomados por estabelecidos, mesmo no modo como Kant está levantando os problemas que as Analogias estão tentando resolver.)

A outra premissa crucial de que ele necessita nas Analogias é freqüentemente expressa (com perplexidade) da seguinte forma: "o tempo não pode ser percebido em si mesmo" (*KrV* A176/B219, B225, B233, B257). Isso significa que fatos concernentes à determinação do tempo não podem ser diretamente conhecidos ou compreendidos fora de nossa experiência, justamente em virtude do fato de nossa experiência ser ela mesma temporal. Há, em outras palavras, sempre uma distinção, em princípio, entre um intervalo de tempo que *parece* (subjetivamente) mais longo do que outro e seu realmente *ser* mais longo – ele não é conhecido como mais longo exatamente porque assim parece para nós. Da mesma maneira, o fato de que experienciemos subjetivamente um estado como ocorrendo antes do que um outro não implica que ele realmente ocorreu primeiro. (Nos sonhos, por exemplo, o que vem depois na seqüência narrativa – portanto, o que parece ser depois – é, algumas vezes, viemos a saber posteriormente, ocasionado por um evento externo – o lampejo de uma luz ou a batida de uma porta no quarto onde estamos dormindo – que descobrimos ter acontecido no início do sonho.) Isso implica que a determinação objetiva do tempo depende de fatos (em princípio, cognoscíveis) sobre objetos e ocorrências objetivas com as quais nos deparamos no tempo. Em outras palavras, a determinação temporal que é requerida se a experiência (mesmo "mínima") é possível somente pode existir se houver certas conexões necessárias entre as ocorrências objetivas que têm lugar no mundo objetivo dos fenômenos.

As três analogias e a refutação do idealismo

Se o tempo não pode ser percebido em si mesmo, então a sua duração tem de ser representada na experiência por meio de algo que persiste. De acordo com a Primeira Analogia, o que persiste é a substância material, sendo que todas as mudanças na experiência devem consistir na alteração de seus estados. Se houver um fato do substrato sobre quais estados acontecem primeiro e quais se seguem, então isso poderá consistir somente em uma regra necessária, governando a sucessão dos estados e determinando que um deva preceder e outro se seguir a ele. De acordo com a Segunda Analogia, essa relação necessária entre estados sucessivos é uma lei causal. Se os estados de diferentes substâncias (a substância única distinguida em muitas substâncias por sua localização espacial) são determinados objetivamente em cada tempo dado como simultâneos, então deve haver uma regra necessária que conecte cada estado ao outro. De acordo com a Terceira Analogia, essa regra é a lei causal que determina a reciprocidade ou "comunidade" entre esses estados. (O protótipo de tal lei, para Kant, é obviamente a lei newtoniana da gravitação, segundo a qual a cada momento todo par de corpos exerce uma força recíproca conforme uma lei determinada apenas por suas massas e pela distância entre eles).

A natureza da substância e as leis causais que determinam seus estados concernem, como afirma Kant, à "existência" dos fenômenos, e não à sua mera percepção. Isto é, a natureza da substância e das leis causais são fatos objetivos sobre o mundo, os quais, se nós os conhecemos, poderiam equivaler ao conhecimento da determinação do tempo (fatos sobre a duração dos intervalos e a simultaneidade ou sucessão dos momentos). Obviamente, não formulamos juízos diários sobre o tempo através de nosso conhecimento dessas conexões necessárias fundamentais no mundo físico, mas o argumento de Kant é o de que temos de pressupor tais conexões com vistas a estarmos seguros de que haja tais fatos para serem conhecidos.

De forma muito próxima às Analogias da Experiência está relacionado um argumento presente apenas na segunda edição da *Crítica*, a saber, a "Refutação do Idealismo" (*KrV* B274-279). O "idealismo" que Kant apresenta para ser refutado não é, naturalmente, o idealismo "transcendental" ou "crítico" sobre o qual ele constrói sua posição de como o conhecimento sintético *a priori* é possível. É, mais propriamente, a posição que nos imputa que o conhecimento da existência de objetos externos a nós no espaço e no tempo deva-se somente a uma inferência causal a partir de nossas percepções subjetivas e, então, negando a existência de tais objetos (como fez Berkeley) ou duvidando dela (como fez Descartes até a sexta meditação). A contraposição de Kant é a de que nossa consciência de objetos externos é imediata, uma consciência por meio da intuição e não de qualquer tipo de inferência causal (*KrV* B276). Na primeira edição da *Crítica*, Kant parece satisfeito em estabelecer essa conclusão somente apelando ao fato de que o espaço é a forma da intuição exterior, na qual objetos empíricos são imediatamente dados. No entanto, até certo grau em resposta à interpretação de suas próprias posições como uma versão do idealismo berkeleyano, na segunda edição ele procurou um argumento mais forte que pudesse estabelecer a conclusão de que os objetos no espaço que nós imediatamente intuímos têm de ser *distintos de todas as nossas representações*, sendo que tais objetos distintos devem ser pressupostos se é para haver alguma determinação no tempo, até mesmo da seqüência de nossas próprias representações subjetivas.

 O argumento de Kant depende de se tomar seriamente a idéia de que as representações subjetivas através das quais adquirimos uma consciência perspectivista do mundo nunca são mais do que aparentes. Elas nos fornecem acesso cognitivamente indispensável ao mundo objetivo, mas não nos fornecem um tipo de conhecimento infalível do mundo, nem mesmo constituem parte do mundo. Nossos pensamentos subjetivos não são, como Descartes sustentou, modos de existir objetivos inerentes a uma substância pensante (como formas e movimentos pertencem às substâncias extensas). O sentido interno não nos provê com um acesso infalível e imediato a uma realidade "secreta", a partir da qual todos os fatos sobre a realidade "exterior" teriam de ser inferidos se pudéssemos simplesmente conhecê-la. Ao contrário, a única realidade da qual temos intuição imediata é a realidade externa das substâncias materiais, cuja determinação temporal depende de sua duração e da sucessão dos seus estados governada por leis. Assim, se houver um fato objetivo, inclusive sobre a determinação temporal de nossas representações subjetivas, então esse fato tem de ser derivado dos fatos temporais sobre os estados das substâncias externas, que são verdadeiramente objetivos e distintos dessas representações, que consistem em nosso modo perspectivista de acesso ao mundo material objetivo das coisas reais no espaço.

 O ceticismo sobre o mundo externo depende da imagem de um "mundo interior" de representações da qual devemos de algum modo "sair" (através de inferências causais) para chegar a um mundo "externo". Isso depende de pôr em questão os meios dessa suposta "saída", livrando-nos da possibilidade de que não haja outra realidade senão aquela derivada da realidade "interior". Kant descreve sua "Refutação do Idealismo" como "virando a mesa" sobre esse ceticismo, mostrando que a própria imagem do cético é incoerente, já que mesmo a determinação temporal de que o cético necessita com vistas a postular uma sucessão de estados "interiores" é parasita da existência de uma realidade objetiva externa à qual nossos estados subjetivos nos dão acesso.

 A imagem do cético também depende da assunção de que a "realidade objetiva" consiste na existência separada de uma ordem de coisas que é inteiramente distinta do que é dado em nossa experiência, de tal forma que nossas crenças sobre ela teriam de ser justificadas por algum tipo de inferência a partir do que é dado em nossa experiência em relação ao que está presente naquela ordem independente. O idealismo transcendental de Kant é pensado para rebater também tal imagem, mostrando que a "objetividade" é constituída, em vez disso, por aquela ordem do que é dado em nossa experiência (uma ordem de substâncias no espaço e no tempo, cuja simultaneidade de estados é relacionada pela reciprocidade causal e cujos estados sucessivos são governados por lei causais) – uma ordem que demonstra ser necessária se a experiência é simplesmente possível. No entanto, o próprio idealismo transcendental de Kant é uma nova imagem que pareceu a muitos ser problemática ou até mesmo internamente incoerente. Nossa próxima tarefa será explorar tais problemas e ver se é possível uma resolução dos mesmos.

NOTAS

1. Ver Hume, *Enquiry Concerning Human Understanding*, ed. Eric Steiberg (Indianapolis: Hackett, 1977, p. 18-19).
2. Talvez o exemplo mais conhecido desse pensamento seja encontrado em Hilary Putnam, *Reason, Truth and History* (Cambridge, England: Cambridge University Press, 1981, p. 60-64). Putnam, é claro, concebe que Kant afirma explicitamente a correspondência como a definição nominal de verdade, mas tenta "extrair" dos textos de Kant o pensamento de que uma proposição verdadeira é aquela que qualquer ser racional deveria aceitar com base em evidência suficiente. Contudo, isso parece uma tentativa de uma definição "real" de verdade, sendo que Kant nega que qualquer definição real de verdade possa ser dada. Putnam também confunde a questão da pretensão de que um teórico correspondencial deve acreditar que nossos pensamentos ou proposições correspondam a "coisas em si mesmas" para, então, inferir da negação kantiana de que possamos conhecer as coisas em si mesmas que ele deva negar uma teoria correspondencial da verdade. Alguns teóricos que sustentam a correspondência, sem dúvida, tomam a verdade como correspondência a coisas em si mesmas; porém, na noção de "correspondência à realidade", não há compromisso sobre que tipo de realidade devemos pensar. Na definição nominal de verdade de Kant, obviamente, ela não significa senão a correspondência dos juízos sobre fenômenos ou objetos empíricos, àqueles mesmos fenômenos ou objetos empíricos. Se Putnam quer sugerir que para Kant fenômenos ou objetos empíricos não são "realidades" e que somente coisas em si mesmas são reais, então ele claramente interpreta mal Kant também nesse ponto.

LEITURAS COMPLEMENTARES

Eckart Förster (ed.), *Kant's Transcendental Deduction*. Stanford: Stanford University Press, 1989.

Dieter Henrich, *The Unity of Reason*, ed. R. Velkley, tr. J. Edwards. Cambridge, MA: Harvard University Press, 1994.

Pierre Keller, *Kant and the Demands of Self-Consciousness*. New York: Cambridge University Press, 1998.

Patricia Kitcher, *Kant's Transcendental Psychology*. New York: Oxford University Press, 1990.

Béatrice Longuenesse, *Kant on the Human Standpoint*. Cambridge, England: Cambridge University Press, 2005.

Arthur Melnick, *Kant's Analogies of Experience*. Chicago: University of Chicago Press, 1973.

4

OS LIMITES DO CONHECIMENTO E AS IDÉIAS DA RAZÃO

O IDEALISMO TRANSCENDENTAL

Kant constrói sua crítica da razão sobre a base de uma nova doutrina a propósito da natureza do conhecimento humano e de seus objetos, à qual ele dá o nome de "idealismo transcendental" ou "idealismo crítico". A doutrina pode ser inclusive expressa com aparente simplicidade: podemos ter conhecimento dos fenômenos, mas não das coisas em si mesmas. Contudo, está longe de ser claro o que a doutrina significa e especialmente não é claro que tipo de restrição se supõe que estabeleça sobre nosso conhecimento. Alguns leitores de Kant viram tal restrição como trivial, tão trivial que seria totalmente inexpressiva, beirando até mesmo a incoerência. Eles criticaram Kant não por negar que podemos conhecer "coisas em si mesmas", mas sim por pensar que a noção de "coisa em si mesma" não faria sentido. Se por uma "coisa em si mesma" nós significamos uma coisa que está fora de qualquer relação com nossos poderes cognitivos, então, naturalmente, parece impossível que possamos conhecê-las. Talvez seja até autocontraditório que possamos pensar sobre elas. Outros leitores viram no idealismo transcendental uma separação radical do senso comum, uma forma de ceticismo, ao final tão extremo como qualquer outro que Kant tentou combater. Para eles, parece que Kant está tentando (como Berkeley) reduzir todos os objetos de nosso conhecimento a meras representações fantasmagóricas em nossa mente. Ele está negando-nos a capacidade de conhecer qualquer coisa que seja sobre qualquer realidade genuína (isto é, extramental).

Algumas das perplexidades sobre o idealismo transcendental são devidas à inabilidade ou à relutância das pessoas em ver os problemas filosóficos do conhecimento como Kant os viu e, portanto, em considerar seriamente sua proposta de solução para eles. No entanto, penso que muitos dos problemas sobre o idealismo transcendental advêm do fato de o próprio Kant formulá-lo de modos variados, não sendo de todo claro se suas formulações podem ser reconciliadas entre si, ou se devem ser tomadas como formulações consistentes e singulares de uma doutrina. Penso que as formulações centrais de Kant sugerem duas doutrinas totalmente distintas e mutuamente incompatíveis. Meu primeiro objetivo será descrever essas duas doutrinas. Depois disso argumentarei, *primeiro*, que não podemos escolher entre elas como interpretações do seu significado com base em fundamentos meramente textuais (já que ambos estão inegavelmente presentes em seus textos) e, *segundo*, que uma interpretação é claramente preferível à outra, embora com bases inteiramente não-textuais (mas filosóficas).

A interpretação como causalidade

Kant freqüentemente distingue fenômenos de coisas em si mesmas através de locuções como a seguinte: "O que possam ser os objetos em si mesmos jamais se nos tornaria conhecido nem mesmo pelo conhecimento mais esclarecido do seu fenômeno, o qual unicamente nos é dado" (*KrV* A43/B60). "Frente a isso, o conceito transcendental dos fenômenos no espaço é uma advertência crítica de que, em geral, nada intuído no espaço é uma coisa em si e de que o espaço tampouco é uma forma das coisas que lhes é própria talvez em si mesmas, mas sim que os objetos em si de modo algum nos são conhecidos e que aqueles por nós denominados objetos externos não passam de meras representações da nossa sensibilidade, cuja forma é o espaço e cujo verdadeiro correlatum contudo, isto é, a coisa em si mesma, não é nem pode ser conhecida com a mesma e pela qual também jamais se pergunta na experiência" (*KrV* A30/B45). Passagens como esta sugerem que coisas existindo em si mesmas são entidades distintas de "*seus* fenômenos" – que são estados subjetivos causados em nós por essas coisas. Coisas reais (coisas em si mesmas) causam fenômenos. Fenômenos não têm existência em si mesmos, sendo somente representações em nós. "Nem os fenômenos existem em si mesmos, mas só relativamente àquele mesmo ente na medida em que possui sentidos" (*KrV* B164). "Mas devemos considerar que os corpos não são objetos em si mesmos que estão presentes a nós, mas são mero fenômeno daquele que conhece aquele objeto desconhecido. Essa mudança não é o efeito dessa causa desconhecida, mas somente o fenômeno de sua influência sobre nossos sentidos. Por conseguinte, nenhum deles é alguma coisa fora de nós, mas ambos são meramente representações em nós" (*KrV* A387). Podemos chamar a versão do idealismo transcendental que se segue dessa imagem de "interpretação como causalidade", porque seu ponto fundamental é que a relação entre coisas em si mesmas e fenômenos é uma relação causal: fenômenos são estados subjetivos em nós que são *causados* por coisas em si mesmas fora de nós. Kant raramente usa o termo "causa" para descrever a relação das coisas em si mesmas com os fenômenos, mas ele usa com freqüência o termo "fundamento" – talvez porque lhe pareça mais abstrato e metafisicamente descomprometido, melhor talhado para expressar uma relação que nunca pode ser reconhecida empiricamente, mas somente pensada através do entendimento puro. Ela poderia ser também simplesmente chamada de interpretação "não-identitária", já que o ponto é que relações como causa e fundamento requerem entidades diferentes com as quais se relacionar. Se um dado fenômeno – digamos, esta cadeira – é fundada sobre ou causada por alguma coisa em si mesma, então, em última análise, ela não pode ser idêntica àquela coisa que a funda ou causa. Portanto, tem de ser uma coisa diferente.[1]

A interpretação como identidade

Em outras passagens, o idealismo transcendental é formulado de tal modo a nos apresentar uma imagem muito diferente. "Não podemos conhecer nenhum objeto como coisa em si mesma, mas somente na medida em que for objeto da intuição sensível, isto é, como fenômenos (...) Suponhamos agora que absolutamente se tivesse feito a distinção, tornada necessária pela *Crítica*, entre as coisas como objetos da experiência e precisamente as mesmas como coisas em si mesmas (...)" (*KrV* B XXVI-XXVII). Aqui Kant não distingue duas entidades separadas, mas, antes, a mesma entidade: enquanto ela aparece (considerada na sua relação com nossas faculdades cognitivas) e enquanto ela existe em si mesma (considerada à parte dessa relação). Podemos chamar isso de "interpretação como identidade", porque o seu ponto fundamental é que todo fenômeno é *idêntico* à coisa em si mesma e que a distinção não é entre duas entidades diferentes, mas entre dois modos de pensar sobre ou se referir à mesma entidade. "Quisemos, portanto, dizer:... que as coisas que intuímos não são em si mesmas tal como as intuímos, nem que suas relações são em si mesmas constituídas tal como nos aparecem" (*KrV* A42/B59).

> O conceito de fenômeno (...) já (...) justifica a divisão dos objetos em *phaenomena* e *noumena*, assim também a divisão do mundo em um mundo dos sentidos e um mundo do entendimento (...) Pois, se os sentidos meramente representam alguma coisa a nós *como aparece*, então essa alguma coisa também tem de ser em si mesma uma coisa e um objeto de uma intuição não-sensível, isto é, do entendimento (...) por meio do qual, sabidamente, os objetos são representados para nós *como eles são*, já que contrariamente no uso empírico de nosso entendimento as coisas são conhecidas somente *como elas aparecem* (*KrV* A249).

Na interpretação como identidade, fenômenos não são entidades meramente subjetivas ou estados de nossas mentes; eles têm uma existência em si mesmos. A força do idealismo transcendental não é degradar, mas sim limitar nosso conhecimento das entidades reais àqueles aspectos que estão presentes em relações determinadas com nossas faculdades cognitivas. Algumas coisas em si mesmas não podem ser intuídas por nós e, portanto, não podem ser fenômenos. Contudo, toda aparência tem uma existência em si mesma. A interpretação como identidade é também chamada de interpretação dos "dois pontos de vista", porque sustenta que fenômenos não são entidades distintas das coisas em si mesmas, mas as mesmas entidades, concebidas ou referidas em diferentes maneiras. Chamar uma entidade de "fenômeno" é referir-se a ela como alguma coisa que é intuída por nós, estando em relação com nossas faculdades. Chamá-la de uma coisa em si mesma é referir-se a ela tal como existe à parte dessa relação.

A interpretação como causalidade é algumas vezes chamada de interpretação dos "dois mundos", porque ela sustenta que fenômenos e coisas em si mesmas constituem dois mundos diferentes, dois reinos separados de entidades distintas. Não obstante, essas mesmas entidades podem pertencer a dois mundos diferentes, assim como exatamente a mesma pessoa pode ter duas cidadanias ou pertencer a dois clubes diferentes. Além disso, não há nada que possa prevenir alguém de dizer que a relação entre uma coisa em si e o correspondente fenômeno seja uma de identidade, apesar de distinguir o mundo sensível do mundo inteligível, aos quais essa coisa auto-identificada pertence. Assim, a interpretação como identidade tem tanto direito quanto a interpretação causal de chamar a si mesma de interpretação dos "dois mundos". Em acordo com isso, alguma coisa pertence ao mundo dos sentidos até o ponto em que é um objeto de nossa intuição sensível. Essa mesma coisa pertence ao mundo do entendimento puro até o ponto em que a abstraímos disso e a consideramos através do entendimento puro, não como nós a intuímos sensivelmente, mas como existe independentemente de nossa capacidade sensível de intuí-la. O ponto crucial sobre a interpretação causal do idealismo transcendental é que ele sustenta não haver aparência individual ou fenômeno que seja idêntico a qualquer coisa existente em si mesma ou noúmeno nem que noúmeno* ou coisa existente em si mesma seja idêntico a qualquer fenômeno ou aparência.

Pontos em comum, pontos de diferença

Kant pode ter caracterizado de dois modos sua doutrina porque as duas interpretações concordam em quatro pontos que são os mais importantes para ele, a saber:

1. Coisas reais existem.
2. Elas causam representações em nós.
3. Objetos de nosso conhecimento nos são dados através dos sentidos e pensados através do entendimento.
4. Sentir e pensar estão sujeitos às mesmas condições que tornam cognições sintéticas *a priori* possíveis.

Contudo, as duas interpretações dão a impressão de produzir respostas diferentes (incompatíveis) às três questões seguintes:

1. Um fenômeno é a mesma entidade que uma coisa em si mesma? A interpretação como causalidade diz não; a interpretação como identidade diz sim.
2. Os fenômenos são *causados* por coisas em si mesmas? A interpretação como causalidade diz sim; a interpretação como identidade diz não.
3. Os corpos que conhecemos têm uma existência em si mesmos? A interpretação como causalidade diz não; a interpretação como identidade diz sim.

Alguns intérpretes de Kant, quando se tornam conscientes dessas divergências, respondem dizendo que não há diferença significativa entre as duas interpretações, que elas são somente "dois modos de dizer a mesma coisa".[2] Esses intérpretes estão provavelmente confiantes nas intenções de Kant, pois parece que o pensamento dos dois modos de falar sobre fe-

---

* N. de R.T. Optou-se pela adoção do termo *noúmeno*, forma também admitida pelo *Dicionário Houaiss*, pois assim se mantêm os vínculos, de um lado, com o termo *noumenon* usado por Kant e, de outro, com a etimologia grega da palavra, que significa a partir de Platão o que é pensado e não é cognoscível empiricamente.

nômenos e coisas em si mesmas são intercambiáveis e não envolvem diferença de doutrina. Contudo, alguém pode pretender falar de forma autoconsistente e falhar ao fazê-lo, como se isso tivesse ocorrido a Kant nesse caso, pois nenhuma entidade relaciona-se a *si mesma* na relação de causa e efeito. O idealismo transcendental não é simplesmente uma doutrina inteligível se ele não pode dar respostas consistentes às três questões anteriores.

Talvez seja por isso que os intérpretes que tomam essa linha algumas vezes discordam sobre *que* "coisas mesmas" os diferentes pronunciamentos de Kant são modos de dizer (de fato, alguns tomam a interpretação como identidade; outros tomam a interpretação como causalidade).[3] Alguns sustentam que coisas em si mesmas *são* fenômenos, já que somente elas são considerados seres que se abstraem das condições sob as quais elas aparecem. Falamos de fenômenos como se eles fossem efeitos dessas coisas somente porque nossa intuição envolve ser afetada por coisas. Outros pensam que Kant vê os fenômenos como verdadeiramente causados por coisas em si mesmas, mas as deixam contar como as mesmas coisas para os fins do discurso cotidiano (assim como em Berkeley, não um há modo de falar com o culto e outro com o vulgar). No entanto, ambas as posições devem admitir que no fim deve haver somente um modo correto de analisar a dupla posição de Kant, sendo que o outro modo deve ser visto muito mais como uma *façon de parler* e não como a doutrina genuína de Kant. A questão é: qual modo é a doutrina genuína e qual é meramente a *façon de parler*?

Kant, ocasionalmente, tenta combinar a fala da "interpretação como causalidade" com a fala da "interpretação como identidade". Quando ele faz isso, o resultado é simplesmente sem sentido e contraditório:

> Eu, pelo contrário, afirmo: são-nos dadas coisas como objetos dos nossos sentidos e a nós exteriores, mas nada sabemos do que elas possam ser em si mesmas; conhecemos unicamente os seus fenômenos, isto é, as representações que em nós produzem ao afetarem os nossos sentidos. Por conseguinte, admito que fora de nós há corpos, isto é, coisas que, embora nos sejam totalmente desconhecidas quanto ao que possam ser em si mesmas, conhecemos mediante as representações que a sua influência em nossa sensibilidade exerce sobre nós, coisas a que damos o nome de um corpo, palavra essa que indica apenas o fenômeno desse objeto que nos é desconhecido, mas, nem por isso, menos real (*Prol* 4:289).

A primeira sentença afirma que objetos dos sentidos são dados ao nosso conhecimento, mas, então, nega que conheçamos esses objetos, dizendo, em vez disso, que conhecemos um conjunto inteiramente diferente de objetos (diferentes daqueles que ele justamente tinha afirmado serem dados). A segunda sentença infere disso que há corpos fora de nós, mas prossegue para dizer que não são esses corpos (isto é, as entidades que Kant justamente tinha introduzido como sendo "corpos") que nós chamamos "corpos", mas, antes, *corpos* são um conjunto totalmente diferente de entidades. Essa dupla fala orwelliana parece ser o resultado inevitável da tentativa de combinar a interpretação como causalidade com a interpretação como identidade, supondo que elas são apenas dois modos de dizer a mesma coisa.

O único meio que eu vejo pelo qual podemos evitar ter de escolher entre as duas interpretações é dizer que as questões que as separam são questões irrespondíveis ou sem sentido, porque é impróprio mesmo perguntar se um fenômeno é a mesma entidade antes que sua correspondente coisa em si mesma.[4] Peter Geach, por exemplo, sustenta que todas as asserções significativas de identidade são relativas a algum conceito: Hesperus e Phosphorus são o mesmo *planeta*, Túlio e Cícero são o mesmo *ser humano*. Contudo, "Geach" é a mesma classe de palavra "Geach", sem ser a mesma *indicação*, e Heráclito *pode* entrar duas vezes no mesmo *rio*, ainda que não na mesma *água* que corre.[5] Do ponto de vista de Geach, é ilegítimo predicar identidade de duas coisas sem especificar o conceito sob o qual se pretende que elas sejam idênticas e é também ilegítimo frustrar essa exigência pelo emprego, para esse propósito, de um conceito "simulado", tal como "coisa", "objeto" ou "entidade". Usando a visão de Geach, pode-se argumentar que não há conceito comum sob o qual possamos apreender um fenômeno ou aparência e o correspondente noúmeno ou coisa em si mesma, já que a primeira espécie de entidade sempre cai sob um conceito com conteúdo intuitivo e com o último nunca se pode fazer isso. Portanto, não faz sentido afirmar ou negar que um fenômeno é a mesma entidade que corresponde a uma coisa em si mesma, sendo uma falsificação o ponto que separa a interpretação como causalidade da interpretação como identidade.

Kant, naturalmente, nunca endossa de maneira explícita um ponto de vista desse tipo. Se ele o fizesse, seguramente expressaria reservas sobre afirmar *ou* que os fenômenos são idênticos a coisas em si mesmas, *ou* que eles não são idênticos. Kant evitaria locuções nas quais um fenômeno seria afirmado como sendo "realmente a mesma coisa" que uma coisa em si. Porém, muito longe disso, ele nunca parece mesmo ter sido consciente de que poderia ser um problema reconciliar sua fala de coisas em si mesmas "fundamentando" fenômenos com sua fala de coisas "como elas aparecem" e "como elas são em si mesmas".

Kant trata a identidade como um "conceito da reflexão" – um conceito que envolve a comparação de dois modos de representar um objeto, inclusive dois modos de representar um objeto por meio de faculdades diferentes (*KrV* A260-265/B316-321). Ele sustenta que, quando objetos são representados no entendimento puro, o critério a ser usado na sua individualização é aquele leibniziano – a identidade dos indiscerníveis – ainda que, quando eles nos são dados por meio dos sentidos, o princípio de sua individuação seja sua posição no espaço. Esses argumentos podem sugerir a alguém com simpatias por Geach que, para Kant, também não há critério unívoco de identidade ou não-identidade que possa ser usado nos fenômenos e nas "correspondentes" coisas em si mesmas. Por conseqüência, estritamente falando, nem a identidade nem a não-identidade podem ser consideradas seguras entre eles. O argumento, pode-se reivindicar, é falso porque a condição para aplicar ou a identidade ou a não-identidade não pode ser sustentada quando comparamos fenômenos com coisas em si mesmas, visto que cada conceito comporta um critério diferente para a identidade, de modo que pode não existir um critério comum em termos do qual a identidade seja afirmada ou negada, obliquamente ao abismo conceitual que separa os fenômenos das coisas em si mesmas.

Porém, se isso fosse correto, então alguém poderia pensar que, em vez de valer casualmente em ambos os modos (afirmando a identidade e ao mesmo tempo empregando relações que acarretam não-identidade), Kant gostaria de abster-se de falar de qualquer um dos dois modos. No entanto, ele não mostra relutância em usar "coisa" e "objeto" de modos proibidos por tal visão, nem relutância em afirmar diretamente a identidade das coisas em si mesmas com fenômenos: "Suponhamos agora que absolutamente se tivesse feito a distinção, tornada necessária pela *Crítica*, entre as coisas como objetos da experiência e precisamente as mesmas como coisas em si mesmas..." (*KrV* B XXVII). Em qualquer caso, parece obscurantismo importar a grande implausibilidade do ponto de vista de Geach sobre a identidade (pois não podemos negar que os pontos de vista de Geach sobre a identidade são bastante difíceis de aceitar) para dentro da teoria kantiana meramente com a finalidade de livrar seus leitores de enfrentarem dilemas exegéticos difíceis.[6]

Ao lado disso, há uma óbvia assimetria entre os dois critérios kantianos de identidade que estão no modo de usar seus pontos de vista sobre a identidade para se desembaraçar da questão. Ainda que as coisas em si mesmas não possam ser sensificadas, os fenômenos podem ser pensados pelo entendimento puro, simplesmente pensando-os por abstração dos modos nos quais eles podem aparecer a nós. Assim, enquanto o critério sensível para a identidade não pode ser aplicado cruzando-se o abismo que separa fenômeno de noúmeno, o critério inteligível pode ser aplicado. Isso parece, de fato, ser precisamente o modo pelo qual o próprio Kant freqüentemente chega ao conceito de noúmeno ou coisa em si mesma. Começamos com algumas coisas sensíveis particulares (fenômenos) e, então, nós as representamos como são à parte de nossas sensações delas, somente através de conceitos do entendimento (*KrV* A238/B298). É verdade que, por meio disso, estamos abstraindo também do critério de sua identidade ou distinção *como fenômenos*. No entanto, o critério de identidade ou distinção que envolve coisas em si mesmas (se nós simplesmente precisamos delas) é leibniziano (identidade ou diferença do conceito). Uma vez que tenhamos abstraído do sensível, por exemplo, das propriedades espaço-temporais do objeto como fenômeno, então, a partir de nosso conhecimento empírico sobre ele, o objeto tem de ser *ele mesmo* pensado somente através de conceitos puros do entendimento e distinto de qualquer coisa que seja representada como *outra* que ele (por exemplo, de um fenômeno *diferente* visto como ele é em si mesmo). Sem dúvida, o bispo Berkeley poderia contestar o nosso ato de abstração e negar que possamos pensar sem contradição uma coisa sensível como sendo capaz de existir à parte de ser sentida. Mas este parece ser um ponto sobre o qual Kant e Berkeley evidentemente discordam.

Kant naturalmente nega que possamos ter *conhecimento* de um objeto como ele é em si mesmo, porque não podemos ter intuição sensível dele, como ele é em si mesmo. Porém, Kant parece ver como inteiramente admissível e até inevitável que sejamos aptos a *pensar* os objetos fenomênicos em torno de nós somente através de puros conceitos do entendimento, isto é, como eles são em si mesmos. Se chegamos ao conceito de cadeira lá no canto, primeiro reconhecendo-a empiricamente e, depois, por abstração dessas condições de conhecimento, de tal forma que eu a penso como existindo em si mesma, independentemente daquelas condições, então é óbvio que eu estou pensando sobre o mesmo objeto, não sobre dois objetos diferentes. É também claro que, quando eu o penso do segundo modo, eu estou pensando-o e não sua causa (se ele tiver uma). Desse ponto de vista, a interpretação como causalidade parece completamente desmotivadora e, inclusive, sem sentido.

O problema acontece, contudo, porque Kant *também* quer chegar, de outro modo, ao conceito de uma coisa que existe em si mesma. Ele parte do fato de que nosso conhecimento empírico resulta da afecção de nossa sensibilidade por alguma coisa externa a nós. Isso o leva a pensar que deve haver uma causa externa agindo sobre nós, tornando-nos possível intuir fenômenos, os quais são concebidos como efeitos dessa causa. Naturalmente, estaria aberto para ele pensar isso para cada caso da intuição sensível como um fenômeno que age sobre nossa sensibilidade através de uma causalidade completamente empírica. Não obstante, Kant aparentemente chegou ao idealismo transcendental pensando-o como uma versão revisada da influência física ou metafísica entre substâncias que ele derivou de Crusius. Assim, a intuição sensível é algumas vezes pensada como a afecção de nossos sentidos por um objeto não como um fenômeno, mas como uma coisa em si mesma, sendo o idealismo transcendental pensado como pretendendo (inconsistentemente) que nós tenhamos de nos ver (enquanto coisas em si mesmas) como sendo metafisicamente influenciados por coisas em si mesmas. Tal metafísica poderia, é claro, ser ilegitimamente transcendente pelos padrões da *Crítica*, mas Kant infelizmente parece algumas vezes pensar que o idealismo transcendental está comprometido com isso, e muitos de seus seguidores, até hoje, dão a impressão de ser devotados à doutrina que parece ser estabelecida na letra daqueles textos que expressam tal pensamento, apesar da patente falta de sentido que ela envolve do ponto de vista crítico. A coisa em si mesma é, então, tomada como sendo essa causa transcendente que afeta nossa sensibilidade como um todo, sendo a aparência vista como um todo de representações resultante de sua atividade em nós.

O primeiro modo de chegar ao conceito de uma coisa em si mesma requer que ela seja idêntica à aparência à qual ela "corresponde", o que parece motivado pela idéia básica do idealismo transcendental, a saber, a concepção de nosso conhecimento como limitado por condições da sensibilidade, ao passo que o segundo modo, que parece ser motivado pela metafísica da qual Kant está tentando (aparentemente com sucesso imperfeito) sair, demanda que ele seja diverso dessa coisa, de tal forma a servir como sua causa externa ou seu fundamento. Os dois modos envolvem, portanto, duas considerações (ao que parece mutuamente excludentes) da relação entre fenômenos e coisas em si mesmas e duas constituições totalmente diferentes, por assim dizer, do regime a ser estabelecido pela revolução copernicana na filosofia.

Não podemos escolher entre as duas interpretações a partir de fundamentos textuais, porque ambas estão claramente nos textos. Kant parece até mesmo sustentar a posição obviamente insustentável de (que se pode encontrar também muito freqüentemente entre os apologistas) que elas se resumem à mesma coisa. Além disso, ambos os modos perpassam toda a *Crítica*, de tal forma que os problemas que eu estou tentando levantar não são o resultado de ser exigente sobre algumas poucas cuidadosas formulações. Ambos os modos de falar estão claramente presentes em ambas as edições, de sorte que não podemos resolver a questão supondo que Kant alterou sua opinião, mudando decisivamente de uma edição a outra. Eu reconheço de bom grado que a situação hermenêutica resultante poderia ser melhor resolvida se pudéssemos encontrar uma única interpretação que reconciliasse as diferentes proposições de Kant, e seria somente com grande relutância que deveríamos vê-lo como tendo se comprometido com duas doutrinas absolutamente incompatíveis. Entretanto, com toda a devida relutância, temos de admitir ao final que esta é a situação com a qual os textos nos confrontam, não havendo meio fácil de sair disso. Há inclusive motivações inteligíveis para cada uma das duas doutrinas incompatíveis que Kant endossa no texto, de modo que ao final temos algumas razões para pensar que a inconsistência de Kant não é o resultado de um descuido. A melhor explanação para isso, eu creio, é que com o idealismo transcendental Kant estava tentando introduzir um novo modo radical de pensar sobre o nosso conhecimento e a sua relação com os objetos. Inconsistências em sua posição que agora podem ser suficientemente claras para nós, após dois séculos de tentativa de chegar a bom termo com esse novo modo de pensar, podem não ter sido vistas por ele.

Porém, se queremos entender o idealismo transcendental simplesmente como uma doutrina inteligível e autoconsistente, não podemos sustentar ambas as versões. Devemos escolher uma delas. Como eu já tinha começado a indicar no último parágrafo, penso que devemos escolher a interpretação como identidade e rejeitar a interpretação como causalidade, porque a interpretação como identidade é em si mesma mais plausível e uma doutrina filosófica menos problemática e também porque ela faz um trabalho melhor na articulação e na defesa das principais pretensões pelas quais Kant se motivou a ser um idealista transcendental em primeiro lugar.

Vantagens da interpretação como identidade

Leitores da *Crítica* que tomam o idealismo transcendental de Kant como sendo apenas uma variante menor do idealismo de Berkeley provavelmente compreendem Kant através da interpretação como causalidade. Essa posição ainda torna a posição de Kant totalmente distinta daquela de Berkeley, já que este toma a causa de nossas idéias sensíveis como sendo Deus, e não o mundo das coisas em si mesmas. Todavia, para Berkeley e para Kant (na interpretação como causalidade), as coisas sensíveis ordinárias são apenas entidades mentais, não tendo existência em si mesmas. Para o senso comum, ambas as posições parecem privar o mundo material de sua realidade ou substância. Não são deixadas pedras para chutar, somente idéias (e mesmo os pés com os quais chutamos essa idéia é somente uma idéia). Em contraste, na interpretação como identidade, Kant diz que há um mundo de coisas existindo em si mesmas, e essas coisas é que são os objetos de nosso conhecimento – essas são as substâncias materiais com as quais interagimos na vida cotidiana e que estudamos na ciência. Elas são reais e existem em si mesmas, independentemente do conhecimento delas. Contudo, nosso conhecimento delas é restringido de maneiras importantes pelo modo como nós as conhecemos e, portanto, não há razão para se referir a esses objetos de um modo distinto (como "fenômenos") quando temos razão em chamar a atenção para essas limitações (como fazemos quando estamos realizando uma crítica da razão pura). Metafisicamente, tal posição é muito mais próxima do realismo do senso comum do que do idealismo de Berkeley. Epistemologicamente, porém, ela é ainda muito diferente do realismo do senso comum em determinadas restrições que impõe a nossos conhecimentos. Kant está também justificado em chamar essa doutrina de uma forma de *idealismo* – idealismo "transcendental", "formal" ou "crítico" – porque diz que conhecemos esse real, essas coisas materiais, somente como elas nos aparecem no espaço e no tempo, que não são objetos em si mesmos, mas apenas formas da nossa sensibilidade. Porém, isso não nos deveria relembrar em nada o idealismo de *Berkeley*.

Kant vê a objetividade do conhecimento como uma função não da existência independente dos objetos, mas sim da validade universal dos conceitos e leis que os governam. Do ponto de vista da interpretação como causalidade, isso poderia parecer uma forma de fenomenalismo (aparentado ao idealismo de Berkeley), que tenta reduzir as coisas reais (objetos materiais) a matéria de sensação, ou tenta analisar logicamente proposições sobre objetos como questões sobre passado, presente ou sensações hipotéticas futuras. Kant pensa que a possibilidade da experiência impõe limites sobre o que o conteúdo de nossas representações futuras possa ser, mas sua concepção requer que tais limites sejam articulados não diretamente em termos de representações sensíveis em si mesmas, mas em termos de natureza e constituição governada por regras de um mundo de objetos cognoscíveis aos quais essas representações nos dão acesso. Isso é especialmente claro na Refutação do Idealismo, que alega que mesmo a ordem temporal de nossas representações subjetivas faz sentido somente pela sua referência a um mundo de objetos empíricos, substâncias materiais que são *distintas* de nossas representações subjetivas. Isso significa que, para Kant, como para o realismo do senso comum, a "existência independentemente do sujeito" é uma parte essencial do conceito de objetividade, mesmo se para Kant ela seja um aspecto derivado da objetividade, e não a idéia básica. A interpretação como identidade do idealismo transcendental põe à frente esse importante aspecto da posição kantiana, ao passo que a interpretação como causalidade tende a negá-la ou ao menos obscurecê-la.

Problemas para a interpretação como causalidade

Para a interpretação como causalidade, a existência de coisas em si mesmas parece facilmente como uma problemática ou mesmo uma pretensão metafísica extravagante (como realmente o é para um idealista como Berkeley). Se a noção de uma coisa em si mesma é admitida, pode-se questionar (tal como Schopenhauer) se faz sentido supor que haja mais do que uma única coisa. Defensores da interpretação como causalidade comprometem-nos com alguma sorte de monismo metafísico (reminiscente de Spinoza) ou, ainda, encontram algum modo de justificar a tese metafísica transcendente de que há uma pluralidade de coisas em si mesmas (reminiscente de Leibniz). Como essa escolha pode ser feita sem cair no que Kant chama de "entusiasmo"* (*Schwärmerei*) é algo que os partidários da interpretação como causalidade jamais foram capazes de nos dizer.

Para a interpretação como identidade, contudo, "coisas" são sempre primeiro identificadas e individualizadas como fenômenos – como objetos cognoscíveis, reais, materiais, que têm uma existência independentemente de nossas representações subjetivas. A refutação kantiana (em especial na segunda edição da *Crítica*) do idealismo (problemático ou dogmático) até mesmo estabelece que um tal objeto deva ser distinto de qualquer uma de minhas representações (*KrV* B XXXIX). Cada uma dessas coisas também têm uma existência em si mesma porque pode ser considerada à parte da relação com as nossas faculdades cognitivas que a torna um fenômeno. Está igualmente contido no próprio conceito de fenômeno que ele tem uma existência em si ou, como Kant coloca no Prefácio da segunda edição, se negássemos a nós mesmos a capacidade de pensar as coisas como elas são em si mesmas, "se seguiria a proposição absurda de haver fenômenos sem que houvesse algo aparecendo" (*KrV* B XXVI-XXVII).

F. H. Jacobi, famosamente, acusa o idealismo transcendental kantiano de inconsistência, porque ele sustenta que as categorias (em particular a categoria de causalidade) são aplicáveis somente a fenômenos, apesar de Kant na doutrina da coisa em si mesma aplicar essa categoria não aos fenômenos, mas aos objetos transcendentes que os causam.[7] Deveria ser claro que esse criticismo (cogente ou não) pode ser aplicado ao idealismo transcendental apenas na interpretação como causalidade e não pode mesmo ser articulado na interpretação como identidade, que não afirma que coisas em si mesmas causam fenômenos. Algumas vezes, sugere-se que Kant tem um problema análogo na interpretação como identidade, porque ele tem de aplicar o conceito de "identidade" à relação dos fenômenos às coisas em si mesmas. Contudo, essa objeção é falha em ver que há uma diferença fundamental entre uma *categoria* (tal como a causalidade) e o que Kant chama de um "conceito da reflexão" (tal como a identidade) (*KrV* A260-262/B316-318). A primeira aplica-se diretamente a objetos; a última indica, em vez disso, somente uma relação de nossas faculdades cognitivas a eles. Denominamos algo de fenômeno quando pode ser intuído por nós e, portanto, conhecido através de nosso entendimento. Todavia, podemos *pensá-lo* quando abstraímos da relação com nossas faculdades que o tornam um possível objeto de conhecimento. Empregamos o conceito de "identidade" não com o fim de conectar dois (diferentes) objetos (por exemplo, por relação causal), mas apenas para comparar dois modos

---

* N. de T. Em geral, traduzido como "exaltação".

pelos quais podemos considerar o mesmo objeto. No caso que estamos considerando, esse objeto é primeiro introduzido como um fenômeno, como um objeto material no espaço e no tempo. Abstraindo de sua relação a nossa intuição sensível, então o consideramos diferentemente, através do puro entendimento, tal como ele é independentemente de nossa capacidade de ser sensivelmente afetados por ele. Nenhuma violação de qualquer escrito está envolvido em empregar um conceito da reflexão nesse sentido.

Finalmente, há um problema fatal com a interpretação como causalidade quando ela é aplicada ao *próprio eu*. A famosa doutrina de Kant de que sou livre como um ser noumenal deve ser entendida como afirmando que o ser que é livre é diferente do (e a causa do) eu empírico que é o único eu do qual posso ter qualquer conhecimento empírico. Alguns defensores da interpretação como causalidade que são argutos o suficiente para ver isso, com efeito, querem corretamente recuar dessa interpretação no caso do eu.[8] Outros, acumulando monstruosidades metafísicas sobre monstruosidades metafísicas, especulam que o eu deve ser visto como um duplo, uma entidade que tem duas "partes", uma das quais, o eu noumênico, é a causa incognoscível do outro eu. Eles não expõem, contudo, como essas duas entidades distintas, estando em uma relação de causa e efeito, possam também ser concebidas como em uma relação todo-parte. Não explicam igualmente como elas constituem um eu singular, em vez de cada uma das duas entidades que estão referidas uma à outra em uma relação de causa e efeito também constituírem entidades. Nem podem oferecer qualquer argumento sobre esse ponto sem violar os textos da filosofia crítica que negam qualquer conhecimento de uma realidade transcendente.

Problemas para o idealismo transcendental da interpretação como identidade

Ao elaborar os argumentos filosóficos acima em favor da interpretação como identidade, eu não pretendo sugerir que o idealismo transcendental na interpretação como identidade seja totalmente livre de problemas. Contudo, penso que os problemas com a doutrina, nessa interpretação, são simplesmente problemas genuínos (talvez não-insolúveis) que caminham junto com o próprio idealismo transcendental e com outras doutrinas kantianas que motivam propriamente o idealismo transcendental. Eles são, de fato, problemas para o idealismo transcendental, mas não problemas *para a interpretação como identidade*.

Pode-se pensar, por exemplo, que há um problema para a interpretação como identidade no fato de que os fenômenos são essencialmente espaço-temporais e, ainda assim, supor que tenham uma existência em si mesmos, embora espaço e tempo como formas das sensibilidade não sejam considerados alguma coisa em si mesmos. Porém, isso não é senão uma conseqüência da posição de Kant de que espaço e tempo, como as coisas que aparecem neles, não são objetos – eles são, em vez disso, modos de acesso epistêmico àqueles objetos para seres como nós mesmos, para quem o componente intuitivo do conhecimento consiste em ser sensivelmente afetado por objetos. Portanto, situa-se no coração do idealismo transcendental de Kant que espaço e tempo não existem em si mesmos, ao passo que objetos espaço-temporais existem.

O idealismo transcendental tem alguns vínculos distintivos que precisam ser mais claramente articulados, sendo que a interpretação como identidade torna mais fácil tal tarefa. Se a distinção entre fenômenos e coisas em si mesmas pode ser sustentável, então deve ser inteligível alegar não só que podemos ser cientes de nossas faculdades cognitivas como limitadas, mas também que somos capazes de *pensar* objetos dos quais negamos que possamos ter conhecimento. Hegel questionou a inteligibilidade de ambos, sob o fundamento de que todo pensamento já é uma espécie de conhecimento e que pôr um limite sobre nosso conhecimento já é pensar (ou seja, conhecer) o que está além do limite.

Um desafio muito mais sério ao idealismo transcendental de Kant, em minha opinião, advém da possibilidade de que podemos reconhecer que nosso conhecimento é limitado, mas somos incapazes de especificar precisamente as limitações (como Kant pensa que podemos fazer em termos dos limites da sensibilidade). Sem essa especificação precisa, seria impossível dar um sentido determinado à noção de um objeto do conhecimento que esteja nos limites e não esteja nos limites. Nesse caso, não poderia haver um significado determinado para a distinção entre coisas "como elas aparecem" e "como elas são em si mesmas". A distinção entre considerar uma coisa "como a conhecemos" e "como ela transcende nosso conhecimento" não nos pode fornecer concepções determinadas do que poderia ser verdadeiro a respeito da coisa como ela está sendo considerada ou referida em cada caso.

Portanto, o idealismo transcendental não envolve na interpretação como identidade uma tese filosófica substantiva que poderia ser altamente controversa. Contudo, essa tese controversa é a idéia central do próprio idealismo transcendental, a saber, a idéia de que podemos precisamente identificar as fontes e os limites de nosso conhecimento e sob essa base podemos especificar não só que conhecimentos sintéticos *a priori* podemos ter, mas também que questões metafísicas sobre as coisas nunca podemos esperar responder. Se Kant estiver errado sobre isso, então a própria filosofia transcendental é impossível, e nós nem devemos esperar nem precisamos articular inteligivelmente o idealismo transcendental. Na interpretação como causalidade, contudo, podemos ainda estabelecer o idealismo transcendental de forma totalmente clara, mesmo que não possamos delinear uma distinção clara entre o que podemos e o que não podemos conhecer, já que é possível afirmar que há uma causa transcendente dos objetos que experimentamos. Em outras palavras, na interpretação como identidade, mas não na interpretação como causalidade, a inteligibilidade do idealismo transcendental sustenta-se ou não precisamente com aquelas doutrinas epistemológicas que o motivam. Este é, talvez, o argumento mais forte de todos em favor da interpretação como identidade e contra a interpretação como causalidade.

A interpretação como causalidade é filosoficamente insustentável porque ela representa mal o idealismo transcendental como uma doutrina nova e extravagante, díspar do senso comum, como o idealismo teocêntrico de Berkeley ou a metafísica poética das mônadas fechadas de Leibniz. A interpretação como identidade, em contraste, ajuda-nos a reconhecer a natureza real do idealismo transcendental, apresentando-o metafisicamente como uma forma de realismo que é fraco, mas que é conjugado com a tese epistemológica distintiva de que nosso conhecimento está sujeito a limites que podem ser especificados precisamente de forma suficiente para distinguir dois modos fundamentais nos quais os objetos de nosso conhecimento podem ser considerados ou referidos a alguma coisa – quando eles caem nos limites impostos por nossas faculdades (e, portanto, como eles podem ser conhecidos por nós) e quando se abstrai de sua relação com nossas faculdades cognitivas (e, portanto, como eles são "em si mesmos").

A mesma distinção leva a afirmar de outra maneira limites cruciais ao nosso conhecimento. Ela mostra, pensa Kant, que estamos impelidos a formar certos conceitos (a saber, idéias da razão), cujos objetos, se eles têm algum, não podem ser dados a nós em qualquer intuição sensível. Kant considera que é crucialmente importante entender de onde vêm tais conceitos e como reconhecer que nossas tentativas de obter conhecimento de seus objetos através de argumentos *a priori* estão sempre condenadas a falhar. Tais objetivos, executados na Dialética Transcendental, constituem sua "crítica" da "razão pura" em seu sentido mais próprio.

IDÉIAS DA RAZÃO

Metafísica transcendente

A metafísica, como Kant a conheceu na tradição de Wolff e Leibniz, consistia de três ciências: psicologia racional, cosmologia racional e teologia racional. Elas alegavam ter algum conhecimento *a priori* sobre a alma, o mundo e Deus. Em particular, sustentavam estar aptas a demonstrar três pretensões cruciais de importância moral-religiosa: a imaterialidade e a imortalidade natural da alma humana, a liberdade da vontade e a existência de um ser supremo. Kant via as três ciências "racionais" como pseudociências que reivindicavam o conhecimento de questões que estão além das capacidades cognitivas humanas. Contudo, sua atitude em relação à metafísica racionalista era complexa. Kant pensou que as questões que elas estavam perscrutando fossem perguntas inevitáveis para seres humanos racionais e considerou que as proposições metafísicas que elas pretendiam defender representavam preocupações humanas genuínas do ponto de vista moral. Todavia, ele pensou que mesmo os argumentos que os metafísicos usam fossem inevitavelmente tentadores para nós, embora sua força racional fosse vista ao final como ilusória. Sua crítica da metafísica racional na Dialética da Razão Pura está, portanto, distante de ser apenas uma rejeição daqueles argumentos. É, ao mesmo tempo, uma teoria sobre a natureza e a vocação da razão humana e sobre por que a razão humana (como ele coloca no início do Prefácio à *Crítica*) "sente-se importunada por questões das quais não pode esquivar-se, pois elas lhe são propostas pela natureza da própria razão, mas às quais tampouco pode responder, pois ultrapassam toda a capacidade da razão humana" (*KrV* A VII).

Tarefa da razão

Mesmo nossa posse dos *conceitos* de uma alma imaterial, uma vontade livre e um ser divino requerem alguma explicação, já que esses conceitos não vêm a nós por meio da experiência e, de fato, podemos nunca experimentar alguma coisa que possa ser adequada a eles. A primeira tarefa de Kant, portanto, é entender de onde obtemos tais conceitos ou idéias – como ele as chama (com uma alusão deliberada a um dos termos de Platão para suas "formas" supra-sensíveis). Essa explanação depende da concepção de Kant de nossa própria faculdade da "razão" – sobre suas tarefas e seu modo de tratá-los.

Na lógica contemporânea de Kant, "razão" era vista como a faculdade para fazer inferências e, então, de completar as ciências por meio de silogismos. Kant vê a "razão" como a "mais alta" ou mais abrangente das faculdades humanas, a faculdade através da qual dirigimos todas as nossas faculdades (incluindo a própria razão) – sendo também essa a justificação pela qual uma crítica dirigida a explorar os limites da razão deva também ser tratada pela razão. A razão conduz as atividades, sendo a faculdade dos "princípios" – a faculdade que dá as leis e regras que devem governar nossa conduta prática e nossas pesquisas teóricas.

No seu emprego teórico, a tarefa da razão é sistematizar nosso conhecimento e, assim, maximizar a inteligibilidade do mundo que conhecemos. Vimos que certos tipos de inteligibilidade, aqueles envolvidos em um sistema de substâncias governado causalmente no espaço e no tempo, são requeridos para que haja qualquer experiência. Mas, além disso, há vários tipos de inteligibilidade contingente que podem ou não ser encontrados no mundo, ou podem ser encontrados nele somente em um certo grau. Incluem a inteligibilidade taxonômica de espécies naturais e a inteligibilidade teleológica dos organismos vivos, bem como a completude maior possível na ordem espacial, temporal, causal e outros tipos de ordem que constituem a natureza empírica. Kant entende a tarefa teórica da razão como aquela de projetar as espécies de ordem contingente pelas quais investigamos e conduzimos nossa pesquisa.

Kant pensa que as "idéias da razão" – conceitos *a priori* que, diferentemente das categorias, não podem ser exemplificados em qualquer experiência possível – são geradas pela própria razão no curso de projetar seus fins teóricos. Idéias acontecem quando a razão tenta pensar em sua completude as condições incondicionadas para o que pode ser dado na experiência somente sob certas condições. Por exemplo, cada mudança no estado de uma substância material no mundo advém de uma lei causal de um estado anterior da substância, e este, por sua vez, é causado por outro estado, e assim indefinidamente. No pensamento de qualquer série causal regressiva dessa espécie, nossa razão procura uma completude incondicional na série, que pode ser encontrada apenas em algum estado de uma substância que começa em si mesma e não requer causa adicional. Isso, de acordo com Kant, fornece-nos a idéia de causa *livre*. Esta é uma "idéia" porque é um conceito gerado *a priori* pela razão, ao qual nada dado no mundo sensível corresponde (ou pode corresponder). Kant considera que a razão, do mesmo modo, gera a idéia de Deus, um ser supremamente real ou supremamente perfeito, quando tenta pensar a totalidade incondicionada de todas as propriedades positivas que podem ser encontradas em todas as coisas – uma idéia que fornece as condições materiais para a possibilidade interna de todos os seres possíveis, já que qualquer ser possível é simplesmente alguma combinação limitada de perfeições encontradas em nossa idéia de tal ser supremo.

Kant considera as idéias da razão em dois sentidos: um negativo e outro positivo. Negativamente, ambos levam a uma "dialética" ou "lógica da ilusão" devido à tendência da razão humana de passar de seu *status* como representações à consideração dos objetos que elas parecem representar. Os fundamentos que nos compelem a formar as idéias são tomados como evidência para a existência de seus objetos, e as características que atribuímos às idéias, devido à sua origem na razão, são tomadas como conhecimentos desses objetos. Vamos considerar as formas tomadas por essa dialética no próximo capítulo. O restante deste capítulo tratará da origem racional das idéias e também das suas funções positivas como guias da pesquisa. É fácil examinar o último tópico ou considerá-lo ser de menor importância se comparado ao criticismo kantiano da dialética da razão. Espero corrigir nossa tendência a fazer isso tratando primeiro a função positiva das idéias da razão (reconhecidamente fora da ordem na qual o próprio Kant trata disso na *Crítica*).

A origem das idéias na razão

Kant organiza ambas as suas discussões das idéias da razão e da dialética que elas engendram na mesma divisão tripartite da psicologia racional, cosmologia racional e teologia racional que ele encontrou na metafísica de Wolff. Contudo, procura o princípio dessa ordem não na história contingente da filosofia, mas nas formas lógicas constitutivas da própria atividade da razão – especificamente nas três formas do silogismo (categórico, hipotético e disjuntivo).

A doutrina da alma advém das tentativas de pensar uma série de silogismos categóricos regressivamente a suas pressuposições incondicionadas – a saber, o conceito de alguma coisa que nunca pode ser o predicado de alguma outra coisa, mas somente um sujeito – e isso é o "eu" ou o si mesmo ao qual todos os pensamentos têm de pertencer e cuja necessidade como seu sujeito provê toda a experiência com sua unidade última. A doutrina racional do mundo procede regressivamente, usando as relações indispensáveis de condição e condicionado que encontramos no mundo – as relações espaciais e temporais, as relações entre todo e parte, a relação de causa e efeito com respeito aos eventos e a relação de existência fundamentada e fundamento com respeito às coisas. Essas inferências conduzem à idéia de primeiro evento no tempo, um limite último do mundo no espaço, uma causa espontânea ou não-causada dos eventos e um ser necessariamente existente. Enfim, a doutrina racional de Deus advém do pensamento de que toda possível coisa individual é distinta de toda outra por aquela precisa combinação de propriedades negativas e afirmativas que a constituem, que pode ser representada por uma disjunção de todas as propriedades afirmativas e a exclusão daquelas que não pertencem à coisa. A pressuposição desse silogismo disjuntivo seria o conceito da soma total única de todas as realidades positivas, que leva ao conceito de um possível ser tendo todas essas realidades e não lhe faltando nenhuma – um *ens realissimum* (o ser mais real) ou Deus.

Agora que não mais tomamos a lógica formal da escolástica tardia contemporânea de Kant como sendo alguma sorte de tratamento definitivo das ações da razão em geral, é difícil não rejeitar a organização kantiana da dialética como sendo forçada e artificial. Contudo, é importante para nosso entendimento da concepção de Kant acerca de seu projeto que não o rejeitemos tão rapidamente antes de reconhecer a questão filosófica que está envolvida na apresentação das coisas desse modo. Foi o objetivo fundamental de Kant na *Crítica da razão pura* fundamentar a metafísica como uma ciência. O seu modelo mais próximo para essa ciência foi a lógica escolástica, que ele pensava ter chegado ao *status* de um corpo de conhecimento fechado e definitivo, limitando suas pretensões e sistematizando o que ele havia tornado indisputável através desse ato de autolimitação (*KrV* B VIII-IX). O objetivo de Kant na Analítica Transcendental é apresentar e justificar os fundamentos do limitado e definitivo sistema de conhecimento sintético *a priori* da natureza, que é pressuposto por qualquer ciência empírica possível da natureza. Do mesmo modo, na Dialética Transcendental, seu objetivo é apresentar os *problemas* insolúveis da razão como um sistema limitado e fechado, junto com a solução crítica desses problemas que os deixariam para sempre em repouso (ao menos como objetivos de conhecimentos teóricos da realidade). "Nesse mister, o meu grande objetivo tem sido a exposição pormenorizada, e ouso dizer que não tem de haver um só problema metafísico que não tenha sido resolvido aqui ou para cuja resolução não se tenha fornecido pelo menos a chave" (*KrV* A XIII). Para Kant, o uso "arquitetônico" da tábua das categorias e dos tipos de silogismo para gerar e organizar o material da Analítica e da Dialética é essencial para defender a completude e definitividade da metafísica como uma ciência finalizada e acabada.

O uso regulativo das idéias

Para Kant, as idéias desempenham também um papel-chave na organização do conhecimento *empírico*. Ele vê a ciência experimental como possível apenas mediante um sistemático pano de fundo de conhecimento, que nos permite divisar as questões para as quais os resultados experimentais oferecem-nos respostas. Para aprender com a natureza, ele diz, temos de considerar a natureza não "na qualidade de um aluno que repete tudo o que o professor diz, mas sim na de um juiz nomeado que obriga as testemunhas a responder às perguntas que lhes propõe" (*KrV* B XIII). Mais geralmente, Kant sustenta que a ciência empírica difere do tatear aleatório e da coleção casual de fatos, sendo completamente organizada de acordo com um plano racional. Os objetivos fundamentais e inclusive a estrutura da ciência são determinados *a priori* pelos objetivos da razão na investigação, sendo as idéias da razão vitais na fixação desses objetivos.

Idéias desempenham um papel "regulativo" na pesquisa. Já que elas são obtidas através de séries regressivas de inferências silogísticas do que é condicionado até sua última condição (ou o incondicionado), o processo através do qual se as obtém já é um no qual a pesquisa busca uma completude de todo o conhecimento. Assim, a idéia representa aquele todo e advém de uma aspiração da razão em conhecer todas as coisas dele. Então, as séries de eventos passados no tempo, através das quais se obtém a idéia de um começo do mundo, equivalem à aspiração final de conhecer o maior número possível de tais eventos. A idéia de determinação completa de todas as determinações ou predicados de uma substância individual, através da qual obtemos a idéia de um ser supremamente real ou Deus, estabelece para nós a tarefa infinita de vir a conhecer todas as determinações de qualquer objeto empírico com o qual estamos familiarizados (*KrV* A670-680/B698-708).

Assim como a completude, uma idéia envolve a aspiração à unidade de nossos conhecimentos. Como Kant a apresenta, essa aspiração toma várias formas. Ela nos leva a procurar o número mínimo de elementos ou forças na natureza e procura reduzir os poderes da mente tanto quanto possível a um poder elementar único (*KrV* A645-649/B673-677). Isso nos leva a procurar uma taxonomia na natureza de acordo com as espécies que são subsumidas sob gêneros, gêneros sob famílias ainda mais altas, e assim por diante, nas quais todas as espécies são de novo subdividas por determinadas diferenças até as propriedades de indivíduos. Isso conduz ao que Kant chama de lei da "homogeneidade", "especificação" e "continuidade" na nossa classificação empírica sob espécies naturais (*KrV* A651-668/B679-696). A primeira lei diz que para diferentes espécies há sempre similaridade na espécie sob um gênero mais alto; a segunda afirma que é diferente entre membros de uma espécie que cai sob uma subespécie menor, e a terceira afirma que há sempre um arranjo sistemático de espécies, mais alto e mais baixo, porque todas descendem coletivamente de um gênero mais alto. Kant vê essas leis relacionadas a princípios heurísticos familiares, tais como o dito escolástico (algumas vezes chamada de "navalha de Ockham") – "os começos (princípios)* não devem ser multiplicados sem necessidade" (*KrV* A652/B680) – e o que Kant pensa como seu complemento – "as variedades dos entes não devem ser diminuídas temerariamente" (*KrV* A656/B684).

Finalmente, a idéia de Deus leva-nos ao mundo natural como um sistema de fins, maximizando a inteligibilidade das coisas vivas individuais como unidades orgânicas e também a unidade sistemática de todos os fins da natureza (*KrV* A685-697/B713-725). Kant enfatiza que esse uso tem de ser crítico, sendo que o uso regulativo dessa idéia nunca deve ser tomado como uma prova teórica para a existência de seus objetos, nem a assunção heurística de que cada coisa na natureza pertence a um sistema dos fins deve ser usada como se ele fosse em si mesmo uma explanação – como se

---

* N. de T. Em inglês, *entities* seguindo a frase latina.

um apelo abstrato à vontade de Deus pudesse tornar eventos naturais inteligíveis a nós. O fim é sempre para nos instigar a procurar conexões empíricas adicionais entre as coisas no mundo, de tal forma a maximizar a inteligibilidade sistemática de nossa experiência (*KrV* A697-702/B725-730). Esse aspecto da investigação teórica foi revisitada, esclarecida e reconceitualizada por Kant subseqüentemente na *Crítica da faculdade do juízo* (1790).

Os objetivos da investigação, como Kant os apresenta, são dados *a priori* pela razão e não são dependentes do modo como a realidade a ser conhecida é empiricamente constituída. Contudo, o método de investigação que Kant projeta para a razão envolve um certo comprometimento com a maneira como o mundo é. Seguindo os princípios regulativos da razão, vamos olhar para o mundo *como se* os princípios da homogeneidade, da especificidade e da continuidade existissem em toda parte nele e como se ele fosse a criação de um Deus sumamente sábio, cujos fins e meios perfeitamente adaptados a eles estivessem presentes em toda parte onde lhes seja possível estar. Porém, é evidente, nunca podemos conhecer até que ponto essas hipóteses heuristicamente adotadas correspondem de fato ao mundo como o encontramos. Mais exatamente, Kant pensa que estamos justificados a assumir (para fins de investigação) que o mundo é maximamente inteligível à razão, porque essa é a assunção que melhor promove nossa descoberta de qualquer inteligibilidade que possa haver lá. No entanto, precisamente porque podemos nunca conhecer até que ponto o mundo corresponde a nossas assunções regulativas, é crucial que não sucumbamos à tentação de tratar essas assunções como se fossem nossos fundamentos racionais para tomá-las como justificações para crer que elas se sustentam, ou que elas fundamentam pretensões de conhecimento de que o mundo seja da maneira como racionalmente admitimos que ele seja.

Boa parte da Dialética Transcendental ocupa-se em podar as pretensões da razão teórica – desacreditando as provas metafísicas tradicionais da existência de Deus e da imortalidade da alma, insistindo em que o conhecimento humano é limitado ao reino da experiência. Por causa disso, é fácil ler a Dialética como expressão do apoio de Kant ao *empirismo* no contexto da luta no início da modernidade entre este e a metafísica racionalista. Sem dúvida, há muito de verdade em tal leitura. Todavia, ela não deve levar-nos a ignorar a maneira pela qual Kant é simpático aos fins da metafísica tradicional e, principalmente, não deve obscurecer até que ponto a teoria kantiana inteira do conhecimento é profundamente antiempirista em sua imagem da investigação científica e teoria científica. Kant situa-se completamente do lado oposto àquele que poderia descrever a ciência empírica como a junção acidental de dados que deveria ser, então, ordenada indutivamente de acordo com o esquema mais conveniente que ocorre pensarmos. Ao contrário, ele vê a ciência desde o início como um produto da razão, guiado por princípios *a priori*, estabelecendo seus objetivos e os princípios-guia para fazer suas observações e a apresentação sistemática de seus resultados. As idéias da razão para Kant são, assim, muito mais do que ocasiões para erros metafísicos. Ao contrário, entendidas e empregadas adequadamente, elas são indispensáveis à ciência empírica, tal como Kant a concebe. Se não estamos interpretando a teoria kantiana da ciência de forma completamente equivocada, não podemos ignorar a contribuição positiva que, conforme Kant, eles têm a oferecer ao nosso conhecimento do mundo empírico.

NOTAS

1. Kant sustenta que a percepção empírica (ou autoconsciência empírica) envolve "auto-afecção", isto é, estado em que o eu se causa a si mesmo. Isso significa que em qualquer interpretação do idealismo transcendental deve haver alguma relação causal que envolva a ação de algumas coisas em si mesmas. Contudo, a doutrina da auto-afecção não é sobre a causação do eu empírico por outra entidade. Esta é a relação causal envolvida na interpretação causal do idealismo transcendental. E ele implica que fenômenos, como efeitos, devam ser entidades distintas de coisas em si mesmas como suas causas.
2. Alguns exemplos de escritores que tomam essa posição são: Henry E. Allison, *Kant's Transcendental Idealism* (New Haven: Yale University Press, 1983); Robert M. Adams, "Things In Themselves", *Philosophy and Phenomenological Research* (1997); Richard Aquila, *Representational Mind* (Bloomington: Indiana University Press, 1983); Carl Posy, "Brittanic and Kantian Objects", in B. den Ouden e M. Moen (eds.), *Essays on Kant* (New York: Peter Lang, 1987).
3. Assim, entre os especialistas mencionados na nota anterior, Allison toma a interpretação como identidade e Adams a interpretação como causalidade. Em cada caso, o argumento que os dois modos de Kant de falar são somente dois modos de dizer a mesma coisa é realmente uma manobra a serviço da exclusão da interpretação rejeitada no sentido de conduzir os textos recalcitrantes na direção desejada.
4. Esse modo de escapar do problema é sugerido por Sebastian Gardner, *Kant and the Critique of Pure Reason* (London: Routledge, 1999, p. 290-298), mas ele não preenche a sugestão tal como eu estou fazendo.
5. Peter Geach, *References and Generality* (Ithaca: Cornell University Press, 1962) e "Identity", *Review of Metaphysics XXI* (1967-1968, p. 3-12).
6. A teoria de Geach sobre a "identidade relativa" foi logo convincentemente rejeitada por David Wiggins, *Identity and Spatio-Temporal Continuity* (Oxford: Oxford University Press, 1967), e John Perry, "The Same F", *Philosophical Review* LXXIX, No. 2 (1970), p. 181-200.
7. F. H. Jacobi, *David Hume on Faith, or Idealism and Realism: A Dialogue* (1787), in George diGiovanni (ed. e tr.) *Friedrich Heinrich Jacobi: The Main Philosophical Writings and the Novel* Allwill (Montreal: McGill-Queen's University Press, 1994, p. 336-338).
8. Por exemplo, Adams, em "Things In Themselves". Ver nota 2.

LEITURAS COMPLEMENTARES

Frederick Beiser, *German Idealism: The Struggle Against Subjectivism*. Cambridge, MA: Harvard University Press, 2002.

J. N. Findlay, *Kant and the Transcendental Object*. Oxford: Clarendon Press, 1981.

Rae Langton, *Kantian Humility*. Oxford: Clarendon Press, 1991.

Susan Neiman, *The Unity of Reason*. New York: Oxford University Press, 1994.

5
A DIALÉTICA TRANSCENDENTAL

As idéias da razão geram uma "dialética" ou "lógica da ilusão" porque nossa razão tem a tendência de tratar os conceitos gerados por ela como se proporcionassem conhecimentos dos objetos que poderiam ser pensados por intermédio deles, mesmo que a intuição sensível de um objeto seja uma condição indispensável a qualquer conhecimento e que as idéias sejam tais que não possa haver intuição sensível correspondente a elas capaz de ser dada em nossa experiência. A ilusão resultante, pensa Kant, não é erro de algum filósofo, mas reside na própria faculdade da razão, que engana sobre a necessidade com a qual forma certos conceitos no curso do regramento da investigação para os objetos correspondentes que podem ser dados àqueles conceitos. A própria razão humana é, portanto, afligida por uma "dialética" ou lógica da ilusão que a censura ante a perspectiva de conhecer o que nunca pode ser conhecido. Isso é como uma ilusão ótica, ademais, na qual ela simplesmente não desaparece ou cessa de nos tentar ao erro, mesmo quando foi explicada. Contudo, a razão contém ainda a capacidade de criticar a ilusão e de se prevenir de sucumbir à inevitável tentação. Para Kant, o drama mais essencial da filosofia é essa luta da razão consigo mesma, e é por isso que ele intitula sua obra fundamental de *Crítica da razão pura* – em outras palavras, é a crítica da razão a si mesma que triunfa sobre as ilusões, das quais a própria razão é a autora.

Há algo de estranho no pensamento de que possa haver uma "lógica da ilusão", pois uma "lógica" envolve as regras que governam uma faculdade de pensar e também nos diz como devemos raciocinar se queremos empregar corretamente essa faculdade. Como pode ser possível, então, que justamente essas regras nos levem ao desvio, à ilusão, quem sabe até mesmo ao erro? Porém, conhecemos por experiência não ser impossível para as faculdades que funcionam adequadamente, por exemplo, as faculdades visuais, serem sujeitas à ilusão. Pessoas que parecem ver uma miragem de água à distância no deserto quente ou para as quais, no diagrama de Müller-Lyer, uma linha de igual distância que outra pareça maior não estão sofrendo de qualquer defeito em suas faculdades visuais, nem estão, de qualquer modo, usando-as mal. É inteiramente possível que apenas alguém cujas faculdades são imperfeitas possa ser isento de ilusões: quem sabe alguém que não visse água no deserto também poderia ser incapaz de distinguir entre água real e não-real à distância, assim como alguém que não visse as linhas como desiguais no diagrama de Müller-Lyer também não seria capaz de perceber corretamente desenhos em perspectiva. Do mesmo modo, é perfeitamente inteligível para Kant argumentar que nossa faculdade da razão, quando funciona adequadamente, sujeita-nos a certas ilusões conceituais ou linhas sofísticas de raciocínio e que alguém que não tivesse suscetibilidade a essas ilusões lógicas não empregaria os princípios regulativos da razão como deveria. Naturalmente, Kant também atribui à razão a capacidade de entender e criticar as ilusões às quais está submetida. A razão é precisamente a faculdade mais alta porque ela é paradigmática ou mesmo a única faculdade *crítica*. A razão é capaz – e encarregada – de disciplinar e corrigir todas as nossas faculdades. A razão é o que nos previne de sermos enganados por ilusões óticas, por nossos sentimentos e desejos, por erros lógicos contingentes do entendimento, pelo efeito corruptor dos enganos praticados contra nós não só por outros, mas até mesmo, e mais freqüentemente, praticados por nós mesmos e inclusive pelas ilusões necessárias às quais a razão está submetida.

No Capítulo 4, vimos como Kant considera que a razão chega às suas idéias e que seu uso regulativo é indispensável à investigação teórica. Chega-se às idéias por argumentação racional – por síntese regressiva baseada numa das três formas de silogismos que conduzem a um conceito determinado de um incondicionado concernente a uma série de condições. Do ponto de vista de Kant, é essencial à tarefa da razão propiciar unidade sistemática a nossos conhecimentos, que unifiquemos tal série regressiva de condições em torno de uma idéia apropriada como um *focus imaginarius* guiando nossa investigação e organizando os seus resultados. É fácil ver como o argumento para a indispensabilidade de tal idéia pode começar a nos parecer como um argumento para a existência dos seus objetos. Isso é especialmente verdadeiro à medida que cada idéia põe um fim único a uma séria regressiva, aparentando assim ser um objeto único. Essa unicidade pode facilmente nos dar a impressão da singularidade característica de uma intuição cognitiva. Com efeito, mesmo que todas as nossas intuições sejam sensíveis e que, portanto, não possamos ter intuição de qualquer objeto de uma idéia gerada somente pela razão, pode facilmente nos parecer que a unicidade ou a singularidade do objeto de uma idéia forneça-nos mais do que um substituto adequado da intuição sensível de que necessitamos para conhecer um objeto.

Desse modo, qualquer um que atinja as idéias da razão e as empregue na investigação como a própria razão requer pode facilmente cair na ilusão de que a natureza e a função dessas idéias forneçam-nos *a priori* um conhecimento de seus objetos, assegurando-nos da existência de tais objetos. De fato, qualquer um que não seja suscetível a essa ilusão não estaria pensando como a unidade mais alta da própria razão nos ordena a pensar. Isso é o que torna as idéias o foco de uma dialética necessária ou lógica da ilusão. A tarefa da razão, no que diz respeito a essa dialética, não é simplesmente evitá-la – pois isso seria ao mesmo tempo evitar um caminho de pensamento que é requerido pela razão. Em vez disso, o caminho correto é chegar às idéias, entender por que elas são conceitos inevitáveis para a razão pensar, bem como por que são fontes inevitáveis de ilusão dialética, e então usar esse conhecimento para nos proteger dos erros aos quais a ilusão nos expõe.

A DOUTRINA *A PRIORI* DA ALMA

A metafísica tradicional visa a demonstrar que a alma é uma substância, que é a mesma substância no tempo e que ela é simples e não composta. Do fato de que a substância é a parte básica da natureza e do fato de que somente compostos podem ser naturalmente destruídos (pela sua separação), a doutrina racional da alma tenta provar que a alma é imortal, no sentido de que ela não pode ser destruída por qualquer processo natural (como a morte do corpo). Kant discute esses argumentos na seção da Dialética chamada "Paralogismos da razão pura". O termo "paralogismo" (na lógica escolástica) refere-se a um silogismo que é formalmente inválido. Kant, desse modo, pretende mostrar que as inferências, através das quais a psicologia racional tenta mostrar suas conclusões sobre a alma, são falaciosas. Seu diagnóstico da falácia é que a metafísica trata certos aspectos do eu, aspectos pertencentes formalmente a seu papel de prover unidade à experiência, como se fossem propriedades de uma coisa que é dada na intuição como um objeto de conhecimento. Ele defende, contudo, que o eu não nos é dado dessa forma. "Eu" é meramente um guardador de lugar para qualquer coisa que torna nossa experiência possível, efetuando as atividades do entendimento – sintetizando as representações na unidade transcendental da apercepção que torna a experiência possível. Todavia, na consciência de nossa atividade na constituição da possibilidade da experiência não há objeto próprio interno que seja dado. As propriedades formais de tal atividade são entendidas equivocadamente se são tratadas como se fossem como as determinações que são predicadas de uma coisa dada à nossa intuição através da intuição sensível.

A idéia básica da crítica kantiana da psicologia racional pode ser compreendida se analisamos como ela funciona no silogismo que supostamente prova a substancialidade da alma:

> [*Premissa maior:*] Aquilo cuja representação é o *sujeito absoluto* de nossos juízos, e que por isso não pode ser usado como determinação de uma outra coisa, é *substância*.
> [*Premissa menor:*] Eu, como ente pensante, sou o *sujeito absoluto* de todos os meus juízos possíveis, e essa representação de mim mesmo não pode ser usada como predicado de qualquer outra coisa.
> [*Conclusão:*] Portanto eu, como ente pensante (alma), sou *substância* (*KrV* A348, cf. B410-411).

A premissa maior fornece uma análise do conceito metafísico (substância) que é para ser predicado da alma. A premissa menor estabelece que o eu penso ajusta-se à fórmula encontrada na análise. A conclusão é que o conceito metafísico pode ser predicado da alma (o eu como uma coisa pensante).

O argumento funda-se na idéia de que a substância é o que é *básico* – ou seja, aquilo em relação ao que tudo muda e sobre o que todas as outras coisas (usando esse termo no sentido mais amplo) dependem. Todavia, esse é o papel que o eu penso desempenha na experiência: todas as nossas representações estão presentes no e para o eu; elas mudam, passando de uma a outra, e cada uma delas depende de sua percepção pelo eu, ao passo que o eu persiste através de todas elas e é seu substrato. Qualquer coisa que aconteça de qualquer modo na experiência fará isso através de sua relação com o eu. Portanto, a alma é para ser vista como uma substância.

Em que reside a suposta falácia? A resposta a essa questão não é tão fácil quanto um leitor da *Crítica* poderia desejar. O tratamento oficial da questão é, em um primeiro nível, suficientemente claro. A premissa maior de cada silogismo analisa um conceito metafísico (substância) como uma "categoria pura", sem considerar como e se a análise pode ser aplicada a objetos que podem ser dados na nossa intuição (*KrV* A348-349). A premissa menor estabelece aspectos formais do eu penso como uma condição da experiência. Contudo, a conclusão predica a propriedade da alma como se ela fosse uma propriedade predicável de um objeto, sob a base de uma informação dada por meio da intuição do objeto. Formalmente, Kant sustenta que o silogismo sofre de uma falácia de ambigüidade (ou *sophisma figurae dictionis*) – a premissa pensa a alma somente através de puras categorias do entendimento, ao passo que a conclusão trata da alma como se ela fosse um objeto dado na intuição (*KrV* A402).

A isso o psicólogo racional poderia, naturalmente, replicar que não há necessidade de interpretar o silogismo como falacioso. Que diferença faz considerarmos a alma como dada a nós na intuição ou no puro pensamento? A conclusão segue-se em qualquer dos casos. Mesmo que se suponha que isso importa, precisamos apenas considerar "a alma" que está na conclusão também como um objeto do pensamento puro, e o argumento é ainda inteiramente válido. Kant é simpático a esta última resposta até certo ponto, no qual ele está disposto a admitir que o silogismo é válido e sua conclusão verdadeira, desde que a conclusão não seja mal-interpretada:

> No entanto, pode-se muito bem considerar válida a proposição *a alma é substância*, desde que admitamos que esse conceito não nos leve minimamente adiante ou que não possa ensinar-nos nenhuma das conclusões habituais da racionalista doutrina da alma, como, por exemplo, a da duração contínua da mesma através de todas as mudanças e inclusive da morte do homem; logo, que ela designe somente uma substância na idéia, mas não na realidade (*KrV* A350-351).

Nesse ponto, Kant distingue dois conceitos possíveis de substância: um ("em realidade") permite inferências tais como a substância não é naturalmente destrutível; o outro ("na idéia") não permite tal inferência. Ele pretende garantir ao psicólogo racional que a alma é uma substância "na idéia", mas não "na realidade". De um ponto de vista, então, ele reconhece que o próprio silogismo é formalmente válido (e que, portanto, não é absolutamente um "paralogismo"). Contudo, nessa visão, ele discute que uma inferência inválida ocorre quando o psicólogo racional tenta usar a conclusão de que a alma é uma substância "em idéia" para inferir sua duração eterna. Assim, a crítica de Kant à psicologia racional realmente parece tomar a forma de um dilema: *ou* o silogismo que demonstra a substancialidade da alma envolve uma inferência inválida, *ou* há uma inferência inválida para a conclusão de que o psicólogo racional quer tirar subseqüentemente, por exemplo, de que se a alma é uma substância, então ela é de duração eterna. Em qualquer caso, a conclusão que o psicólogo racional realmente cobiça (a imortalidade da alma) pode ser obtida apenas através de um fragmento de silogismo inválido.

Para ver o que está acontecendo aqui, temos de recordar as próprias conclusões de Kant a respeito das substâncias na natureza como elas foram apresentadas na Primeira Analogia. Nesta, foi argüido que a determinação do tempo requer que a sua duração seja determinável somente se todas as mudanças no tempo consistem em alterações nas determinações de um substrato que persiste e que não começa, cessa ou altera sua quantidade através de quaisquer dessas mudanças. Isso requer que a categoria da substância, como um puro conceito do entendimento, deva ser aplicável a todos os objetos da experiência possível. Porém, o conceito ao qual isso se aplica foi *esquematizado* – isto é, restrito a objetos dados na intuição sensível e interpretado como a persistência do real no tempo (*KrV* A144/

B183). É somente isso que nos permite inferir do fato de que alguma coisa é uma substância, no sentido de que é um substrato para as mudanças, a conclusão de que é uma substância no sentido de alguma coisa persistente e não naturalmente destrutível. Quando a alma é considerada como uma substância, contudo, essas restrições não se aplicam. O sentido no qual a alma é uma substância não envolve intuição sensível de um objeto, mas apenas uma condição formal para a unidade da experiência. Dessas propriedades formais da *atividade* do que quer que seja que forneça unidade à experiência ("este eu, ou ele, ou aquilo [a coisa] que pensa" (*KrV* A346/B404), não aprendemos absolutamente nada sobre a *constituição real* dessa "coisa". Não sabemos se ela é alguma coisa que persiste através do tempo, ou uma coisa que é simples e não composta, ou mesmo se o agente de nossos pensamentos é a mesma coisa de um momento a outro ou uma série de coisas diferentes.

A posição de Kant sobre a alma é bem mais cética do que qualquer posição que tenha grande aceitabilidade hoje. Ele não é nem um materialista nem um dualista. Acredita que não podemos conhecer nem mesmo se a alma é material (se pensamento ou consciência são funções corporais). Ainda que fossem, Kant está seguro de que a consciência é suficientemente distinta de qualquer processo corporal compreensível pela nossa física: "disso segue-se, portanto, a impossibilidade de explicar com base no *materialismo* a minha natureza como sujeito meramente pensante" (*KrV* B420). Se a alma é imaterial, então Kant pensa haver três teorias explicativas da relação entre alma e corpo: da "influência física" (uma relação causal natural mútua, como sustentado por Crusius e Knutzen); da "harmonia preestabelecida" (como sustentado por Leibniz) e da "assistência sobrenatural" (o ocasionalismo de Malebranche e outros). Kant rejeita inteiramente todas as três, alegando que todas são igualmente improváveis e têm inteligibilidade duvidosa. Em suma, Kant sustenta que a natureza da alma e sua relação com o corpo são questões de metafísica transcendente que estão além dos limites do que podemos conhecer.

A ANTITÉTICA DA RAZÃO PURA

A parte da Dialética que trata da cosmologia racional ameaça-nos não só com argumentos falaciosos, mas também com contradições completas. As antinomias foram a primeira parte da Dialética a interessar a Kant,[1] e aspectos peculiares a elas tendem a influenciar a apresentação de Kant também das outras partes da Dialética. Por exemplo, a tese de que as idéias da razão advenham de uma síntese regressiva do condicionado às condições aplica-se mais obviamente às idéias cosmológicas que ocasionam as antinomias do que à idéia da alma (nos Paralogismos) ou à idéia de Deus (no Ideal da Razão Pura). Kant também emprega sua solução das antinomias como uma espécie de prova indireta para o idealismo transcendental – que ele considera indispensável para resolver as contradições pelas quais somos ameaçados.

As idéias cosmológicas advêm do fato de que no mundo há relações de dependência, nas quais uma parte do mundo é *condicionada* por outra. A idéia fundamental, aqui, é a de um *mundo* ou de um todo do mundo que é internamente completo em si mesmo, tendo em vista as relações de dependência contidas entre suas partes. Cada evento no tempo depende de outro que vem antes, cada parte do mundo no espaço depende de uma parte do mundo que o circunda, cada coisa composta depende de suas partes, cada acontecimento depende de sua causa, cada ser contingente depende de outros seres. Essas dependências, contudo, dão origem a uma *série* de relações condicionado-condição – a série de eventos que regride no tempo, a série de partes circundantes do mundo no espaço, a série de partes dos compostos, a série de causas, a série de seres dependentes. Kant sustenta que essas séries são geradas por condições transcendentais de possibilidade da experiência, as quais requerem uma condição para cada existência que é condicionada por um desses modos. Analisando cada uma dessas séries, surge a questão: a série de condições condicionadas vai ao infinito, ou ela termina em um primeiro membro da série que é totalmente diferente de outros membros, não necessitando de uma condição ulterior? A última espécie de resposta gera as idéias cosmológicas de um primeiro evento no tempo (um começo do mundo em tempo passado) e um limite do mundo no espaço, de uma substância simples (ou átomo), de uma causa primeira (ou transcendentalmente livre) e de um ser necessário (que existe por sua própria natureza).

Cada espécie de resposta nos dá uma interpretação diferente da idéia do todo do mundo. No entanto, cada par de respostas nos dá duas interpretações incompatíveis, dentre as quais, aparentemente, temos de escolher uma. Portanto, de qualquer forma que respondamos a cada uma das questões cosmológicas, a resposta parece insatisfatória. Se dizemos que a série regressiva de condições vai ao infinito, então parece que estamos dizendo que em qualquer ponto que o consideramos ele está ainda determinado pela incompletude, caso em que a existência condicionada não foi suprida com o que é suficiente para sua existência. Por outro lado, se dizemos que a série chega a um fim em um objeto correspondente a uma das idéias cosmológicas, então parecemos estar comprometidos com a existência de um ser que viola uma lei necessária da experiência – a lei requer que cada existência dessa espécie seja condicionada do modo que gera a série. O caráter insatisfatório de cada alternativa pode ser representado por um argumento a favor e um contra a existência de um objeto que corresponde a cada idéia cosmológica. Isso nos ameaça com um conjunto de contradições: *deve* existir, apesar de *não poder* existir, um primeiro evento no tempo, a magnitude de um *quantum* do mundo no espaço, uma substância simples, uma causa livre ou primeira, um ser necessário.

As quatro antinomias (ou cinco, já que a primeira antinomia tem uma parte temporal e uma espacial) podem ser adequadamente resumidas como segue:

> *Definições*: x *condições* y = df. y, então depende de x de tal forma que, se x não existir, y não poderá existir.
> x *condições-R* y = df. Há uma relação R não-reflexiva e transitiva tal que para todo x e para todo y, se xRy, então x condiciona y em virtude do fato de que xRy.

Nesse caso, também podemos chamar x de "condição-R" de y e dizer que y é "R-condicionado" por x.

Agora suponhamos que haja entidades chamadas "φ" dadas em nossa experiência, que as leis *a priori* da experiência sejam tais que todo φ seja R-condicionado e que as leis *a priori* da experiência sejam sempre de tal modo que não possamos encontrar na experiência qualquer condição-R de um φ que não seja também um φ. A *tese* de cada antinomia afirma então que:

> Algo que não seja R-condicionado tem de existir como o primeiro membro das condições-R para qualquer j dado.

A *antítese* de cada antinomia afirma que:

> Todas as condições-R de qualquer j dado são em si mesmas j, então R será condicionado por ulteriores j infinitamente.

Podemos representar as quatro (ou cinco) antinomias usando o seguinte esquema de valores para φ e R:

Antinomia	φ	R
Primeira (tempo)	evento	precede
Primeira (espaço)	região espacial	adequadamente circundado
Segunda	corpo composto	é uma parte adequada de
Terceira	evento	causas (de acordo com uma lei)
Quarta	ser contingente	fundamenta a existência de

Tomemos a parte temporal da primeira antinomia como uma ilustração. Aqui a tese afirma que tem de haver um começo (um primeiro evento) do mundo no tempo e a antítese afirma que todo evento no mundo é precedido por outro anterior ao infinito (*KrV* A426-427/B454-455). O argumento para a tese é o de que o *passado* é aquela série de eventos no mundo que já se completaram e que uma séria *infinita* não pode ser completada. Portanto, há uma contradição na idéia de um passado infinito, e por isso a série de eventos passados deve ser finita ou deve ter havido um primeiro evento para começá-los (*KrV* A426-428/B454-456). O argumento para a antítese é o de que, se houve um primeiro evento, então ele deve ter sido precedido por um tempo vazio, porém (com base no argumento da primeira analogia) em um tempo vazio nada pode ocorrer. Logo, um primeiro evento é impossível, e assim a série de eventos no mundo tem de regredir ao infinito. Argumentos análogos podem ser dados supostamente a favor e contra a existência de uma magnitude de um *quantum* do mundo no espaço, de uma substância simples, de uma primeira (ou livre) causa e de um ser necessário.

O atrativo de ambos os lados das antinomias

Há razão para duvidar que os argumentos de cada lado das antinomias devam convencer-nos de algo. Considerando o argumento geral contra a tese de cada antinomia, por que temos de supor que a relação de "condições" é transitiva? Talvez cada efeito seja produzido por sua causa e seja uma questão totalmente distinta se ou que causas aquele causa requeira. Talvez todo estado temporal seja precedido de um que imediatamente o preceda, mas por que deve esse estado do mundo, e inclusive todos os estados que o precederam, ser *condições* para a existência do estado presente? Desse modo, deve ser uma questão empírica, contingente, se todo φ (por exemplo, todo evento no tempo) é condicionado por um estado precedente e não por algo que possa ser assentado por uma lei *a priori* da experiência. Assim, por exemplo, exatamente o primeiro evento no mundo (um "Big Bang") poderia existir sem qualquer evento precedente, ou então uma substância simples (um átomo) que (exatamente como uma questão de fato bruto concernente às leis empíricas da física) não pode ser mais dividida. O argumento para a antítese das antinomias, portanto, não parece ser muito convincente.

Há também algo suspeito sobre o argumento geral contra a antítese, e assim a favor da tese, de cada antinomia. Se uma existência condicionada requer uma série infinita de condições, por que deveríamos ver qualquer problema nisso ou lamentar que nos ameace com uma insuficiência de condições? Apesar disso, a existência real do objeto condicionado é uma evidência muito clara de que todas as condições foram preenchidas, sejam elas finitas ou infinitas em número. Por exemplo, uma série de eventos no tempo pode ser *infinita* de três modos: por ter um começo e não um fim, ou um fim mas não um começo, ou nem um fim nem um começo. A série de eventos futuros pode ser infinita do primeiro modo, a série de eventos passados pode ser infinita do segundo modo e a série dos eventos no mundo como um todo pode ser infinita do terceiro modo. Isso pode fazer a tese das antinomias parecer igualmente sem suporte.

Entretanto, a perplexidade mais profunda pode ser a de que sem uma condição incondicionada, residindo misteriosamente na série infinita inteira como um todo ou mesmo estando concentrada em algum excepcional primeiro membro dela, nós ainda não especificamos a *espécie* de condição que pode verdadeiramente *satisfazer as condições requeridas* para a existência de uma coisa condicionada. Assim, a série de condições condicionadas, mesmo uma infinita, ainda não produz qualquer coisa que verdadeiramente satisfaça as condições para a coisa condicionada, o que significaria satisfazê-la *incondicionalmente*. Portanto, há uma inclinação filosófica, com uma profunda força sobre nós, de que eventos futuros *dependam de* (são condicionados por) eventos passados de um modo que eventos passados não são condicionados por eventos futuros. Esse senso de assimetria temporal torna difícil pensar um *passado* que não teve *começo* de forma que *não* torna difícil pensar um *futuro* que não terá fim. Esta, eu penso, é a perplexidade maior que convenceu Kant de que as teses das antinomias não podem ser rejeitadas tal como sugerido no parágrafo precedente. A mesma intuição de dependência (ou condicionalidade) exerce também uma atração a favor da antítese. Se cada evento *depende* de (é condicionado por) haver um evento precedente, então a idéia exata de um primeiro evento (ou começo) no mundo também pode parecer inconcebível.

Por essa razão, considera Kant, as antinomias deixam-nos perplexos e insatisfeitos, seja qual for a solução que possamos adotar para elas. Kant coloca assim a questão: quando tentamos formar um conceito dessa série cosmológica, a tese parece apresentar-nos um conceito que é *pequeno demais*, ao passo que a antítese apresenta-nos um conceito que é *amplo demais* (*KrV* A485-490/B513-518). (A exceção é a quarta antinomia, na qual Kant pensa que a idéia de um ser necessário seja ampla demais para nossos conceitos, enquanto uma série infinita de seres condicionados seja pequena demais.) Kant não espera que possamos libertar-nos inteiramente do sentimento de perplexidade e insatisfação causado por esses problemas abissais. No máximo, ele espera resolver a questão frente às barreiras da razão para que possamos ao menos nos libertar do *erro*, sendo impedidos de formular juízos de um lado ou de outro cujos fundamentos racionais são ilusórios e não-genuínos.

Resolvendo as antinomias

A solução de Kant para as antinomias depende de se fazer uma distinção entre coisas da natureza como fenômenos e um reino de coisas em si mesmas. Kant divide as antinomias em dois grupos, dependendo do tipo de relação condicional envolvida. As duas primeiras ele chama de antinomias *matemáticas*, porque envolvem relações temporais, espaciais ou parte-todo entre coisas como elas são dadas à intuição no espaço e no tempo. A terceira e a quarta ele chama de antinomias *dinâmicas*, porque envolvem relações de dependência causal entre acontecimentos ou entre coisas.

As antinomias matemáticas são geradas por princípios matemáticos que se aplicam às coisas somente quando elas são dadas na intuição. Dadas desse modo, contudo, elas constituem uma série regressiva de condições que é indefinidamente longa – porém nem finita ou infinitamente longa. Cada evento no tempo deve ser condicionado por um evento anterior; cada porção extensiva do mundo no espaço deve ser condicionada por uma extensão maior; e cada parte de uma substância com extensão espacial deve ser um composto condicionado pelas próprias partes. No entanto, essas séries de condições nunca são dadas à intuição como um todo. Kant pensa que assumir que elas devem existir como todos infinitos ou como todos finitos é assumir que elas não são apenas fenômenos, mas coisas em si mesmas cujas determinações têm de existir independentemente da maneira pela qual elas podem ser dadas à nossa intuição. Todavia, se o idealismo transcendental é verdadeiro, essa assunção é falsa. Segue-se que tanto a tese quanto a antítese das antinomias matemáticas são *falsas*. As teses são falsas porque os princípios da experiência possível tornam impossível que sejam dados à intuição os objetos correspondentes às idéias cosmológicas de um primeiro evento, de uma magnitude do mundo ou de uma substância simples. A antítese é falsa porque *não há o fato da matéria* sobre a duração do mundo no tempo, sobre a sua extensão no espaço, ou sobre se a divisibilidade dos compostos dados na experiência é finita ou infinita. Conseqüentemente, não pode haver fato de que sejam infinitas. Os argumentos para ambos os aspectos dessas antinomias fundam-se em uma falácia de ambigüidade similar àquela encontrada nos paralogismos. Elas se delineiam a partir de princípios que se aplicam a existências condicionadas, consideradas como fenômenos dados à nossa intuição, mas buscam conclusões que deveriam ser verdadeiras a respeito dessas coisas somente se fossem consideradas como existindo em si mesmas à parte do modo como elas são dadas (*KrV* A517-527/B545-556).

Analisando as antinomias dinâmicas, a solução de Kant depende novamente da distinção entre coisas como fenômenos e coisas consideradas como existindo em si mesmas. Não obstante, dessa vez, ele conclui não que ambos os aspectos são falsos, mas que ambos, tese e antítese, são (ou podem ser) verdadeiros. A tese é falsa quando ela é aplicada a fenômenos, pois nenhum evento não-causado por outro e nenhum ser cuja existência é independente de outros seres pode ser dado em fenômenos. Porém, se consideramos as idéias cosmológicas de uma causa primeira ou livre e de um ser necessário como se referindo a coisas em si mesmas (que não podem ser dadas na experiência), então não há contradição em se supor a existência de tais coisas. Contudo, já que não podem ser dadas na intuição, não teríamos conhecimento delas, e assim sua existência deveria permanecer para sempre uma questão não-resolvida, ao menos do ponto de vista da razão teórica (*KrV* A532-537/B560-565, A559-565/B587-593). Novamente, os argumentos para ambos os aspectos dependem de uma falácia de ambigüidade que consiste na falha em distinguir os supostos objetos das idéias cosmológicas como fenômenos e como coisas em si mesmas.

Dúvidas sobre a solução de Kant

Há boas razões para ser cético quanto à solução de Kant para as antinomias e especialmente quanto à sua tese de que o idealismo transcendental é necessário para resolvê-las (tese esta que ele também apresenta em *KrV* B XVII-XXII como uma espécie de "prova indireta" do próprio idealismo transcendental). A solução de Kant depende da pretensão de que ambos os aspectos das antinomias erram em supor que, se o condicionado é dado, então a totalidade de suas condições e, portanto, o incondicionado também deva ser dado. Ele parece admitir que, se a totalidade das condições é dada, então essa totalidade deveria ser finita ou infinita em extensão – levando, assim, a um argumento igualmente válido para cada aspecto, bem como a uma oposição irresolúvel entre contraditórios igualmente demonstráveis. A saída de Kant é negar que as condições (e o mundo visto como uma série de condições) possam ser dadas como uma totalidade. Isso seria plausível se a pretensão fosse somente a de que, sob as leis da experiência estabelecidas na Analítica Transcendental, não podemos ter experiência direta, seja de um primeiro evento no tempo, de uma série de eventos infinitos passados, de uma parte indivisível do composto, de sua infinita divisão, e assim por diante. Contudo, o senso natural do "dado" nesse contexto não é "diretamente experienciável" ou "real", no sentido dos postulados do pensamento empírico – a saber, que alguma coisa existe ou é real se é *conectada a* alguma intuição (transcendental ou empiricamente) por leis da experiência (*KrV* A217/B266, cf. A376). Esse postulado da realidade é necessário se Kant admite a existência real de corpúsculos pequenos demais para serem visíveis ou tangíveis por nós, ou de objetos celestes tão distantes jamais visitados por nós, ou mesmo da maior parte do passado que não possamos mais realmente perceber ou mesmo lembrar diretamente, mas que precisam ser inferidos de sua conexão com evidências perceptíveis diretas (arquivos, fósseis, memórias escritas, e assim por diante). Todavia, se "dado" significa "existente" nesse sentido, então seguramente "o mundo" (as várias séries de condições de todo condicionado dado) é também "dado". A única questão é se "o mundo" é realmente um "objeto" – quer dizer, se a categoria de "totalidade" (um conceito puro do entendimento, portanto, um conceito necessário de um objeto em geral) é aplicável ao "mundo". Se for, então parecerá existir necessariamente um todo do mundo (a totalidade incondicionada da série das condições) e ele será finito ou infinito. Assim, os argumentos das antinomias desafiam-nos com a conclusão de que o mundo tem de ser ambos (portanto, com uma contradição).

O modo de Kant evitar a contradição chega à pretensão de que a categoria da totalidade não pode ser legitimamente aplicada ao "mundo" (às várias séries de condições que geram as antinomias). Todavia, não fica claro como ele pode evitar aplicar a categoria da *totalidade* à série, mais do que ele poderia evitar aplicar as categorias de *unidade* ou *pluralidade* a ela. Seguramente, cada série é *uma* série que tem *muitos* membros – e assim por diante, mas por que não é uma série *toda* – cuja magnitude, portanto, deve ser finita ou infinita? Também não fica claro como o idealismo transcendental pode ajudar aqui. Por que a categoria de totalidade deveria ser menos aplicável a fenômenos do que o é a coisas em si mesmas? Poderia ser pensada como menos aplicável a fenômenos se estivéssemos usando a noção de "dado" – como aplicado a fenômenos – para significar "diretamente apresentável na experiência presente (ou futura)". Entretanto, vimos que Kant não pode aplicar consistentemente a noção de um "dado" desse modo restrito ao mundo dos fenômenos, já que ele quer contar corpúsculos imperceptíveis, corpos distantes ou até mesmo o passado préhistórico como pertencentes ao mundo dos fenômenos.

O único dispositivo que ainda fica disponível a Kant por sua doutrina é distinguir duas "leis" por meio das quais um "dado" putativo pode ser conectado com uma percepção real. Uma delas inclui tanto as leis transcendentais explicitadas no capítulo dos Princípios da Analítica quanto as leis empíricas fundamentadas neles. A outra inclui não princípios do entendimento, mas da razão – em particular, o princípio de que, se o condicionado é dado, então toda a série (incondicionada) das suas condições é dada. Esse princípio, como Kant corretamente chama a atenção, é sintético: "pois o condicionado refere-se analiticamente, é verdade, a alguma condição qualquer, mas não ao incondicionado" (*KrV* A308/B365). A posição oficial de Kant é que tais princípios sintéticos da razão são apenas regulativos, e não constitutivos – eles nos instruem a como investigar e quais hipóteses usar como base de nossas investigações, mas não garantem a verdade dessas hipóteses, ou o fato de que o mundo em sua constituição real corresponda a elas. Essa distinção poderia permitir a Kant afirmar que a totalidade de cada série de condições não é "dada" relativamente a princípios constitutivos, mas apenas suposta por princípios regulativos, de modo que isso bloqueia a inferência de que o todo da série de condições deva ser o todo realmente dado, finito ou infinito.

Apesar disso, um dos objetivos da Dialética é *estabelecer* que os princípios da razão são meramente regulativos, e não constitutivos. Talvez devamos ver as antinomias como provas kantianas indiretas *dessa* pretensão se sua aceitação for nosso único meio de evitar as contradições. Nessa demonstração, contudo, o papel do idealismo transcendental na resolução das antinomias pareceria ter desaparecido inteiramente. Se os princípios da razão fossem regulativos, e não constitutivos, poderia parecer que eles teriam de ser igualmente tais quando aplicados a fenômenos e quando aplicados a coisas em si mesmas. Em outras palavras, Kant não nos forneceu razões para pensar que as antinomias poderiam ser menos irresolúveis se tomássemos o todo do mundo como existente em si mesmo do que se o tomássemos como consistindo de fenômenos. Portanto, mesmo que Kant consiga resolver com sucesso as antinomias de alguma forma como pretende, ele não parece estar correto em sustentar que o idealismo transcendental seja necessário para isso.

O problema da liberdade

As antinomias têm interesse especial para Kant na medida em que a terceira antinomia, em particular, relaciona-se ao problema da liberdade da vontade, a qual ele vê como profundamente importante para a possibilidade da razão prática (ou moral). Kant retornou repetidamente a esse tópico, não só acrescentando duas extraordinárias seções à primeira *Crítica* a fim de tratar disso, mas também dedicando-lhe a terceira seção da *Fundamentação da metafísica dos costumes* (1785) e grandes partes da *Crítica da razão prática* (1788), bem como revisitando-o no primeiro livro de *A religião nos limites da simples razão* (1793-1794). As considerações a seguir são uma tentativa de colocar junto o que parece menos insatisfatório dessa longa e irrequieta pesquisa.[2]

Kant sustenta que a validade da lei moral depende de termos "liberdade prática" – a capacidade de agir de acordo com princípios que estabelecemos a nós mesmos através da razão e de resistir ao conjunto dos desejos advindos de nossas necessidades naturais como seres vivos. Não somos obrigados somente a nos considerar como praticamente livres devido à nossa vocação como agentes morais, mas também precisamos pensar-nos como livres a fim de atribuir a nós mesmos nossos juízos teóricos (*GMS* 4:447-448). Portanto, precisamos pensar-nos como livres inclusive para representar a nós mesmos como julgando *por razões* que consideramos carecer de liberdade – um ponto que torna a negação da liberdade auto-refutante, não importando quão bons, por outro lado, sejam os argumentos para isso.

Há um problema, não obstante, até em tentarmos pensar a nós mesmos como praticamente livres sem cair em uma autocontradição teórica, pois todas as nossas ações, como eventos no mundo dos fenômenos, estão sob a lei da causalidade natural, de modo que são causalmente determinadas por eventos naturais precedentes no tempo. No entanto, Kant não vê uma maneira pela qual possamos ser praticamente livres, a menos que sejamos aptos a começar uma série de eventos no mundo natural, independentemente de qualquer causa natural que poderia influenciar-nos. Conseqüentemente, ele sustenta que não podemos considerar a lei moral como válida para nós – não podemos encarar-nos como seres moralmente responsáveis ou mesmo como juízes teóricos racionais – a menos que nos atribuamos a capacidade de ser a espécie de causa que concebemos sob a idéia cosmológica de uma causa primeira ou livre – a exata idéia que está em questão na terceira antinomia. Entretanto, não fica claro como podemos evitar uma completa autocontradição se aplicamos a idéia a nós mesmos também durante a consciência de que nossas ações são eventos naturais causalmente determinados por leis naturais.

A solução de Kant a esse problema consiste mais uma vez em apelar à distinção do idealismo transcendental entre fenômenos e coisas em si mesmas. A determinação pela causalidade natural aplica-se a nossas ações como partes do mundo dos fenômenos, apesar de Kant sustentar ser consistente com isso encarar nossas ações como livres quando somos considerados como coisas em si mesmas. Já que o espaço e até o tempo são aspectos das coisas somente enquanto fenômenos, nossas ações como eventos no tempo podem estar sob regularidades causais que governam tais eventos e, ao mesmo tempo, elas podem estar sob uma causalidade inteligível procedente de uma escolha atemporal que fazemos como membros de um mundo noumenal.

É importante não entender mal essa solução por não reconhecer seu objetivo e *status*. Kant não acredita que possamos provar teoricamente que somos livres ou chegar a um conhecimento de nossas ações livres. Como para ele o conhecimento do que ocorre em um mundo noumenal ou inteligível de coisas em si mesmas é inteiramente impossível para nós, então seria autocontraditório para ele considerar que *conhecemos* que somos agentes livres no mundo inteligível ou fazer de verdade qualquer afirmação positiva sobre como tal causalidade livre poderia operar. Seu objetivo legítimo pode ser apenas mostrar que não há nada autocontraditório em ver nossas ações como eventos submetidos ao mecanismo causal da natureza e também afirmar que elas são efeitos de uma causalidade livre de nossa razão. Tudo o que ele precisa para fazer isso é estabelecer que não há autocontradição na suposição de que exercemos causalidade livre como seres noumenais. Uma vez que ele tenha estabelecido a autoconsistência da asserção de que somos livres ao mesmo tempo em que nossas ações são eventos na natureza, ele pode (e realmente *deve*) repudiar qualquer consideração positiva de como liberdade e causalidade natural realmente se relacionam de forma mútua. É infelizmente verdade, contudo, que Kant pareça ter pensado ser apropriado que, ao nos pensarmos como livres, também nos devêssemos pensar como membros de um mundo invisível (um reino de Deus ou um reino de graça) que está suspenso em algum lugar além do reino da natureza. Essa extravagância levou-o de vez em quando a atribuir uma espécie de realidade positiva à teoria da ação livre como causalidade noumenal. O ponto sobre o qual se deve insistir, não obstante, é que sua doutrina real não requer essa indulgência de mau gosto metafísico – de fato, ela nem mesmo a permite. Essa doutrina permite – de fato, obriga a – dizer que nós podemos, sem inconsistência, considerar-nos como livres e também como partes do mundo natural. Para além disso, ela requer que sejamos austeros céticos metafísicos sobre o que (ou onde) a liberdade da vontade é ou como ela é possível.

Ação atemporal, historicidade e ação livre empírica

Segue-se que Kant também pode (e inclusive deve) rejeitar qualquer inferência da idéia de uma causalidade noumenal livre para conclusões sobre como nossa liberdade deva ser entendida empiricamente. É fácil aos críticos de Kant caricaturar sua concepção de ação moral, fazendo tais inferências em seu nome – pretendendo que os agentes morais kantianos devam sentir-se alienados de sua existência natural, pensando que suas ações ocorreram fora do tempo e, por isso, sendo inaptos a pensar a si mesmos como seres históricos, e assim por diante. Críticas desse tipo foram levantadas contra Kant em sua própria época e elas ainda atraem a muitos na época atual. Entretanto, são todas totalmente destituídas de valor, visto que são baseadas em um *non sequitur*, pelas razões agora apontadas. Nada sobre psicologia moral, ou sobre nossa experiência da vida moral, ou sobre a natureza humana empírica, pode ser legitimamente inferido a partir da solução crítica de Kant à questão metafísica, abstrata, da liberdade da vontade. Isso não envolve nada além de uma prova de que a liberdade e a causalidade natural são logicamente consistentes. Conseqüentemente, de acordo com os princípios kantianos, essa solução não pode ser entendida como oferecendo qualquer consideração positiva de em que consiste nossa liberdade. Talvez a total ausência de tal consideração é que nos deixe em algum sentido profundamente auto-alienados. Se isso for assim, então essa é a nossa condição e devemos enfrentá-la corajosamente. Há, não obstante, coisas bem piores do que ser auto-alienado.

Uma delas é dizer mentiras consoladoras sobre nós mesmos com vistas a evitar o *sentimento* auto-alienado.

Veremos no próximo capítulo que Kant tem uma teoria definida da história humana, baseada, em parte, em princípios racionais (regulativos) e, em parte, em considerações empíricas. Essa teoria, consistentemente, assume que os seres humanos são seres naturais e também seres livres. A imagem de nossa liberdade como capacidade pertencente somente a um eu noumenal, atemporal, não desempenha um papel positivo nessa teoria. De fato, seria inconsistente com os princípios críticos empregar, para Kant, a idéia de uma causalidade noumenal dessa maneira.

No Cânone da Razão Pura, Kant sustenta que a "liberdade prática" – nossa capacidade de não sermos imediatamente determinados por impulsos sensíveis, mas de escolhermos como e se agir, à medida que eles nos dão incentivos para agir – pode ser provada empiricamente, porque os seres humanos mostram a si mesmos ter essa capacidade, ao passo que os animais não (*KrV* A802/B830), embora ele pense que esse ponto empírico ainda não elimine os fundamentos metafísicos para duvidar da liberdade da vontade, que são matéria de discussão da terceira antinomia e de sua solução (*KrV* A803/B831). No entanto, Kant compreende claramente nossas capacidades empíricas de planejar para o futuro, selecionar entre meios alternativos para nossos fins, projetar nossas próprias concepções de felicidade e ser motivados por considerações morais como *sinais* empíricos (se não *provas* empíricas) de nossa liberdade. Se há problemas em reconciliar a liberdade com nosso conhecimento dos seres humanos em nível empírico, então, sob princípios kantianos, esses problemas também podem ser resolvidos empiricamente – embora se deva admitir que o próprio Kant não se ocupe muito ou muito profundamente dessas questões, talvez porque ele tenha pensado que a liberdade da vontade fosse de fato apenas uma questão de metafísica transcendente.

Em todos os seus escritos antropológicos e históricos, Kant não concorda com aqueles que o interpretam como sustentando que, de uma perspectiva "científica", "do observador" ou da "terceira pessoa", os seres humanos tivessem de ser compreendidos como autômatos sem vontade, sendo nossas ações determinadas mecanicamente como os movimentos das bolas de bilhar sobre uma mesa com tapete verde, ao passo que da perspectiva "moral", "do agente" ou da "primeira pessoa", devêssemos ser compreendidos como livres.[3] Ele nunca sugere que nós devemos (ou mesmo podemos) reconciliar as contradições óbvias entre liberdade e fatalismo como pontos de vista sobre a ação humana, simplesmente assinalando as pretensões contraditórias a "pontos de vista" diferentes. (Pode-se também tentar resolver o paradoxo de Zenão simplesmente dizendo que há um "ponto de vista" a partir do qual as coisas podem mover-se e um outro "ponto de vista" a partir do qual elas não podem, ou o paradoxo do mentiroso, dizendo que há um "ponto de vista" a partir do qual o que o cretense diz é verdadeiro e um "ponto de vista" a partir do qual é falso.) Tal "solução" ao problema da liberdade da vontade leva, naturalmente, ao pensamento de que a perspectiva da "primeira pessoa" não é senão uma ilusão subjetiva, ao passo que apenas a perspectiva "científica" (negando a liberdade) nos dá a verdade objetiva sobre nós mesmos. Aqueles que tentam esse tipo de solução hoje comumente a vêem como uma alternativa ao (um modo de evitar o) pensamento metafísico de Kant de que pertencemos a dois reinos diferentes – um reino de fenômenos sensíveis e um reino de inteligências. O único uso legítimo que Kant poderia fazer da idéia desses dois reinos, em concordância com os escritos da epistemologia crítica, seria indicar uma possibilidade lógica simples, de modo a salvar liberdade e determinismo de uma contradição completa. Contudo, mesmo uma metafísica dogmática da liberdade noumenal permitiria, ao menos, um meio inteligível e autoconsistente de reconciliar liberdade com necessidade causal. Interpretações contemporâneas que defendem os "dois pontos de vista", motivadas por um desejo de evitar a metafísica, não fazem nem isso.

Entretanto, em todos os seus escritos sobre nosso conhecimento empírico dos seres humanos e de suas ações, Kant trata o "ponto de vista prático" como inteiramente integrado em nossas (segunda e terceira pessoas) observações empíricas objetivas dos seres humanos como agentes racionais, cujo exercício das capacidades racionais é empiricamente observável pelos outros e por si mesmos. Ele parece (de modo não-adequado em minha opinião, talvez mesmo de modo inconsistente) ter pensado que a defesa metafísica de fazer isso está ligada à nossa habilidade de nos considerarmos como membros de uma ordem sobrenatural de coisas, como se nos encararmos honesta e seriamente como partes da natureza fosse incompatível com a descoberta de valores morais em nós. Atualmente, essa posição não parece atraente, como a idéia supersticiosa daqueles que pensam haver algo pernicioso em acreditar na teoria da evolução concernente à origem humana. Porém, Kant nunca perdeu tanto o bom senso quanto ao declarar que podemos encarar-nos desse modo somente do ponto de vista da primeira pessoa ou ao pensar que essa bizarra declaração poderia constituir uma solução para o problema da liberdade da vontade.

DEUS COMO O IDEAL DA RAZÃO PURA

O terceiro capítulo da Dialética Transcendental trata da pseudociência metafísica da teologia racional. Esse capítulo da *Crítica* é famoso por seu criticismo das tradicionais provas escolástico-racionalistas da existência de

Deus, especialmente seu criticismo da "prova ontológica" (um nome para esse argumento do qual Kant foi o inventor). Contudo, é importante reconhecer o lado negativo, bem como o lado positivo do ideal da razão pura tanto quanto a teologia racional está envolvida.

Kant é famoso pelo que Moses Mendelssohn chamou de seu criticismo do "mundo em colapso" (*weltzermalmend*) das provas metafísicas tradicionais da existência de Deus. Kant tem freqüentemente ficado com os créditos (ou com a repreensão) por desenvolvimentos revolucionários na teologia que ocorreram no início do século XIX, quando o idealismo alemão substituiu a teologia metafísica escolástico-racionalista por novas concepções de divindade que enfatizaram a imanência divina e os aspectos da religião ligados ao âmbito estético de nossa natureza, isso à custa dos atributos metafísicos de Deus que poderiam ser tornados matéria de análises racionais e argumentos. De fato, nesse particular, a realidade dos pontos de vista de Kant diverge grandemente da sua reputação comum. Como teólogo racional, Kant está muito mais próximo do rigor severo do racionalismo escolástico que ele criticou do que da *Schwärmerei* dos românticos e gnósticos especulativos, que mais tarde quiseram reclamar seu legado filosófico.

O criticismo kantiano das provas tradicionais da existência de Deus estava presente já em seu primeiro tratado *O único fundamento possível de uma demonstração da existência de Deus* (1763). Todavia, como o título desse livro sugere, o pensamento de Kant à época era que a existência de Deus fosse demonstrável por um argumento baseado nas condições para a possibilidade metafísica de qualquer coisa em geral. Ele argumentou que as perfeições de Deus eram as condições materiais indispensáveis para a possibilidade de qualquer coisa, de tal forma que a hipótese da não-existência de Deus implicaria não só a não-existência dele, mas a impossibilidade absoluta de qualquer coisa (*AA* 2:70-92). Na *Crítica da razão pura*, Kant deixou de considerar essa linha de raciocínio como uma demonstração da existência de Deus, porém ela ainda desempenha um papel muito importante no argumento mencionado no Capítulo 4, que sustenta que a idéia de *ens realissimum* advém inevitavelmente de nossa tentativa de pensar as condições de possibilidade de qualquer coisa individual como consistindo na "determinação completa" de seu conceito individual – isto é, a combinação precisa das perfeições (ou "realidades") e suas carências (ou "negações") que formam sua combinação (*KrV* A571-583/B599-611). Sobre a base desse argumento, Kant defende que a idéia de Deus é o único "ideal" de que a razão é capaz – ou seja, a única idéia de uma coisa individual que é completamente determinada apenas por meio de seu conceito (*KrV* A568/B596).

Em suas *Preleções sobre a doutrina filosófica da religião*, Kant tratou da idéia de Deus de uma maneira bastante tradicional, como um ser que possuía os predicados "ontológicos" de onipotência, ubiqüidade, imutabilidade e eternidade atemporal, bem como os predicados "antropológicos" ou "cosmológicos" da onisciência e perfeição moral da vontade, baseado em nossa predicação analógica das perfeições que encontramos em nossa própria autocompreensão e vontade (*AA* 28:1012-1082). A concepção kantiana de Deus, portanto, sempre permaneceu muito próxima àquela do racionalismo escolástico de Leibniz e Wolff. Essa teologia metafísica escolástico-racionalista foi vista com freqüência como uma aliada muito próxima do autoritarismo e do dogmatismo religiosos (como personificado, por exemplo, na personalidade de Demea de Hume nos *Diálogos sobre a religião natural*, que é modelada com base em Samuel Clarke). Entretanto, se queremos entender o ponto de Kant sobre o assunto, temos de aprender de modo inteiramente diferente esse conjunto de associações, pois para ele era muito importante manter a pureza do conceito de Deus como apresentado na concepção metafísica de um *ens realissimum* transcendente, já que, em seu ponto de vista, somente isso pode resguardar contra o "antropomorfismo" e a conseqüente superstição e corrupção moral da cultura religiosa popular – contra a qual Kant, como representante do Esclarecimento, sempre nutriu as mais profundas suspeitas.

As três espécies de provas teístas

Com o objetivo de criticar as provas tradicionais da existência de Deus, Kant as divide em três espécies:

1. *Provas ontológicas*, que sustentam a existência necessária de um ser sumamente perfeito apenas por meio de seu conceito.
2. *Provas cosmológicas*, que afirmam a existência necessária de um ser sumamente perfeito a partir da existência contingente de um mundo em geral.
3. *Provas físico-teológicas*, que defendem a existência necessária de um ser sumamente perfeito a partir da constituição contingente deste mundo como o encontramos empiricamente (por exemplo, a partir da aparente ordem propositiva que encontramos nele).

A estratégia de Kant é argumentar que a segunda e terceira espécies de provas não podem ser bem-sucedidas em estabelecer a existência de um *ens realissimum* sem se basear tacitamente naquela da primeira espécie (a prova ontológica) e que não é possível uma prova ontológica da existência de Deus – minando, assim, todas as provas teístas por uma espécie de efeito dominó. Uma conseqüência dessa estratégia é que Kant, de fato, não faz crítica à inferência cosmológica, do contingente à existência necessária ou da aparente finalidade da natureza à existência de algum tipo de inteligência planejadora do mundo. (Em seu ensaio de 1763, contudo, Kant apresentou tais críticas e há uma indicação na *Crítica* de que ele não pretendeu deixar essas inferências passarem incólumes. Veja-se *KrV* A609-610/B637-638 e A629-628/B654-656.) Uma segunda conseqüência é que toda a crítica *oficial* de Kant aos argumentos teísticos é feita para se sustentar em sua crítica do argumento ontológico.

É possível, certamente, duvidar se as outras duas espécies de argumentos teísticos pressupõem o argumento ontológico. No caso do argumento físico-teológico, a pretensão de Kant parece ser não que ele pressupõe o argumento ontológico, mas, antes, que este não pode ser entendido como uma prova de um ser sumamente perfeito – e, portanto, que algo como o argumento ontológico seria necessário em qualquer caso para estabelecer a existência de tal ser (*KrV* A625/B653). Assim, há um relativo número de questões sobre a teologia natural que Kant nem mesmo pretende tratar conclusivamente no Ideal da Razão Pura. Entretanto, para o restante de nossa discussão, tomaremos Kant por sua palavra e nos concentraremos em sua famosa crítica ao argumento ontológico da existência de Deus.

A "existência" é um "predicado real"?

O argumento ontológico, em sua forma mais simples, é o seguinte: visto que Deus é um ser do qual todas as perfeições têm de ser predicadas e visto que a existência (ou existência necessária) é uma perfeição, Deus tem de existir. Se o argumento fornecer o que deve conforme a tradição metafísica à qual pertence, é para ter estabelecido que "ser mais real" e "ser mais perfeito" não são meramente definições verbais arbitrárias, mas dependem de uma ontologia – a mesma ontologia que Kant subscreve no raciocínio que gera a idéia de Deus – na qual a natureza de *qualquer* entidade é considerada como consistindo de certas combinações de realidades (ou perfeições) e negações. Essa ontologia terá, como Kant percebe plenamente, um lugar especial na idéia de um ser que tenha *todas* as realidades ou perfeições – de fato, nessa ontologia, a idéia de tal ser será fundamental para qualquer concepção de qualquer coisa. A própria ontologia só faz sentido para alguém que aceita o pensamento de que todas as realidades ou perfeições podem ser encontradas no mesmo ser e que, inclusive em sua forma completa e mais alta, elas *devem* ser encontradas juntas no mesmo ser. Se "existência" ou sobretudo "existência *necessária*" é uma dessas perfeições ou realidades supremas, então não pareceria plausível uni-la arbitrariamente a qualquer ser que não aquele no qual todas as perfeições, em sua forma mais alta, devam ser encontradas. Assim como haveria apelo intelectual considerável no pensamento de que há um ponto de encontro da ordem de nossos conceitos das coisas e da ordem das coisas existentes (que são conceitos de), esse ponto deve ser encontrado naquele ser que, tendo todas as realidades ou perfeições, também tem a perfeição da existência necessária.

É com base nesse fundamento que devemos entender a aceitação do argumento ontológico, de uma maneira ou outra, por parte de muitos racionalistas do século XVIII, de Descartes a Leibniz. É também no mesmo contexto, porém, que precisamos tentar entender a famosa crítica de Kant ao argumento ontológico, a qual toma a forma da negação da premissa crucial de que a "existência" é um "predicado real", isto é, uma realidade ou perfeição. Muitos daqueles que concordaram com a crítica kantiana ao argumento não entenderam isso nesse contexto, mas aceitaram-no, em vez disso, simplesmente como uma rejeição por parte da metafísica inteira das realidades e perfeições, juntamente com a expectativa razoável do que essa ontologia escolástico-racionalista poderia produzir. Não obstante, vimos que Kant foi realmente muito simpático a essa ontologia, de sorte que tal modo de "concordar" com ele não só implica uma dispensa do conjunto de idéias que deram ao argumento seu apelo, mas também muito provavelmente envolve uma séria má compreensão do que ele tinha em mente.

Kant declara que *"ser* evidentemente não é um predicado real, isto é, um conceito de qualquer coisa que possa ser acrescido ao conceito de outra coisa" (*KrV* A599/B626). Isso não significa, naturalmente, que seja um predicado *falso*, nem significa negar que, quando dizemos verdadeiramente que "X existe", estejamos oferecendo alguma informação adicional a respeito de X. A pretensão de Kant toma por garantido que os conceitos das coisas são geralmente compostos de "predicados reais" – ou seja, realidades ou perfeições como concebidas na ontologia tradicional. Contudo, Kant quer estabelecer uma distinção entre:

1. proposições que "determinam" um conceito-objeto pela predicação de alguma "realidade" (ou perfeição) dele;
2. proposições que apenas "afirmam" um objeto correspondente ao conceito-objeto, sem predicar dele qualquer coisa que poderia ser parte do próprio conceito.

Proposições da forma "X existe" são do último tipo. "Ora, se tomo o sujeito (Deus) junto com todos os seus predicados (entre os quais se inclui também a onipotência) e digo que *Deus é* ou que há um Deus, então não coloco um predicado novo para o conceito de Deus, mas apenas o sujeito em si mesmo com todos os seus predicados, e na verdade coloco o *objeto* em referência ao meu conceito" (*KrV* A599/B627).

Muitos pensaram como auto-evidente a tese de que a existência de Deus não é predicado real; todavia, para alguém que (como Kant) aceita a ontologia tradicional, com certeza não pode ser desse modo. Kant tem, contudo, extraordinariamente pouco a dizer em defesa de sua tese. É bastante incontroverso dizer que "X existe" afirma que há algum objeto ao qual o conceito de X corresponde. No entanto, o ponto que realmente precisa ser estabelecido é que "é" ou "existe" não é *também* uma realidade ou perfeição que poderia pertencer à natureza de uma coisa e, portanto, estar contida no seu conceito. Isso precisa ser sobretudo estabelecido se o predicado não é "existe", mas "existe *necessariamente*", já que não parece que alguma coisa que existe necessariamente seja mais perfeita ou mais real do que alguma coisa que existe apenas contingentemente. Assim, é difícil perceber como alguém poderia consistentemente dizer do *ens realissimum* que ele tem todas as perfeições, mas falta-lhe a existência, ou que sua existência é só contingente, como aquela das coisas menos perfeitas.

Há, até certo grau, um problema análogo com as teorias metaéticas emotivistas, aquelas que sustentam que "X é bom" não predica propriedade de X, mas, em vez disso, somente expressa a aprovação ou a recomendação do falante. Aqui também é incontroverso que chamar algo de "bom" normalmente expressa aprovação ou recomendação, porém o ponto que precisa ser estabelecido é que "bom" não se refere *também* a alguma propriedade real das coisas. (Como uma questão de fato, chamar alguma coisa de "boa" não *expressa*, absolutamente, sua aprovação ou recomendação direta, mas, antes, afirma que a coisa tem uma propriedade tal que uma atitude de aprovação ou recomendação é racionalmente *fundamentada* ou *justificada* devido à posse dessa propriedade). O movimento argumentativo de dizer que "existência" ou "bom" não são termos usados para predicar, mas sim para realizar alguma outra função semântica (de "pôr" ou "recomendar"), não é um argumento que deva, em geral, esperar encontrar uma aceitação acrítica. Suponhamos um filósofo que alegue que "pesado" não seja um predicado real e defenda isso argumentando que "pesado" serve para a única função semântica de "gravitacionar" o seu objeto, ou que "azul" não é um predicado real porque ele não refere uma propriedade do objeto, mas, em vez disso, "azulesce-o". Emotivistas e defensores da tese de Kant de que a existência não é um predicado real precisam mostrar que "recomendar" e "afirmar" não funcionam em suas argumentações do mesmo modo (totalmente não-convincente) que "gravitacionar" e "azular" funcionam nas mesmas.

Compreenderemos melhor o criticismo kantiano ao argumento ontológico se o virmos como uma rejeição não da ontologia metafísica das realidades ou perfeições, mas sim da epistemologia intelectualista através da qual o argumento ontológico apropria-se daquela teoria metafísica. Para Kant, o conhecimento requer que um objeto seja *dado* na intuição e *pensa-*

do através de conceitos. A categoria modal da *existência* aplica-se a coisas na medida em que expressa a possibilidade do objeto ser dado, ou seja, as conexões dele a uma intuição real (através da sensação) (*KrV* A218/B266). É essa possibilidade de o objeto ser dado, expressa pelo "é" ou "existe", que "põe" um objeto ao qual os conceitos de várias realidades podem ser predicados. Como a intuição é uma função de conhecimento distinta da concepção, nenhum conceito pode expressar essa condição de conhecimento. Portanto, a existência de um objeto nunca pode ser incluída em seu conceito, mas sempre deve ser adicionada a ele através de uma intuição na qual o objeto do conceito é dado.

Para Descartes, em contraste, nossa idéia de Deus é a representação imediata em pensamento de uma "natureza verdadeira e imutável" – a natureza de um ser supremamente perfeito, no qual todas as perfeições são dadas a nós em sua unidade indivisível. A partir de nossa idéia de tal natureza, adquirimos conhecimento das propriedades que pertencem a ele pela predicação dessa natureza a qualquer coisa que possa ser retirada dela – incluindo, é claro, a existência necessária que pertence a ele juntamente com todas as outras perfeições. Com efeito, Descartes vê as idéias de naturezas imutáveis e verdadeiras não só como conceitos, mas também como intuições (no sentido kantiano) de objetos que eles representam. Essas quase-intuições, em geral, não garantem a existência real do objeto representado, ainda que eles nos proporcionem determinados conhecimentos de seus predicados. Assim, a nossa idéia de uma natureza imutável e verdadeira de um triângulo permite-nos conhecer que os ângulos de qualquer triângulo possível são iguais a dois ângulos retos, mesmo que não nos permita conhecer que qualquer triângulo realmente exista (visto que, assim como a natureza de todas as coisas criadas, essa natureza tem apenas existência possível ou contingente). Contudo, nossa idéia de uma natureza verdadeira e imutável de Deus contém a existência necessária e, portanto, a partir disso, a existência real de Deus pode e inclusive deve ser inferida.

Kant reconhece algo como a epistemologia de Descartes de naturezas verdadeiras e imutáveis na forma de conceitos matemáticos, cujos objetos podemos imediatamente representar através da construção *a priori* nas intuições puras do espaço e tempo. Porém, para Kant, é essencial a tais conceitos que seus objetos sejam espaço-temporais, sendo que ele não diria desses objetos que estes *existem*, exceto no sentido de que instâncias de triangularidade ou do número cinco podem ser dadas como objetos empíricos *na sensibilidade*.

> Se se tratasse de um objeto dos sentidos, eu não confundiria a existência da coisa com o seu simples conceito. Com efeito, através do conceito o objeto é pensado como adequado somente às condições universais de uma experiência empírica possível; através da existência, porém, é pen-

sado como contido no contexto da experiência total; todavia, se o conceito do objeto não é nem um pouco aumentado pela conexão com o conteúdo da experiência total, mediante este o nosso pensamento obtém uma percepção possível a mais. Ao contrário, se quisermos pensar a existência unicamente através da categoria pura, então não constitui milagre algum o fato de não podermos indicar nenhuma nota que a distinga da simples possibilidade (*KrV* A600-601/B628-629).

O conceito de Deus não é aquele cujo objeto possa sempre ser dado a nós em qualquer intuição, seja pura ou sensível. Por essa razão, não nos é possível ter um conhecimento genuíno de Deus. O mais próximo a que podemos chegar de tal conhecimento é analisar a idéia pura de um ser sumamente perfeito para ver quais predicados reais ele contém. Kant pensa que, do fato de nesse caso não haver distinção entre conceito e intuição, há uma tentação de tratar a possibilidade de ser dado o próprio objeto (expresso pelo "pôr" esse objeto por meio da asserção de sua existência), como se isso fosse apenas mais uma determinação (perfeição ou realidade) pertencente ao seu conceito. Isso cria a ilusão dialética de que podemos conhecer a existência de Deus meramente pela análise do seu conceito. A crítica kantiana do argumento ontológico deve ser lida como uma tentativa de expor essa ilusão e quebrar sua forte influência sobre nós.

Se essa interpretação fosse correta, então seria um engano dizer que Kant foi bem-sucedido em encontrar – e mesmo que ele tenha pretendido encontrar – no argumento ontológico alguma falácia elementar ou erro lógico. Pelo contrário, a crítica de Kant ao argumento ontológico é tão sustentável quanto as teses mais fundamentais de sua epistemologia – que todo conhecimento requer *ambos*: que um objeto seja dado na intuição e que ele deva ser pensado por meio de conceitos. Essa tese não é um ponto elementar de lógica, sendo que há muitos (mesmo muitos que são inteiramente inconvictos do argumento ontológico) que veriam isso como questionável. Portanto, aqueles filósofos que pensam haver alguma falácia simples ou algum erro lógico grave que viciaria o argumento ontológico não deveriam citar Kant como concordando com seus pensamentos, nem deveriam trabalhar sob a ilusão de que haja qualquer indício nos escritos kantianos que possa dar suporte a isso.

A DOUTRINA TRANSCENDENTAL DO MÉTODO

A *Crítica da razão pura* tem duas partes principais: a primeira, a "Doutrina Transcendental dos Elementos", é dividida em "Estética Transcendental" e "Lógica Transcendental" (que inclui a Analítica e a Dialética). A segunda divisão maior, "A Doutrina Transcendental do Método", tende a ser negligenciada por seus leitores (talvez justamente porque o livro seja tão longo e as partes já examinadas sejam tão exaustivas). Mas essa segunda divisão do livro trata de alguns assuntos bastante importantes. A filosofia madura de Kant é chamada de filosofia "crítica" porque tudo o que ele escreveu subseqüentemente a 1781 é concebido como se sustentando na *Crítica da razão pura*. Alega-se que é dito mais sobre isso na Doutrina do Método do que nas partes anteriores da *Crítica*, estudadas com mais freqüência.

A disciplina da razão pura

A razão humana, em seu uso teórico, tem estado confinada a limites bastante estreitos. A tarefa primordial da razão – aliás, bem difícil – é disciplinar-se tendo em vista esse autoconhecimento. Kant divide essa disciplina em quatro seções: (I) o uso "dogmático" da razão, (II) o uso "polêmico" da razão, (III) as hipóteses da razão e (IV) as provas da razão.

A primeira seção inclui a mais completa discussão de Kant, em qualquer lugar, da ciência matemática (*KrV* A712-738/B740-766). Seu objetivo é argumentar contra a tentativa (encontrada na filosofia de Descartes, Spinoza e Leibniz) de imitar o método da matemática em outras áreas da filosofia (em especial na metafísica). A matemática, ele argumenta, tem certas vantagens distintivas sobre outras ciências, devido a suas limitações inerentes ao que pode ser exibido *a priori* na intuição pura do espaço e do tempo. Mais propriamente falando, é apenas na matemática que podemos encontrar definições genuínas, axiomas ou demonstrações. Quando os filósofos apresentam suas teorias como se elas pudessem beneficiar-se desses aspectos da matemática, eles somente se iludem, apresentando conceitos arbitrários (necessariamente sem fundamento) e invenções como se eles pudessem ter o mesmo tipo de necessidade e fundamentos não-empíricos apropriados a teoremas matemáticos. A terceira e quarta seções desenvolvem mais essa crítica ao método da matemática, prescrevendo limites ao que a razão pode empregar como hipótese ou oferecer como provas em questões que transcendem a investigação empírica.

Na segunda questão, tratando do uso "polêmico" da razão, Kant volta-se para uma ardente defesa da liberdade de comunicação pública e de um espírito de compreensão na discussão de questões metafísicas, argumentando que a verdadeira existência da própria razão depende da liberdade de intercâmbio na conversação entre seres racionais, o que requer a liberdade de chegar honestamente às suas próprias conclusões e de expressá-las abertamente a outros (*KrV* A738-769/B766-797). Essa discussão é distinta no sentido de que conecta os assuntos da razão teórica ou da ciência com as considerações que são de natureza moral ou política. O principal entre os interesses de Kant aqui é proteger a liberdade de pensamento e sua expressão contra a repressão política motivada por motivos *religiosos*, a qual vê todo questionamento crítico dos dogmas da religião como moralmente ou espiritualmente danoso, seja para a alma individual, seja para a ordem política. Kant retorna a essas questões muitas vezes em seus últimos escritos, sobretudo nos ensaios *Resposta à pergunta: o que é esclarecimento?* (1784, AA 8:35-42), *O que significa orientar-se no pensamento?* (1786, AA 8:133-146) e *Conflito das faculdades* (1798, AA 7:5-116).

O cânone da razão pura

No segundo capítulo da Doutrina do Método, Kant argumenta que as pretensões da razão devem ser limitadas, mas isso não tem de ser avaliado externamente pela censura. Em vez disso, elas devem ser examinadas internamente pela própria razão, o que requer, portanto, um "cânone" ou um conjunto de princípios que determinem como ela deve formar suas crenças. A tese principal de Kant é que a razão requer tal cânone não de um ponto de vista teórico, mas somente de um ponto de vista moral ou prático, de tal forma que, em questões que transcendam suas capacidades teóricas, as proposições que a razão sustenta como verdadeiras sejam consistentes com os deveres morais que a razão prescreve a si mesma. O Cânone da Razão Pura inclui não só as primeiras declarações sistemáticas de Kant de seu argumento para uma fé racional em Deus sob fundamentos morais (que discutiremos no Capítulo 9), mas também sua mais sistemática discussão de filosofia moral anterior à *Fundamentação da metafísica dos costumes* (1785), que será o tópico do Capítulo 7.

A arquitetônica e a história da razão pura

Nas duas seções conclusivas à Doutrina do Método, a "Arquitetônica da Razão Pura" e a "História da Razão Pura", Kant tenta delinear o sistema do conhecimento filosófico à luz dos resultados da *Crítica*. Aprendemos, portanto, como as outras obras maiores de Kant estão relacionadas ao sistema da filosofia que ele está tentando fundar. A História da Razão Pura, em toda a sua atormentada brevidade, é uma tentativa da parte de Kant de concluir orientando a filosofia crítica claramente em relação às posições (dogmatismo, empirismo, ceticismo, indiferentismo) que ele discutiu metaforicamente no Prefácio à primeira edição.

O tema básico da *Crítica da razão pura* é a limitação da razão. Nenhum filósofo acentuou mais do que Kant a importância de os seres humanos conservarem em mente a capacidade limitada de sua razão em todos as questões da vida, sobretudo na conduta de investigação e formação de crenças, ainda que filósofo algum tenha afirmado mais ardentemente o absoluto direito de a razão governar os pensamentos e as ações humanos ou tenha feito severas advertências quanto à maldade inerente e às conseqüências desastrosas de permitir que as paixões humanas, o entusiasmo ou os pronunciamentos sobrenaturais da autoridade ou da tradição usurpem a autoridade da razão. A *Crítica* torna mentirosos todos aqueles que, estando na tradição romântica, afirmam que o racionalismo iluminista erra em superestimar nossas capacidades racionais ou em ser insuficientemente atento às suas limitações. Ao contrário, o erro verdadeiramente perigoso é imaginar que os seres humanos tenham acesso a alguma faculdade ou fonte de sabedoria mais alta do que a razão, isenta do criticismo racional, para ser seguida em preferência à razão. A importância de submeter a própria razão à crítica reside precisamente no fato de que além da razão não há apelo legítimo.

NOTAS

1. Ver Paul Guyer, *Kant and the Claims of Knowledge* (New York: Cambridge University Press, 1987, p. 385-404).
2. Para uma discussão mais detalhada desse tópico, ver "Kant's Compatibilism", in Allen W. Wood (ed.), *Self and Nature in Kant's Philosophy* (Ithaca: Cornell University Press, 1984, p. 57-72).
3. Essa maneira de ler Kant é bem-conhecida nos escritos de Christine Korsgaard, mas provavelmente seu desenvolvimento mais resoluto seja encontrado em Hilary Bok, *Freedom and Responsibility* (Princeton: Princeton University Press, 1998).

LEITURAS COMPLEMENTARES

Henry Allison, *Kant's Theory of Freedom*. New York: Cambridge University Press, 1990.

Karl Ameriks, *Kant's Theory of Mind*. Oxford: Clarendon Press, 1982.

Jonathan Bennett, *Kant´s Dialectic*. Cambridge, England: Cambridge University Press, 1974.

Michelle Grier, *Kant's Theory of Transcendental Illusion*. Cambridge, England: Cambridge University Press, 2001.

Allen W. Wood, *Kant's Rational Theology*. Ithaca: Cornell University Press, 1978.

_____ (ed.), *Self and Nature in Kant's Philosophy*. Ithaca: Cornell University Press, 1984.

6
FILOSOFIA DA HISTÓRIA

Os escritos de Kant sobre a história humana, à primeira vista, constituem somente uma pequena parte de sua produção literária e têm apenas uma significação marginal em sua filosofia. Diferentemente de alguns filósofos modernos, tais como Leibniz, Hume e Hegel, Kant não era um historiador, nem mesmo um bom leitor de história da filosofia. Os ensaios dedicados principalmente à filosofia da história consistem em umas poucas peças ocasionais, como *Idéia de uma história universal de um ponto de vista cosmopolita* (1784) e *Início presumível da história humana* (1786), mais algumas partes de outros ensaios, como aquele sobre o dito comum referente à teoria e à prática (1794)* ou o *Conflito das faculdades* (1798). Contudo, se olharmos mais de perto algumas de suas obras mais importantes, começaremos a ver que os pontos de vista sobre a história, mesmo pontos de vista bem distintamente kantianos, desempenham um papel maior em seus argumentos e inclusive na sua concepção.

Provavelmente, o apelo de Kant mais conspícuo à sua filosofia da história ocorra no "Suplemento Primeiro" de *À paz perpétua,* na forma da "garantia" que ele oferece para os termos da paz entre Estados-nações que ele propôs (*ZeF* 8:360-368). Todavia, vimos que os prefácios à primeira e à segunda edições da *Crítica da razão pura* revelam que Kant constrói sua verdadeira concepção daquela obra em termos da *história* da metafísica como uma ciência. Reflexões sobre a filosofia da história também desempenham um papel no argumento das páginas finais da *Crítica da faculdade*

---

* N. de T. Na verdade, a data fornecida por Wood corresponde à da reimpressão do texto original, cuja primeira edição data de setembro de 1793. Como mais adiante (p. 130 do original em inglês) Wood faz constar corretamente «1793», parece tratar-se antes de um erro de digitação. Cf. *Kants Werke* (*AA*). Anmerkungen der Bände VI-IX, p. 501.

do juízo, nas quais Kant está tentando unir o abismo entre o entendimento teórico e a razão prática, relacionando o fim último da natureza (vista teoricamente como um sistema teleológico) ao fim terminal posto pela moralidade (*KU* 5:429-434). Em *A religião nos limites da simples razão*, a história da religião é uma parte proeminente da expressão kantiana na esperança em direção ao progresso moral da humanidade (*RGV* 6:124-137), assim como a *Antropologia de um ponto de vista pragmático* conclui com reflexões sobre a história da espécie humana (*Anth* 7:321-333). Realmente, a caracterização básica de Kant sobre a espécie humana em termos de suas possibilidades coletivas para a autodireção indica que sua concepção da própria natureza humana é uma concepção histórica.

A história humana é, antes de tudo, uma coleção de fatos sobre o que os seres humanos fizeram e passaram, na qual a pesquisa humana racional precisa encontrar alguma espécie de inteligibilidade. No entanto, a história parece ser feita de fatos meramente contingentes sobre as ações arbitrárias e sobre a boa ou má fortuna dos indivíduos. (Nas palavras de Voltaire, "a história não é nada mais do que uma imagem dos infortúnios e crimes humanos".) Não parece haver garantia prévia de que, como um todo ou mesmo em qualquer parte significativa, ela possa ser compreensível racionalmente. Contudo, como investigadores racionais, nós necessariamente – e corretamente – buscamos inteligibilidade nela. Nossa necessidade de fazer a história inteligível, ademais, está inevitavelmente unida a um interesse prático por ela. Esperamos tornar a história inteligível com vistas a fazer nossas próprias ações inteligíveis a nós mesmos, à medida em que elas constituem uma parte da história, talvez até tendo em vista dirigir nossas ações de acordo com tendências ou movimentos históricos, devido à inteligibilidade que eles têm, especialmente devido ao modo pelo qual nossas ações podem cumprir possibilidades ou desígnios que descobrimos na história. A filosofia da história kantiana é guiada, fundamentalmente, primeiro pelo objetivo de descobrir alguma coisa racionalmente compreensível nas ocorrências aparentemente acidentais que compõem a história e, segundo, pela necessidade de relacionar tal entendimento aos nossos objetivos e esperanças práticas. Para entender a filosofia da história kantiana, é importante reconhecer o caráter distinto dessas duas linhas-guias e a necessária independência da primeira em relação à segunda.

Nos escritos de Kant sobre a história, é especialmente conspícuo que seu projeto de entender a história humana une-se a certas esperanças e objetivos racionais – o crescimento do esclarecimento, o progresso moral da espécie humana, a paz perpétua entre as nações. Essas esperanças são algumas vezes relacionadas pelo próprio Kant a esperanças religiosas, por exemplo, quando ele descreve a esperança na paz perpétua pelo dito que "a filosofia pode ter também o seu 'quiliasma'" – a sua esperança do milênio (*IaG* 8:27). Não é incomum, portanto, para a exposição da filosofia kantiana da história interpretar toda essa filosofia como sendo motivada por considerações práticas e como consistindo em grande parte por esperanças racionais análogas aos seus "postulados práticos" de Deus, liberdade e imortalidade. A teoria kantiana da história é então vista, basicamente, como uma expressão de esperanças morais-religiosas, em vez de um programa para investigação empírico-factual. Nessa interpretação, ela consiste não em uma teoria sobre fatos fundados em evidências, mas em uma espécie de fé religiosa fundada *a priori* em deveres e fins morais.

Não há dúvida de que Kant, algumas vezes, viu a história à luz de nossa vocação moral e das esperanças moral-religiosas fundadas nela. Essa perspectiva é particularmente proeminente em sua réplica à rejeição de Moses Mendelssohn da idéia de progresso moral na história, encontrada na terceira parte do ensaio de Kant sobre teoria e prática (*Anth* 8:307-313). Não obstante, tal leitura da filosofia kantiana da história como um todo e sobretudo do projeto anunciado na obra básica e principal de Kant sobre o assunto – *Idéia de uma história universal de um ponto de vista cosmopolita* – é fundamentalmente enganosa, inclusive uma distorção grosseira dos pontos de vista de Kant sobre o modo como a história humana deveria ser estudada e compreendida. De fato, ele está comprometido em *reconciliar* e *integrar* uma consideração puramente *teórica* com o ato de tornar inteligível o colosso de fatos contingentes nos quais consiste a história humana, com nossa consideração própria e inevitável sobre o curso da história como seres históricos e agentes morais. Esse projeto de reconciliação é absolutamente sutil e também nos presenteia com um modelo para uma consideração multifacetada da história encontrada nos grandes teóricos do século XIX sobre a história na tradição do idealismo alemão, a saber: Fichte, Hegel e Marx. Porém, se não reconhecermos a independência de um projeto puramente teórico da preocupação prática com ele, o projeto kantiano de reconciliação como um todo, e até mesmo a necessidade dele, será invisível para nós.

Um olhar mais próximo do texto *Idéia de uma história universal de um ponto de vista cosmopolita* revela que, em geral, o ponto de partida de Kant para a filosofia da história é puramente teórico. Ele não introduz considerações de natureza moral-religiosa até a nona (e última) proposição do ensaio. O modo correto de descrever sua posição é dizer que ele procede a partir de considerações de razão teórica, projetando a "idéia" (ou conceito racional *a priori*) de um programa puramente teórico para atribuir um sentido compreensível aos fatos acidentais da história humana. Então, tenta conduzir a história, como um objeto teórico de estudo assim concebido, a uma espécie de *convergência* com as nossas preocupações práticas, de forma a unir nosso entendimento teórico da história a nossas esperanças moral-religiosas como seres históricos. Assim, ainda que esse ensaio tenha sido escrito seis anos antes da *Crítica da faculdade do juízo*, ele já exibe a tentativa kantiana baseada na metodologia do juízo teleológico de unir o abismo entre razão teórica e razão prática. Contudo, ele pode fazer isso com relação à história somente se começar estudando a história de um ponto de vista puramente teórico, já que, de outro modo, não haveria nada com o que levar à convergência nossas esperanças práticas.

A tentativa de ler toda a filosofia da história kantiana como exclusivamente, ou até fundamentalmente, um exercício de fé prática não só conflita com o texto da *Idéia de uma história universal de um ponto de vista cosmopolita*, mas também, considerada no contexto da filosofia kantiana como um todo, não faz sentido. Para Kant, as idéias de Deus, liberdade e imortalidade são objetos próprios de fé racional somente porque esses objetos, se elas têm algum, seriam transcendentes a qualquer experiência possível e, portanto, não seria possível em princípio decidir teoricamente se tais objetos existem. É apenas no caso de tais objetos teoricamente problemáticos que é permitido à fé moral decidir a questão (*KrV* A828-829/B856-857). Contudo, a história humana é um domínio do mundo empírico, e a impossibilidade de decidir quaisquer crenças ou esperanças que possamos ter sobre ele não é devida ao fato de que não haja experiência relevante sobre eles, mas sim ao fato de que a evidência é bastante complexa e confusa para nos permitir qualquer conclusão segura. Do ponto de vista kantiano, não é permitido, sendo inclusive desonesto intelectualmente, apelar à fé prática para decidir questões duvidosas de fato empírico.

Além disso, os fins históricos relativos aos quais podemos ter esperança fundada praticamente – por exemplo, a paz perpétua entre as nações – não são (como o ideal puro do sumo bem) construídos *a priori* pela razão. Eles são formados por meio da aplicação de princípios práticos *a priori* às condições empíricas da vida humana. O conjunto desses fins, portanto, depende em parte de proposições sobre a história, às quais se tem de chegar através da elaboração da filosofia da história de Kant. Seria incoerente, ou no mínimo uma petição de princípio, tentar basear a própria filosofia da história apenas em crenças sustentadas puramente em fundamentos práticos, nos quais os fins que fundamentariam as justificações práticas dessas crenças teriam de eles mesmos depender, em parte, da própria filosofia da história. Esperanças praticamente fundadas e crenças concernentes à história fazem sentido somente a uma compreensão teórica prévia e independente da história e das possibilidades práticas que oferecem para a espécie humana. Apenas com base em tal entendimento teórico é que podemos formular fins para cuja consecução podemos ter fundamentos morais para a esperança. A filosofia kantiana da história, como delineada na *Idéia de uma história universal de um ponto de vista cosmopolita*, busca primeiramente e principalmente o seu entendimento puramente teórico.

TELEOLOGIA NATURAL E HISTÓRIA HUMANA

A "idéia" a que se refere o título do ensaio de Kant é a concepção de um projeto *teórico* cujo objetivo é fundamentar as investigações empíricas da história humana. É uma "idéia" porque é um conceito imaginável, começando com princípios regulativos *a priori* da razão. Mais especificamente, é imaginável de acordo com a teoria de Kant da teleologia natural (da qual ele não forneceu um tratamento completo até a *Crítica da faculdade do juízo*, seis anos mais tarde) e, em particular, de acordo com a concepção de Kant da teleologia natural dos seres humanos vistos como uma espécie animal.

Kant começa a *Idéia de uma história universal de um ponto de vista cosmopolita* refletindo sobre o fato de que a história humana é um reino de contingências empíricas, as quais, contudo, a investigação racional tem a tarefa de tornar significativas de acordo com regularidades de algum tipo. Como a principal fonte dessas contingências ele cita a liberdade humana, que libera as pessoas das regularidades dos instintos animais, mas (até aqui, de qualquer forma) não sujeita suas ações a planos racionais coletivos conscientes (*IaG* 8:17-18). Com base na solução de Kant ao problema metafísico da liberdade da vontade na primeira e na segunda *Crítica*, algumas vezes se pensa que ele vê as ações humanas no mundo fenomenal como capazes de serem pensadas sob leis causais necessárias e investigadas como movimentos do firmamento ou outro fenômeno físico (ver *KrV* A550/B578, *KpV* 5:99), ao passo que a liberdade pertenceria inteiramente ao eu noumenal. Contudo, esta é uma má interpretação (ou, antes, uma inferência falaciosa) da solução kantiana ao problema da liberdade. Kant considera que o problema metafísico da liberdade pode ser resolvido somente pela postulação de uma causa livre transcendentalmente no mundo noumênico e que as ações humanas no mundo fenomênico não são isentas da necessidade natural. No entanto, não se segue disso que o tipo de necessidade natural que governa a volição humana seja cognoscível por nós, sendo que de fato ele pensa que não seja cognoscível. Concernente a nossas ações, o futuro é, portanto, "descoberto a partir de leis conhecidas da natureza (como os eclipses do sol e da lua que podem ser previstas por meios naturais)" (*SF* 7:79). Todo o tratamento "pragmático" da antropologia (o estudo da natureza humana) realizado por Kant foi baseado em sua rejeição, no início dos anos de 1770, do tratamento "fisiológico" da questão por Ernst Platner (ver *AA* 10:146). Para Kant, é um sinal empírico (ainda que não uma prova) de nossa liberdade que nossas volições não sejam governadas por instinto ou leis fisiológicas ou outras regularidades naturais que se possam descobrir.

HISTÓRIA E BIOLOGIA

Kant vê os organismos vivos como seres cuja organização e cujo comportamento exibem regularidades conceitualizáveis que não podem ser explicadas por tipos de leis causais (mecânicas) que tornam os fenômenos físicos inteligíveis para nós. Em vez disso, eles podem ser postos sob conceitos regulativos de um "ser organizado" – um ser cujas organizações internas e cujos comportamentos produzem sua própria forma orgânica e que podem, portanto, ser descritos como "causa e efeito de si mesmos" (*KU* 5:370). Não há ser na natureza que corresponda perfeitamente a esse conceito, mas há seres na natureza (organismos vivos) que se aproximam disso, sendo a investigação dos seus processos vitais governada por um conjunto de princípios ou máximas regulativas, equivalendo à assunção (que não é para ser tomada dogmaticamente, mas usada somente heuristicamente) de que em um ser organizado "tudo é fim e reciprocamente meio" (*KU* 5:376) – em outras palavras, que os processos vitais dos seres organizados *maximizam* a inteligibilidade teleológica que estamos procurando. A justificação pra essa assunção é que temos tudo a ganhar ao assumir a interconexão teleológica máxima em seres organizados, já que isso nos guiará em direção à descoberta de qualquer teleologia presente lá, sendo que a ausência de teleologia representa somente um limite empírico à inteligibilidade de um organismo para nós, de modo que não temos ganho cognitivo em estarmos satisfeitos com a ausência de teleologia.

"Como em geral os homens em seus esforços não procedem apenas instintivamente, como os animais, nem tampouco como razoáveis cidadãos do mundo, segundo um plano preestabelecido, uma história planificada (como é, de alguma forma, a das abelhas e dos castores) parece ser impossível" (*IaG* 8:17). Apesar disso, há regularidades observáveis entre as ações livres dos seres humanos concernentes aos seus efeitos.

> Como a livre vontade dos homens tem tamanha influência sobre os casamentos, os nascimentos que daí advêm e a morte, eles parecem não estar submetidos a nenhuma regra segundo a qual se possa de antemão calcular o seu número. E, no entanto, as estatísticas anuais dos grandes países demonstram que eles acontecem de acordo com leis naturais constantes, de modo que as inconstantes variações atmosféricas, que não podem ser determinadas de maneira particular com antecedência, no seu todo não deixam, todavia, de manter o crescimento das plantas, o fluxo dos rios e outras formações naturais num curso uniforme e ininterrupto (*IaG* 8:17).

A filosofia kantiana da história depende de se atribuir aos eventos históricos uma teleologia natural inconsciente ou não-dirigida intencionalmente a um fim. Como os fatos que devem ser significados envolvem o comportamento por longos períodos de tempo de muitos indivíduos humanos, a teleologia natural em história tem de envolver fins que dirigem as ações *coletivas* de muitos seres humanos, de fato, de muitas gerações de seres humanos. Contudo, como os seres humanos não coordenam suas ações "como razoáveis cidadãos do mundo, segundo um plano preestabelecido", essa ação tem de ser inconsciente, não-intencionada; tem de ser uma finalidade *natural*, como aquela encontrada na organização orgânica das plantas e dos animais. A idéia kantiana de uma história universal é uma idéia regulativa para a investigação da história, orientada pela assunção heurística de que a história humana é guiada pela teleologia natural.

Tendo em vista que a humanidade é uma espécie constituída de organismos vivos, Kant procura por uma teleologia natural na história em conexão com a teleologia natural que descobrimos em seres humanos como organismos vivos. Uma assunção heurística que empregamos na investigação de organismos tem a ver com o desenvolvimento de um espécime individual até a maturidade. Isso envolve a concepção de uma "predisposição" natural – uma tendência natural dos organismos a desenvolver o conjunto de capacidades melhor talhadas para continuar seu modo de vida. A máxima regulativa que governa a investigação de predisposições é: "Todas as disposições naturais de uma criatura estão destinadas a um dia se desenvolver completamente e conforme um fim" (*IaG* 8:18). Isto é, sob fundamentos puramente metodológicos, consideramos alguma coisa como uma predisposição natural somente se, em um desenvolvimento normal e desimpedido do organismo, ele se desenvolve completamente e adequadamente até o processo vital da espécie. E ainda, investigando o processo de crescimento de um organismo, conceitualizamos as tendências globais que se mostram nesses processos (como o desenvolvimento da capacidade de caçar ou encontrar um consorte) em torno do completo desenvolvimento de tais predisposições. Um animal predador, por exemplo, desenvolve predisposições que o habilitam a aproximar-se silenciosamente e matar sua presa, ao passo que o animal herbívoro que é a presa desenvolve predisposições que o habilitam a se esconder ou a repelir predadores, bem como predisposições que o habilitam a encontrar e comer as espécies de plantas das quais ele vive.

A primeira proposição na *Idéia de uma história universal de um ponto de vista cosmopolita* evoca essa máxima teleológica e, então, a segunda proposição aplica-a, de forma ampliada e criativa, à espécie humana, tendo em vista suas capacidades distintivas como uma espécie de seres livres e racionais. A razão é uma capacidade que liberta os seres que a possuem da limitação de apenas um modo de vida e os habilita a inventar, por assim dizer, sua própria natureza e seu papel no mundo natural (*MAM* 8:111-

112). Ela confere aos seres humanos o que Rousseau chamou de "perfectibilidade".[1] As predisposições dos seres racionais, portanto, não são firmadas por instinto, como o são para outros animais, mas delineadas pelos próprios seres humanos. Disso se segue a terceira proposição de Kant: "A natureza quis que o homem tirasse inteiramente de si tudo o que ultrapassa a ordenação mecânica de sua existência animal e que não participasse de nenhuma felicidade ou perfeição senão daquela que ele proporciona a si mesmo, livre do instinto, por meio da própria razão" (*IaG* 8:19).

A BASE ECONÔMICA DA HISTÓRIA

Ademais, isso implica que as predisposições humanas são transmitidas de uma geração a outra de seres humanos, sendo então modificadas ou aumentadas pela razão daqueles que a recebem. Conseqüentemente, o que contamos como predisposições da espécie humana está continuamente se desenvolvendo e crescendo, de sorte que a máxima heurística de que a natureza ordenou as coisas de tal maneira que todas se desenvolvam completamente equivale à pretensão de que a história humana exibe uma tendência, não-intencionada pelos próprios seres humanos, em direção à acumulação e ao ilimitado desenvolvimento das faculdades humanas e dos diversos modos de vida, predominando aqueles que permitem que essas faculdades sejam exercidas ao máximo e desenvolvidas mais além. Em seu ensaio *Início presumível da história humana*, Kant distingue diferentes fases ou estágios da história humana, baseado em modos de vida desenvolvidos historicamente que são dominantes neles. Na primeira fase, os povos vivem como grupos de caçadores; na fase seguinte, eles domesticam animais e vivem uma vida pastoril como nômades (*MAM* 8:118-119).

Então, de acordo com o ponto de vista de Kant, adveio a verdadeira revolução na história humana, quando os povos desenvolveram a capacidade de plantar e colher. A agricultura necessitava de um modo de vida gregário, possibilitando-lhes colher os produtos que semeavam e a viver às custas dos produtos guardados. Isso requereu que os produtores se restringissem a certos espaços da face da Terra, mas também que defendessem tais espaços de outros, em particular contra as incursões daqueles que ainda praticavam modos de vida mais primitivos, como os pastores que queriam conduzir seus rebanhos sobre a terra cultivada. A agricultura era o modo de vida mais produtivo inventado até então, criando um excedente, ensinando as pessoas a planejar suas vidas e a procrastinar a satisfação de suas necessidades e liberando-as a diversificar suas atividades. Isso conduziu à criação de vilas e ao desenvolvimento de artes práticas diversas, bem como a uma divisão do trabalho. Parte do excedente produzido pôde ser – e de fato foi – empregado na criação de uma força coercitiva necessária para proteger os direitos de propriedade da terra e dos bens estocados, que tornou possíveis os modos de vida urbano e agrícola (*MAM* 8:119-120). A proteção da propriedade, para Kant, tanto quanto para Locke, Rousseau e muitos outros teóricos políticos modernos, representa o fundamento racional e a função da sociedade civil, assim como a fundação daquelas instituições coercitivas legítimas interessadas na proteção de direitos e da justiça.

Não se deve esquecer nesse ponto a maneira como a filosofia kantiana da história antecipa a concepção materialista da história de Marx. Este vê a história dividida em estágios que são caracterizados por modos de produção fundamentalmente discerníveis pelo desenvolvimento das forças produtivas da sociedade e também vê as instituições políticas como sendo baseadas em relações de propriedade que correspondem ao modo de produção dominante. Naturalmente, falta à teoria de Kant a concepção marxista da luta de classes como determinante da dinâmica social; contudo, Kant vê a mudança social como envolvendo conflito entre modos de vida superiores e inferiores – tal como o conflito entre os modos de vida pastoril e agrícola.

SOCIABILIDADE INSOCIÁVEL

Todavia, de um outro modo, a filosofia da história de Kant também fundamenta o progresso social em conflitos sociais. Em sua quarta proposição na *Idéia de uma história universal de um ponto de vista cosmopolita*, Kant identifica o mecanismo através do qual ele considera que as predisposições humanas desenvolvem-se na história. Esse mecanismo é o antagonismo social, uma propensão na natureza humana a competir com outros seres humanos, de ter o seu próprio modo de ser contra a vontade dos outros e de obter um posto ou *status* superior na opinião dos outros. Aludindo a uma observação de Montaigne (um dos autores favoritos de Kant), ele nomeia essa propensão da natureza humana de "sociabilidade insociável"[2] – significando que é simultaneamente uma propensão ser condicionado por outros (pelo próprio senso de superioridade a eles) e também uma propensão ir de encontro aos outros, isolar-se deles e tornar-se insociável no meio dessa relação fundamental de interdependência. Por meio da insociável sociabilidade, procuramos honra, poder e riqueza, ou seja, superioridade em relação aos outros, exercida sobre eles (respectivamente) através de sua opinião, de seu medo ou de seus interesses. Estes são os três objetos das paixões sociais (*Anth* 7:271-275), isto é, inclinações que para nós são difíceis de controlar por meio da razão. Na *Crítica da razão prática*, a insociável sociabilidade aparece como "presunção" (*KpV*

5:72);* em *A religião nos limites da simples razão*, aparece mais uma vez como uma propensão radical ao mal na natureza humana (*RGV* 6:29-44).

A insociável sociabilidade desenvolve-se juntamente com a mesma faculdade da razão que nos permite conhecer que ela é má. Ambas são produtos da sociedade. Agir a partir de nossa propensão à insociável sociabilidade é algo que fazemos livremente e pelo qual devemos lamentar. Contudo, há um fim natural na insociável sociabilidade – em outras palavras, a natureza emprega essa propensão para promover o desenvolvimento das predisposições da espécie humana. Quando povos procuram ganhar superioridade sobre os outros, eles se tornam infelizes e maus, mas nesse processo desenvolvem capacidades que são transmitidas a futuras gerações, enriquecendo a natureza humana e a história humana.

O ESTADO POLÍTICO

Como um mecanismo para desenvolver as predisposições humanas, entretanto, a insociável sociabilidade encontra um limite no ponto em que os conflitos humanos rompem a vida estável da civilização que é necessária para a preservação e o ulterior desenvolvimento das faculdades humanas. Se a vida e a propriedade tornam-se inseguras, então as pessoas não têm oportunidade de se aperfeiçoar e não têm incentivo para acumular os produtos do trabalho, os quais podem ser tomados delas antes que sejam aproveitados. Em certo ponto, portanto, o fim da natureza do desenvolvimento contínuo das predisposições da espécie humana requer uma sociedade ordenada e estável, uma condição de paz com justiça. Quando a civilização chega a esse ponto, o desígnio natural requer outro instrumento ao lado da insociável sociabilidade para contrabalançar seus efeitos contra a finalidade natural. Esse instrumento, introduzido na quinta e na sexta proposições da *Idéia de uma história universal de um ponto de vista cosmopolita*, é o estabelecimento de "uma sociedade civil que administre universalmente o direito" (*IaG* 8:22). Essa sociedade civil, caracterizada por um poder coercitivo que protege direitos e propriedade, é o Estado político. Ele é uma criação voluntária dos seres humanos e está sujeito aos princípios racionais ideais (do direito ou da justiça) que as pessoas são capazes de reconhecer e obedecer. Porém, ao promover o completo desenvolvimento das predisposições de nossa espécie, o estabelecimento do Estado político também concorda com a teleologia natural.

---

* N. de T. Esta mesma citação é referida por Wood (p. 133 do original em inglês) como *KpV* 5:73.

A criação da constituição civil perfeita para o Estado apresenta-se para a espécie a humana como um "problema" a ser resolvido pelas próprias pessoas porque, além ser um fim da natureza (necessário para facilitar os fins mais básicos da natureza de desenvolver as faculdades humanas), a justiça entre os seres humanos também se apresenta a eles como uma demanda da razão, algo que eles devem realizar incondicionalmente. Na sétima proposição, Kant argumenta que esse problema não poderá ser resolvido enquanto os Estados permanecerem em estado de guerra entre si, pois não só as próprias guerras são destruidoras das condições necessárias para desenvolver a espécie humana, como também a necessidade contínua de estar preparado para a guerra distorce o Estado, colocando poder nas mãos dos que gostariam de governar no espírito do despotismo militar e desviando talentos humanos e recursos para fins irrelevantes e hostis ao progresso humano.

Kant não ignora os argumentos desenvolvidos em seu próprio século por Turgot e renovados no século XX por partidários da Guerra Fria de que a tecnologia militar também pode servir ao progresso humano.[3] Nem foi ele insensível à idéia, mais freqüentemente associada a Hegel, de que a sublimidade da guerra ajuda a unir o Estado e eleva os indivíduos acima das disposições ignóbeis ao egoísmo complacente que caracteriza a vida econômica privada nos tempos de paz (de fato, o próprio Kant expressa diretamente essa idéia "hegeliana", *KU* 5:263).[4] Não obstante, Kant pensa que, naquilo que conduz ao progresso humano, o estágio da história de conflitos armados entre Estados e de preparação para o conflito é mais imperfeito do que aquele que a espécie humana já alcançou, ao menos em partes civilizadas do mundo.

A COMPREENSÃO TEÓRICA DA HISTÓRIA E DO ESFORÇO MORAL

Como Kant coloca na oitava proposição, o resultado é que o progresso em direção a uma constituição do Estado perfeita e a criação de uma ordem internacional pacífica entre os Estados podem ser vistos como fins da natureza na história. "Pode-se considerar a história da espécie humana, em seu conjunto, como a realização de um plano oculto da natureza para estabelecer uma constituição política (*Staatsverfassung*) perfeita interiormente e, quanto a esse fim, também exteriormente perfeita, como o único estado no qual a natureza pode desenvolver plenamente todas as suas disposições na humanidade" (*IaG* 8:27).

É crucial distinguir aqui duas teses absolutamente diferentes (e amplamente independentes). A primeira tese, que é o foco primeiro da *Idéia de uma história universal de um ponto de vista cosmopolita*, é totalmente teórica: sob o guia de princípios regulativos ou heurísticos da razão, devemos tentar dar sentido à história humana como um processo que envolve uma teleologia inconsciente e não-intencionada da natureza, cujo fim último relativo à espécie humana é o desenvolvimento final e aberto de suas predisposições, e cujos fins subordinados a este incluem também a criação de uma constituição civil justa e perfeita e uma ordem internacional pacífica entre os Estados. A segunda tese é moral e está evidente em muitos pontos dos escritos de Kant, sendo extremamente importante para a sua filosofia como um todo, mas tendo apenas significação auxiliar na *Idéia de uma história universal de um ponto de vista cosmopolita*: como seres humanos, temos o dever de trabalhar juntos na construção e na realização do fim de uma constituição civil perfeita, administrando a justiça entre os seres humanos, fim para o qual somos também requeridos a procurar uma ordem que garanta a paz perpétua entre os Estados.

A primeira tese não tem pressuposições morais. Ela resulta, em parte, de princípios regulativos *a priori* da razão, quando são aplicados aos fatos da história humana e, em parte, dos próprios fatos, como o fato de que a natureza é vista como empregando a insociável sociabilidade como o instrumento para desenvolver as predisposições da espécie humana e como o fato de que além de certo ponto esse instrumento pode continuar a operar com vistas ao fim da natureza somente se for contrabalançado por uma ordem de paz com justiça criada humanamente no Estado político e entre os Estados. A segunda tese é puramente prática (ou moral), derivada do fato de que os seres humanos como seres racionais são fins em si mesmos e, conseqüentemente, seres cuja liberdade externa deve ser protegida e cuja perfeição e felicidade devem ser postas como fins por todos os seres racionais.

A primeira tese (teórica) não depende absolutamente da segunda tese (prática ou moral). Para Kant, é a razão prática, não a finalidade natural, que fundamenta nossos deveres morais. Se alguma coisa é um fim da moralidade para fins práticos, não se segue que deveria ser vista pela razão teórica como um fim da natureza. Nem o fato de que alguma coisa deva ser tratada com fins heurísticos como um fim da natureza necessariamente implica que haja qualquer razão moral para promovê-la. Kant pensa que alguns de nossos deveres (por exemplo, nossos deveres para conosco concernentes à auto-preservação, ao uso da comida, à bebida e ao sexo) derivam do respeito às finalidades naturais de nossa organização como seres vivos. Contudo, a insociável sociabilidade também introduz uma finalidade natural em nossas vidas que nos inclina a procurar superioridade – através da honra, da riqueza e da dominação tirânica – sobre outros seres humanos, os quais são nossos iguais aos olhos da razão, e a tratá-los como meros meios aos nossos próprios fins egoístas. Não obstante, tal conduta é paradigmática do que viola a lei moral. Além disso, o fato de que essa conduta sirva a fins naturais não é justificativa ou escusa para tal violação. Kant é totalmente explícito em relação a que a teleologia natural por si mesma não acarreta qualquer dever moral de cooperação com ela: "Quando eu digo que a natureza quer que isto ou aquilo ocorra, não significa que ela nos imponha um dever de o fazer (pois isso só o pode fazer a razão prática isenta de coação), mas que ela própria o faz, quer queiramos, quer não (*fata volentem ducunt, nolentem trahunt*) (*ZeF* 8:365).[5] Em outras palavras, quando nós temos um dever de fazer alguma coisa que concorda com os fins da natureza, a teleologia natural coopera conosco, mas quando os fins morais se opuserem aos fins naturais, a natureza oferecerá resistência à vontade boa.

Ainda assim, há uma conexão entre as teses teóricas de Kant sobre a história e as suas teses práticas. Essa conexão torna a primeira tese parte de nossos fundamentos para a última. O fato de que, de acordo com uma filosofia da história concebida teórica e teleologicamente, uma finalidade natural conduza em direção a uma constituição civil ideal e à paz perpétua entre as nações – e, ainda mais, as razões factuais por que isso ocorre – constitui parte da razão pela qual temos o dever moral de colocar uma constituição civil ideal e a paz perpétua entre os fins de nossa ação. A razão moral, que reconhece os seres humanos como fins em si mesmos, fornece-nos um fundamento para respeitar seus direitos e valorizar organizações que protegem tais direitos. Contudo, isso nos fornece fundamentos morais para buscar uma constituição civil ideal somente sob certas condições empíricas, contingentes, especialmente sob condições nas quais os próprios seres humanos estabeleçam instituições para a proteção dos direitos humanos, através da ação coercitiva coletiva, na forma de uma constituição civil e na qual existem formas imperfeitas de constituição civil, apresentando-nos possibilidades históricas para melhorá-las.

Quando olhamos para a história como contendo uma finalidade natural, direcionada à perfeição da constituição civil, isso nos dá uma razão moral para cooperar com aquela finalidade. Vimos que, para o próprio Kant, a verdadeira existência das constituições civis é historicamente dependente da emergência do modo de vida agrícola, do crescimento de centros urbanos e do excedente de produção tornado possível graças a essas formas socioeconômicas. Ademais, ele compreende o estado imperfeito das constituições civis como resultante do fato de elas advirem como despotismos militares, refletindo as condições sociais determinadas pela insociável sociabilidade dos seres humanos. O contexto no qual é racional estabelecer a melhoria de constituições civis como um fim moral é condicionado por contingências empíricas destacadas pela filosofia kantiana da história.

É também, no máximo, um fato contingente o de que, no estágio atual da história, o aperfeiçoamento posterior das constituições civis deva depender da obtenção da paz entre as nações. (Como vimos, nem todos, mesmo no tempo de Kant ou em nossos dias, pensaram realmente que isso fosse apenas um fato.) São, portanto, apenas fatos históricos contingentes, juntamente com princípios morais *a priori*, que nos dão alguma razão para procurar a paz perpétua como parte do processo de tentar seriamente uma constituição civil perfeita. Somente a filosofia kantiana da história, vista como um projeto motivado heuristicamente para obter e sistematizar conhecimentos teóricos sobre a história, pode fornecer o tipo de informação necessária para garantir nossa construção da paz perpétua entre as nações e uma constituição civil perfeita como fins da moralidade.

HISTÓRIA E FÉ MORAL

Isso implica que poderia não fazer sentido analisar a própria filosofia kantiana da história como sendo motivada por uma fé moral ou uma esperança na realização desses fins históricos. Como dissemos antes, o fundamento para realizar esses fins não é totalmente *a priori*, mas depende de conclusões teóricas de fatos que no contexto da filosofia kantiana da história poderiam ser motivados somente pelos resultados de seu projeto de investigação teórica. Interpretar Kant como raciocinando de tal maneira, a saber, somente a partir de aspirações morais para conclusões históricas, é não só caricaturar a fé moral kantiana como nada mais do que o pensamento de um desejo vão sem fundamento, mas é também mostrar as próprias esperanças morais como fundadas em fins que não têm uma motivação racional adequada em primeiro lugar. Tal interpretação, portanto, não só falha em corresponder à letra dos textos kantianos sobre filosofia da história, mas é também uma interpretação conspicuamente hostil, a qual, se correta, poderia apenas nos convidar a dispensar toda a filosofia kantiana da história como não-motivada racionalmente e a não ser tomada seriamente. A filosofia kantiana da história somente faz sentido se, nas palavras de um escritor recente sobre esse tópico, nós a virmos como satisfazendo a *ambas*: uma necessidade teórica e prática da razão.[6] Além disso, temos de ver na ordem racional o modo de satisfação da necessidade teórica como vindo antes da emergência da necessidade prática.

A tentação de pensar que os princípios teóricos da filosofia kantiana da história são realmente motivados por considerações práticas pode, entretanto, apontar para um problema real. Parece ser apenas uma contingência feliz que, à medida que compreendemos teoricamente a história humana de acordo com princípios regulativos do ajuizamento teleológico, emerja um conjunto de objetivos ou fins práticos (morais) – a perfeição da constituição da sociedade civil, a paz perpétua entre as nações, a melhoria moral da espécie humana. Podemos considerar essa coincidência suspeita. Por que a melhor consideração teórica de nossa história deveria apontar para uma tarefa moral (ou mesmo para uma série de tarefas), talvez também nos dando razão para esperar que elas possam ser alcançadas? Uma maneira possível de desmantelar essa suspeita é atribuir a Kant o ponto de vista de que toda a sua empresa foi motivada, desde o princípio, por esperanças morais; assim, a própria suspeita estaria assentada em uma má compreensão dos objetivos de Kant. Contudo, eu tenho argumentado que essa saída não representa uma interpretação sustentável do que Kant diz e faz na filosofia da história. Se há uma relação de dependência, ela parece ir na direção oposta – o projeto teórico da história ajuda-nos a entender quais fins históricos específicos a razão moral deve pôr de acordo com seus princípios *a priori*.

Ainda pode parecer uma coincidência suspeita, porém, que uma compreensão racional da história deva realmente tornar isso possível. Se há uma resposta geral para essa suspeita, eu penso que ela deva consistir na tentativa de Kant (a qual o preocupou crescentemente na segunda e na terceira *Crítica*) de "reconciliar" a razão teórica com a razão prática ou de demonstrar sua "unidade". O próprio Kant, em outras palavras, também se sentiu perplexo com a relação entre os aspectos teórico e prático de sua filosofia, não só na área da história, mas também naquela de nosso conhecimento da natureza como um todo e de nossa ação sobre ela, do abismo entre questões metafísicas não-respondíveis e nossas necessidades religiosas de respostas a elas, bem como da relação entre nosso conhecimento da natureza e de nossas respostas estéticas a ele. Kant quis tornar todas essas conexões mais inteligíveis, unificar sob princípios o que parece perturbar como uma coincidência afortunada (ou suspeita). Apesar disso, está longe de ser claro o que Kant pretendeu obter com esses tópicos e, talvez, ainda menos claro se ele realmente o conseguiu. Precisamos aprender a viver com nossas suspeitas inquietantes.

Não devemos também tomar como aceito que a filosofia kantiana da história nos dê, supostamente, razões para *esperar* ou *predizer* o sucesso de nossos esforços morais – o progresso atual das constituições civis em direção à perfeição, a cooperação atual entre os Estados em uma federação jurídica que mantenha a paz perpétua entre os mesmos. Na época, Kant dá a impressão de pensar que isso propicie tais razões, pois em *À paz perpétua* ele oferece conclusões a partir da filosofia da história como propiciando uma "garantia" dos termos da paz perpétua que ele esboçou (*ZeF* 8:360-368). Ele percebe que antes de os céticos (algumas vezes cínicos, freqüentemente receosos) dirigentes do Estado, a quem ele está endereçando seu tratado, tomarem medidas para conduzir a uma federação pacífica, eles precisam estar seguros de que o curso no qual Kant está dirigindo-os tenha alguma perspectiva de sucesso na história humana. Ainda assim, não é imediatamente claro que sua filosofia da história possa oferecer-lhes essa segurança, embora permanecendo consistente com suas próprias pretensões teóricas. Para Kant, identificar alguma coisa como um fim da natureza é dizer que temos razões heurísticas ou regulativas para encarar os fatos sob o pressuposto de que há tendências naturais em ação para realizá-la. Contudo, essas razões heurísticas não nos fornecem, de fato, por si mesmas, garantia teórica, nem simplesmente *evidência* real de que aquilo que foi identificado como fim natural realmente se realizará. A recomendação heurística diz apenas que nós maximizamos a inteligibilidade pela *procura* de tal evidência, o que enfaticamente *não* afirma que estamos assegurados de encontrar o que estamos procurando.

Não obstante, não faria sentido empírico, mesmo com objetivos heurísticos, identificar algo como um fim natural se não pudéssemos observar algum mecanismo trabalhando para realizar isso. Dizemos que manter a temperatura corporal constante é um fim da natureza nos animais porque percebemos comportamentos instintivos e mecanismos que tendem a aumentar seu aquecimento corporal quando eles estão muito frios, ou a perder calor corporal quando estão muito quentes. Da mesma forma, é uma condição necessária para vislumbrar a realização da paz perpétua entre nações como um fim da natureza que nós devamos encontrar alguns mecanismos em movimento que tendem naquela direção. A título de exemplo, Kant cita o fato de que as nações poderão ser militarmente fortes apenas se elas forem economicamente fortes e que, quanto mais uma nação se tornar civilizada, mais sua força econômica dependerá de prosperidade pacífica. Aquelas nações que não valorizam relações pacíficas com seus vizinhos, portanto, devem tornar-se cada vez mais inaptas a fazer guerra com sucesso contra eles, visto que aquelas nações que estão nas melhores posições de se defender a si mesmas também devem ser aquelas mais prontas a se juntar em uma federação pacífica (ver *ZeF* 8:368, *IaG* 8:27-28).

Entretanto, Kant também parece ter ciência de que as razões heurísticas fornecidas por sua filosofia teórica da história para esperar o sucesso de seu projeto de paz perpétua fracassam em fornecer uma garantia teórica genuína. É nesse ponto que ele retorna ao dever moral de promover o fim da paz perpétua e a esperar, sob fundamentos religiosos e racionais, que o fim será alcançado. É essa fé racional, mais do que qualquer expectativa teórica, que ele enfatiza como a "garantia" da paz perpétua (*ZeF* 8:360-362). Apesar disso, ele aparentemente reconhece que mesmo aquela fé seria irracional se não houvesse fundamentos teóricos para esperar que ela ocorresse. Portanto, Kant oferece, reconhecidamente, menos do que uma combinação conclusiva de expectativas heurísticas e razões empíricas que as amparam como suficiente para constituir tais fundamentos: "Desse modo, a natureza garante a paz perpétua através do mecanismo das inclinações humanas; sem dúvida, com uma segurança que não é suficiente para predizer (teoricamente) o futuro, mas que chega ao propósito prático e transforma num dever o trabalho voltado a esse fim (não simplesmente quimérico)" (*ZeF* 8:368).

AVALIAÇÕES CRÍTICAS DA FILOSOFIA DA HISTÓRIA KANTIANA

Mesmo quando os pontos de vista de Kant são correta e simpaticamente interpretados, quão seriamente eles merecem ser considerados?

A filosofia kantiana da história depende de se postular, ao menos por razões heurísticas, uma teleologia natural na história humana, cujos objetivos são coletivos e inconscientes. Esse aspecto da teoria kantiana parece torná-la extravagante, especulativa, antiempírica e inclusive obscurantista. Sua filosofia da história, nesse particular, parece estar completamente em dissonância com sua reputação de uma modéstia cética, humildade epistêmica e cautela. Proponentes do assim chamado "individualismo metodológico" dirão que faz sentido apelar a tendências históricas ou direções da mesma somente quando sua existência puder ser autenticada e explanada em termos das escolhas e motivações dos indivíduos, propiciando por esse meio "microfundações" para elas.

Kant não é um individualista metodológico: contudo, os fins inconscientes que ele atribui à história humana para finalidades regulativas não significam que sejam postulados arbitrariamente nem que sejam divorciados de motivações observáveis empiricamente e de ações dos indivíduos. Todo o objetivo da teoria é usar esses fins para identificar aqueles modelos de ação e motivação humana que têm eficácia histórica, distinguindo-os dos fatores acidentais na escolha humana cuja relação à história é meramente acidental e insignificante. O método de Kant, contudo, não começa com microfundações para, então, gerar tendências ou finalidades naturais, mas admite heuristicamente certas finalidades naturais e, então, passa a empregá-las como um guia para descobrir os tipos de motivos e ações, individuais e coletivos, que são capazes de vingar historicamente.

O fim natural de um desenvolvimento contínuo das predisposições da espécie humana conduz, por exemplo, à especificação da insociável sociabilidade (o traço humano da insatisfação e competitividade) como o mecanismo básico para esse desenvolvimento; a necessidade histórica, em um certo estágio da história, de as nações permanecerem em paz com vistas a aperfeiçoar sua constituição civil e continuar o desenvolvimento de novas capacidades humanas leva-nos a reconhecer a importância do comércio e da prosperidade econômica para tornar as nações poderosas, bem como a relutância de cidadãos orientados comercialmente em transferir suas vidas e propriedades a dirigentes belicosos do Estado que buscam sua ganância e suas fantasias bárbaras de conquista militar. Kant também tenta tornar não-arbitrária a teleologia da história, ligando-a à teleologia natural encontrada nos seres humanos como uma espécie formada de organismos, assim como ele pensa que essa teleologia desempenha um papel nas investigações biológicas.

Sem dúvida, há uma pitada de ousadia na teleologia da história de Kant que pode enervar um empirista tradicional. Porém, há verdadeiramente um ponto de partida (mas, com freqüência, muito menos avaliado) análogo a partir da cautela empirista, envolvida nas idealizações abstratas usadas por individualistas metodológicos na construção de suas "microfundações" para as direções e tendências que eles estão tentando apoiar. Em ambos os casos, uma avaliação honesta do que está ocorrendo deve aperceber-se do fato que as reconstruções empiristas de todos os domínios do conhecimento subestimam sistematicamente o papel criativo da teorização. Há, muitas vezes, assunções de nível macro construídas a partir das escolhas das abstrações e idealizações usadas para construir microfundações, sendo estas as menos sujeitas a verificação empírica e criticismo, na medida em que permanecem inconfessas. A escolha kantiana de começar com o nível macro é mais direta no reconhecimento da importância de nossas ambições cognitivas *a priori* do que são os individualistas metodológicos, os quais pretendem ilusoriamente estar sempre estabelecendo tudo com observações empíricas.

A FILOSOFIA DA HISTÓRIA KANTIANA ESTÁ OBSOLETA?

Um problema mais sério para a filosofia kantiana da história é que não podemos mais acreditar, por exemplo, na teleologia heuristicamente motivada de Kant como a maneira correta para investigar a estrutura e o comportamento dos organismos vivos. Desde Darwin, tem-se reconhecido que a organização inconsciente e não-intencionada das coisas vivas tem uma explicação empírica determinada, baseada na seleção natural. Contudo, tal explicação revela que a admissão heurística de Kant, de que a teleologia em organismos é máxima, é empiricamente e explicavelmente falsa. Quando aprendemos como os órgãos de uma coisa viva se desenvolveram, por exemplo, muitas vezes chegamos a compreender por que eles não se adaptaram otimamente à função executada. E isso poderia desfazer, por razões similares, a afirmativa de que nem tudo o que conceitualizamos corretamente como uma das "predisposições da espécie" de um organismo poderia ser completamente desenvolvido no curso normal do desenvolvimento do organismo. As bases biológicas da filosofia kantiana da história, portanto, parecem ter sido minadas pelo desenvolvimento científico entre o seu tempo e o nosso.

Apesar disso, não está tão claro que as considerações metodológicas que motivaram a filosofia kantiana da história sejam menos aplicáveis hoje do que foram no século XVIII. A biologia pode ter feito avanços que solaparam a aplicação a ela da teleologia heuristicamente motivada de Kant; entretanto, a história humana é ainda uma área de investigação à qual uma teoria empírica similar não foi aplicada com sucesso. Pode ser que nossa melhor chance de torná-la inteligível seja ainda aquela teleológico-regulativa que Kant adota. A consideração de Kant tem a vantagem diversa do que teve para ele, ou seja, de nos permitir conectar um estudo empírico, teórico, da história com nossas preocupações práticas com a história, como agentes históricos, de identificar tendências históricas (que Kant chama "fins da natureza" inconscientes) com os quais nossos esforços como seres morais podem harmonizar-se. Teorias históricas, desde o tempo de Kant (mais famosamente, o materialismo histórico de Marx), sustentam a idéia de que as mudanças históricas podem ser entendidas como funções do desenvolvimento progressivo das capacidades humanas coletivas e das mudanças conseqüentes nas formas econômicas ao longo do tempo. Muitos outros, ao lado de Marx, usaram essa idéia em uma grande variedade de contextos para tratar de mudanças históricas e sociais (por exemplo, em muitas das chamadas "teorias da modernização"). As idéias básicas da filosofia kantiana da história, ainda que não possam sempre ser reconhecidas facilmente em seus aparecimentos mais recentes, estão longe de ter sido desacreditadas.

É mais fácil reconhecer o modo pelo qual o aspecto moral-religioso da filosofia kantiana da história está ainda conosco. Ainda estamos praticamente preocupados com a direção do crescimento econômico e a sua relação com as perspectivas de paz entre as nações. Os projetos do século XX para a paz internacional – a Liga das Nações, a ONU e a União Européia – são todos tentativas de cumprir as esperanças das quais Kant foi um dos primeiros a articular. Ainda está conosco o cosmopolitismo de Kant, que é mais fundamentalmente um ponto de vista sobre a historicidade da natureza humana. Kant sustenta que cada um de nós, por ser um cidadão de uma ordem civil ou Estado político determinado empiricamente, é também um cidadão de uma comunidade mundial única – nossa tentativa de realizar na Terra a idéia de um *reino de fins* ético, no qual a todos os seres racionais seja concedida uma dignidade que está além de todo preço e em que todos os fins e máximas devam harmonizar-se em uma combinação sistemática. Esse aspecto da aspiração kantiana ainda está conosco não no sentido de que estejamos muito próximos de realizar tal idéia, mas, antes, no sentido de que é muito mais difícil hoje do que foi há dois séculos para um ser pensante partilhar a percepção kantiana de que realizamos nossa natureza como seres humanos somente quando nossa espécie faz progressos históricos em relação a ela. Este, de fato, é precisamente o pensamento com o qual Kant fecha sua última obra: *Antropologia de um ponto de vista pragmático*.

Concluindo sua tentativa de identificar o "caráter da espécie humana" como um todo, ele a descreve primeiramente em termos da insociável sociabilidade: "O caráter da espécie, como ele é indicado pela experiência de todas as épocas e de todos os povos, é este: que tomada coletivamente (a raça humana como um todo) é uma multidão de pessoas que existem sucessivamente e lado a lado, que não pode ocorrer sem elas se associarem pacificamente e, apesar disso, sem poderem evitar constantemente se ofender de maneira recíproca" (*Anth* 7:331). Então, ele se pergunta se tal espécie deveria ser considerada uma raça boa ou má, parecendo, em um primeiro momento, enfileirar-se com aquelas críticas misantrópicas que ou censuram a humanidade por sua maldade, ou escarnecem dela por sua loucura – e isso não só, ele afirma, através de uma boa e natural gargalhada, mas também através de uma ridicularização de desrespeito. Essas atitudes poderiam ser corretas, conclui Kant, somente para uma coisa: elas mesmas revelam em nós "uma predisposição moral, uma exigência inata da razão de contra-atacar nossas tendência más". Sua concepção final da natureza humana, portanto, consiste em uma visão *histórica* da espécie humana que une as bases para nosso criticismo com a predisposição morais que esse criticismo revela.

NOTAS

1. Rousseau, *Discourse on the Origin of Inequality*, tr. Donald Cress (Indianapolis: Hackett, 1992, p. 26).
2. "Il n'est rien si dissociable et sociable que l'homme: l'un par son vice, l'autre par sa nature". Michel Eyquem Montaigne, "De la solitude", *Essais*, ed. André Tournon (Paris: Imprimerie Nationale Éditions, 1998), *IaG*:388. "Não há nada tão insociável e sociável quanto o homem; de um lado, por seu vício, de outro lado, por sua natureza", "On Solitude", *Complete Essays*, tr. M. A. Screech (London: Penguin Books, 1991, p. 267).
3. Ver Anne-Robert-Jacques Turgot, *Turgot on Progress, Sociology and Economics: A Philosophical Review of the Sucessive Advances of the Human Mind. On Universal History (and) Reflections On the Formation and the Distribution of Wealth*. Traduzido, editado e introduzido por Ronald L. Meek (Cambridge, England: Cambridge University Press, 1973). Para uma defesa recente dessa idéia no contexto da Guerra Fria, ver Diane R. Kunz, *Guns and Butter: America's Cold War Economic Diplomacy* (New York: The Free Press, 1997).

4. Compare com Hegel, *Elements of the Philosophy of Right*, ed. Allen W. Wood, tr. H. B. Nisbet (Cambridge, England: Cambridge University Press, 1991, §324).
5. "Os destinos conduzem os que com eles concordam; arrastam os que dele discordam" (Sêneca, *Moral Epistles*, 18.4).
6. Pauline Kleingeld, *Fortschritt und Vernunft: Zur Geschichtsphilosophie Kants* (Würzburg: Königshausen & Neumann, 1995, p. 215).

LEITURAS COMPLEMENTARES

Brian Jocobs and Patrick Kain (eds.), *Essays on Kant's Anthropology*. Cambridge, England: Cambridge University Press, 2003.

J. D. McFarland, *Kant's Concept of Teleology*. Edinburgh: Edinburgh University Press, 1970.

Richard Velkley, *Freedom and the End of Reason*. Chicago: University of Chicago Press, 1989.

Yirmiyahu Yovel, *Kant and the Philosophy of History*. Princeton: Princeton University Press, 1980.

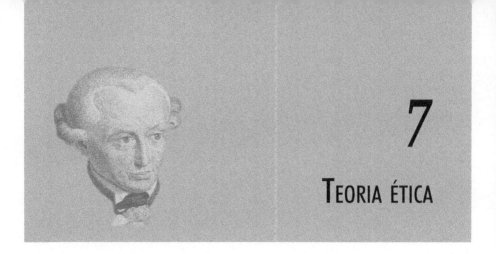

TEORIA ÉTICA

A filosofia moral de Kant é fundamentada em vários valores inter-relacionados. Sua idéia primeva é aquela de um agente racional como um ser autogovernado. Isso está estreitamente relacionado à igual dignidade de todos os seres racionais como fins em si mesmos, os quais merecem respeito em todas as ações racionais. Esses dois valores são combinados na concepção de uma comunidade ideal ou "reino dos fins", no qual todo ser racional é um membro legislador e no qual todos os fins dos seres racionais devem ser combinados em um sistema harmônico como um objeto de esforço por parte de todos eles. Esses valores básicos e sua fundamentação filosófica são articulados em duas obras fundacionais principais de Kant da ética: a *Fundamentação da metafísica dos costumes* (1785) e a Analítica da *Crítica da razão prática* (1788).

A influência direta e reconhecida de Kant na história da filosofia moral repousa quase exclusivamente nesses dois escritos básicos em ética. No pensamento ético de Kant, esses valores fundamentais são colocados no contexto do que ele chama uma "antropologia empírica", uma teoria inconfundível da natureza humana e da sua condição. Se a crítica teórica de Kant versa sobre os limites da razão na sua tentativa de adquirir conhecimento *a priori*, então sua filosofia prática é sobre as exatas limitações da razão *empiricamente condicionada* – a razão agindo a serviço de desejos não-racionais (*KpV* 5:15-16). O contraste kantiano básico entre "dever" e "inclinação" e entre o princípio da moralidade *a priori* ou "formal" e os princípios "materiais", baseados em nossos desejos naturais, depende não só da fundamentação *a priori* da teoria kantiana, mas também de sua teoria da natureza humana. A base histórica desse aspecto empírico crucial do pensamento ético de Kant foi discutido nos capítulos anteriores. Ele nunca desenvolveu a "antropologia prática" que afirmou ser necessária para uma filosofia moral completa (*GMS* 4:388); contudo, incluiu considerações "antropológicas" nos raciocínios através dos quais derivou o sistema de deveres jurídicos e éticos apresentados na sua obra final sobre ética, intitulada *A metafísica dos costumes* (1797-1798).

Em acréscimo aos trabalhos fundamentais em ética e aos escritos históricos ou antropológicos, Kant também produziu escritos nos quais ele aplica princípios éticos. Isso inclui não só o sistema de deveres em *A metafísica dos costumes*, mas também obras sobre religião e política que constituíram sua produção principal durante a última década na qual ele escreveu: *Resposta à pergunta: o que é esclarecimento?* (1784), *O que significa orientar-se no pensamento?* (1786), *Sobre a expressão corrente: isto pode ser correto na teoria, mas não serve para a prática* (1793), *A religião nos limites da simples razão* (1793)*, *O fim de todas as coisas* (1794), *À paz perpétua* (1795), *Sobre um suposto direito de mentir por amor à humanidade* (1797) e *Conflito das faculdades* (1798). Um resultado de se enfatizarem os escritos fundamentais de Kant na ética tem sido negligenciar esses escritos e dar ênfase principal às afirmações mais formalistas de Kant sobre o princípio moral, bem como tratar a oposição do motivo do dever ou razão ao sentimento ou inclinação como uma conseqüência do "formalismo" ético de Kant. Neste capítulo, eu me preocuparei em corrigir a má percepção que resultou dessa má ênfase nos escritos fundamentais de Kant em ética e na negligência do amplo contexto de escritos sobre antropologia e ética aplicada, a partir dos quais eles precisam ser compreendidos. Por essa razão, eu me deterei na filosofia da história de Kant, discutida no último capítulo, para propiciar um contexto no qual os fundamentos da ética kantiana possam ser compreendidos.

IMPERATIVOS CATEGÓRICOS E REGRAS MORAIS INFLEXÍVEIS

Todavia, no começo devem ser enfrentadas algumas fontes ainda mais elementares de má compreensão e resistência à teoria ética kantiana. Kant notoriamente sustenta algumas posições demasiado extremas (inclusive repelentes) em certas questões éticas. Ele sustenta que os assassinos sempre devem ser levados à morte, que o suicídio é contrário a um dever perfeito para conosco, que a relação sexual é inerentemente degradante de nossa humanidade, que a masturbação é crime ainda mais sério do que o suicídio, que a desobediência à autoridade política constituída devidamente é sempre injustificável, exceto quando a autoridade ordena fazer alguma coisa que é em si mesma errada, e ele uma vez sustentou que mentir para contribuir para o bem-estar humano, mesmo para salvar a vida de uma

---

* N. de T. No texto original de Wood, consta a data de 1794.

pessoa inocente de um suposto assassino, é sempre errado.[1] Não é incomum para intérpretes antipáticos exagerar os pontos de vista de Kant sobre essas questões; contudo, mesmo generosamente interpretadas, muitas de suas opiniões morais em matérias particulares parecem inflexíveis até o ponto da inumanidade. Alguns desses pontos de vista foram idiossincráticos inclusive em seu próprio tempo, ainda que a maior parte deles fosse certamente partilhada em seu tempo mais amplamente do que é hoje. Se queremos aprender alguma coisa de ou sobre a teoria moral kantiana (como distinta de apenas nos propiciar um pretexto plausível para recusar a aprender com ela), então necessitamos perguntar, sobre as opiniões escandalosas de Kant, se elas efetivamente procedem dos valores e princípios contidos em sua teoria moral.

Talvez da teoria cujo valor fundamental seja a autonomia da razão e a dignidade dos seres racionais se possa esperar que forneça razões para não aceitar o prazer e a utilidade como fundamentos suficientes para mentir ou para não destruir sua própria natureza racional. Porém, é difícil de ver como tais valores possam justificar regras inflexíveis contra a mentira ou o suicídio, sem mencionar como podem fundamentar outras opiniões escandalosas de Kant. (A dignidade humana também é vista como providenciando fundamentos razoáveis para fazer exceções a regras morais contra a mentira ou o suicídio em certos casos.) Aqueles que se preocupam com questões morais particulares devem olhar para o próprio raciocínio de Kant, a partir de seus princípios em direção às suas conclusões, mas não se deve dar por estabelecido que tal raciocínio seja válido, ou que esses pontos de vista de Kant sobre questões morais particulares representem necessariamente uma interpretação correta dos princípios básicos de sua teoria moral.

Um modo de associar a inflexibilidade de alguns dos pontos de vista de Kant com alguma coisa fundamental para sua teoria moral é vê-los como representativos de sua idéia de que os deveres morais são "imperativos categóricos". Portanto, qualquer princípio que seja considerado como um imperativo categórico (por exemplo, "não minta") tem de ser visto inflexivelmente como não tendo qualquer exceção. Contudo, esse argumento ridiculamente falacioso repousa em uma confusão muito simples. Para Kant, um princípio normativo racional (ou "imperativo") que guie nossas ações será "categórico" se sua validade não for condicionada com vistas à realização de algum fim ao qual a ação sirva como meio. Isso não implica, porém, que a validade das regras que são imperativos categóricos, *quando elas são válidas*, não possa ser condicionada em circunstâncias particulares, ou que não possa haver fundamentos para que sejam feitas exceções a regras morais geralmente válidas. Quando mentir é errado, de acordo com Kant, sua maldade não é condicional à obtenção de certo fim desejável (tal como a felicidade humana) pela abstenção de mentiras. Contudo, disso não se segue que não possa haver exceções à regra "não minta" – isto é, casos nos quais essa regra não é de fato vinculante como um imperativo categórico. Quão freqüentemente tais exceções ocorrem tem de ser decidido olhando-se para a derivação da regra moral "não minta" a partir de princípios kantianos mais básicos, tal como "trate todo ser racional como um fim em si mesmo", bem como considerando possíveis casos nos quais esse valor mais básico possa não requerer aderência estrita àquela regra. Kant considera *exceptivae* (exceções a regras morais) como uma das doze categorias da razão prática (*KpV* 5:66), e as vinte estranhas "questões casuísticas" que Kant levanta na Doutrina da Virtude sobre deveres específicos tratam sobretudo de casos nos quais pode haver exceções defensáveis a regras que valem geralmente, ainda que não universalmente.

É verdade também que Kant regularmente chama nossa atenção para (e é altamente crítico dela) a tendência humana a fazer exceções para nós mesmos nos casos de regras morais que esperamos que os outros sigam e a usar o fato de que as regras morais, algumas vezes, têm exceções, como uma excusa vil para a deficiência em seguir regras morais quando devemos cumpri-las. Contudo, as passagens nas quais ele diz tais coisas não estão, certamente, abertas a crítica sob o argumento de excessiva inflexibilidade ou inumanidade. Para Kant, é correto que as pessoas façam freqüentemente isso e que tal ação seja responsável por muitos males e muito do que é repreensível na conduta humana.

ANTROPOLOGIA PRÁTICA

Na *Fundamentação da metafísica dos costumes*, Kant divide a ética em duas partes: *A metafísica dos costumes*, que consiste de princípios morais válidos *a priori* para todo ser racional, e a *Antropologia prática*, um estudo empírico da natureza humana à qual os princípios são aplicáveis (*GMS* 4:388). Com freqüência, considera-se positivamente que Kant trate aqui a antropologia prática como uma parte necessária da ética, sem a qual, em seu ponto de vista, não seria possível especificar determinados deveres. Talvez isso ocorra porque Kant nunca escreveu especificamente uma obra de antropologia prática, apesar do fato de que suas preleções sobre antropologia, que começaram em 1772 e continuaram até o fim de sua carreira de professor, foram as mais populares e mais freqüentemente oferecidas que ele fez. As várias observações de Kant sobre o presente estado das ciências da natureza humana mostram-no acreditando que, apesar da importância desse estudo, há severas limitações a nossas capacidades de tratá-la cientificamente e também que o estado presente do estudo sobre a natureza humana é muito pobre, mesmo em relação às suas possibilidades limitadas. É também menos apreciado do que deveria ser que, quando ele finalmente chegou a escrever *A metafísica dos costumes,* bem no final de sua carreira, Kant reformule a distinção entre "metafísica da moral" e "antropologia prática", integrando os "princípios de aplicação" na própria "metafísica da moral" e restringindo a "antropologia prática" ao estudo das "condições subjetivas, tanto obstaculizadoras quanto favorecedoras da *realização* das leis da primeira na natureza humana" (*MS* 6:217).

A única aproximação ao estudo da natureza humana que Kant realiza com confiança é encontrada em seus escritos sobre a filosofia da história. Como vimos no último capítulo, a tese de Kant é a de que a história humana pode ser tornada inteligível teoricamente a nós somente se for encontrado nela um fim natural, que é o completo desenvolvimento (ou seja, temporalmente infindável) das predisposições naturais da espécie humana (*IaG* 8:18). Esse fim não pertence às intenções conscientes das pessoas, mas é um fim natural colocado pelo juízo reflexionante como uma idéia regulativa para maximizar a inteligibilidade dos dados para nós (*IaG* 8:17; cf. *KU* §§75-79, 5:397-417). Visto que, em uma espécie racional, essas predisposições não pertencem a qualquer indivíduo em especial, mas somente à espécie inteira como ela se desenvolve através do tempo, os fins que tornam a história humana inteligível devem ser fins coletivos de toda a espécie, através do tempo, aos quais os indivíduos servem de forma não-intencional e dos quais eles podem tornar-se conscientes apenas através do estudo filosófico da história (*IaG* 8:17-20).

Esse conjunto já nos dá o suficiente para sustentar dois pontos que contestam mal-entendidos comuns sobre a ética kantiana. Primeiro, não é meramente uma simplificação demasiada, mas fundamentalmente errôneo, representar Kant como tendo uma concepção da razão "eterna" ou "não-histórica" e ver Hegel (por exemplo) como "corrigindo" isso pela introdução de uma concepção "histórica" (essa representação interpreta muito mal o próprio Hegel, mas não há espaço para tratar disso aqui). Segundo, a tese de que a história humana é fundamentada em uma finalidade coletiva inconsciente que é totalmente e corretamente associada com o idealismo alemão – e mais especificamente com Hegel – já estava totalmente presente na filosofia de Kant (ainda que para ele não fosse para ser vista como princípio dogmático de metafísica especulativa, mas como um princípio regulativo do juízo, adotado por ser um instrumento heurístico necessário para tornar os fatos empíricos da história inteligíveis para nós).

Um terceiro ponto torna-se claro quando olhamos para a execução do seu projeto teórico na *Idéia de uma história universal de um ponto de vista cosmopolita.* A natureza humana desenvolve-se na história principalmente através da competição. Cada indivíduo procura "proporcionar-se uma posição entre companheiros que ele não *atura,* mas dos quais não pode *prescindir"* (*IaG* 8:21). A história natural da razão humana é, portanto, um processo dirigido pelas inclinações naturais das pessoas, atrás das quais se esconde uma propensão à "presunção", um desejo de ser superior a outros seres racionais, isto é, de usá-los como meros meios para seus próprios fins e de isentar-se de regras gerais que se deseja que outros obedeçam. É essa tese que fundamenta a famosa (ou notória) suspeita de Kant relativa a nossos desejos empíricos ou inclinações.

"O homem sente em si mesmo um forte contrapeso contra todos os mandamentos do dever que a razão lhe representa como tão dignos de respeito: são as suas necessidades e inclinações" (*GMS* 4:405). Os críticos de Kant (começando por Schiller, mas incluindo Hegel e incontáveis outros até o presente momento) leram tal anotação como exatamente uma citação feita de maneira superficial e míope quando eles a atribuem a um "dualismo" metafísico artificial ou a uma não-saudável (estóica ou ascética) hostilidade à "natureza" ou "aos sentidos" ou "ao corpo". Como Kant deixa absolutamente claro, o contrapeso à razão e ao dever não é tão inocente. O oponente que o respeito pela moralidade tem de superar é sempre a "presunção" (*KpV* 5:73)*, que não surge de nossa natureza animal, mas sim de nossa humanidade ou racionalidade (*RGV* 6:27). O inimigo da moralidade em nós "não se deve buscar nas inclinações naturais, apenas indisciplinadas, as quais se apresentam, porém, às claras e sem disfarce à consciência de todos, mas é um inimigo por assim dizer invisível, que se esconde por detrás da razão e, por isso, é tanto mais perigoso" (*RGV* 6:57).

Nossa irônica dificuldade, do ponto de vista de Kant, é que o artifício do antagonismo social é requerido para desenvolver nossas faculdades racionais que (como todas as faculdades humanas) pertencem mais à espécie do que ao indivíduo e que se mostram a si mesmas principalmente através de nossa capacidade para o autocriticismo, por meio da livre comunicação com os outros (*KrV* A XI-XII, A738-739/B766-767, *WDO* 8:144-146, *KU* 5:293-298). Quando a razão se desenvolve, contudo, ela reconhece uma lei moral cujo valor fundamental é a dignidade (ou valor absoluto, incomparável) da natureza racional em todo ser racional, ou seja, a absoluta igualdade de todos os seres racionais (*GMS* 4:428-429, 435, *MAM* 8:114, *MS* 6:314, 435-437, 462-466). A razão deve, portanto, voltar-se contra a verdadeira propensão em nossa natureza que torna isso possível. Consequentemente, Kant pensa que a concepção mais adequada que podemos formar de nossa natureza humana é aquela que seja histórica, centrada na tarefa de nos converter de seres antagônicos e competitivos em seres capazes de se unir com os outros em termos de respeito mútuo: "O que é característico da espécie humana em comparação com a idéia de possíveis seres racionais na Terra é que a natureza pôs neles a semente da

---

* N. de T. Esta mesma citação é referida no texto original (p. 118) como *KpV* 5:72.

discórdia e quis que disso sua própria razão pudesse produzir *concórdia* ou ao menos a constante aproximação a isso" (*Anth* 7:322). Nosso destino é nos engajarmos em uma luta constante entre "natureza" e "cultura", cujo objeto é a perfeição moral do caráter humano.

"As predisposições naturais, visto terem sido estabelecidas em um mero estado de natureza, sofrem violação pelo progresso da cultura e também a violam, até que o artifício aperfeiçoado torne-se natureza mais uma vez, que é o objetivo último da vocação moral da raça humana (*MAM* 8:117-118). Kant não se opõe mais do que seus críticos a compreender os fins da cultura como sendo o de conduzir nossos desejos naturais à harmonia com as demandas da razão. Sua filosofia da história, contudo, dá-lhe razão para pensar que essa reconciliação será um processo social difícil e extremamente longo. Não será realizado apenas por meio de uma conversão filosófica – pela adoção de atitudes mais "saudáveis" (isto é, mais complacentes e menos autocríticas) em relação a nossos desejos. Nem isso ajudará a "ir além de dualismos" se isso for um eufemismo para um estado de negação relativa ao fato de que será uma tarefa histórica penosa e infinita chegar a um acordo com nossa natureza (especialmente nossa natureza *social* corrupta).

O PRINCÍPIO FUNDAMENTAL DA MORALIDADE

O objetivo de Kant na *Fundamentação* é "a busca e a fixação do princípio supremo da moralidade" (*GMS* 4:392). Na primeira seção, Kant tenta derivar a fundamentação do referido princípio do que ele chama "conhecimento moral da razão vulgar" ou o *know-how* que ele considera que todo ser humano tem justamente por ser um agente moral racional. O objetivo principal de Kant aqui é distinguir o princípio que ele deriva daquele tipo de princípios que poderiam ser favorecidos pelo senso moral dos teóricos e por aqueles que poderiam basear a moralidade nas conseqüências das ações para a felicidade humana. Essa tentativa não foi muito bem-sucedida porque Kant subestimou o grau em que os pontos de vista teóricos com os quais compete são capazes de uma interpretação alternativa das matérias e dos exemplos que ele discute, construindo reações a elas que põem em questão as respostas que Kant interpreta como auto-evidentes. Assim, as páginas iniciais da *Fundamentação*, sobretudo a famosa tentativa de nos persuadir de que as ações têm valor moral somente quando são feitas por dever, têm freqüentemente ganhado prosélitos à sua teoria e, mais freqüentemente ainda, distraído a atenção do que realmente é importante na teoria ética de Kant. Ele obtém mais sucesso quando faz uma segunda tentativa, mais filosoficamente motivada, de expor o princípio moral na segunda seção.

Kant pensa que juízos morais corretos devem, em última análise, ser deriváveis de um princípio fundamental único se eles constituem um todo consistente e bem-fundamentado. Contudo, na segunda seção da *Fundamentação*, Kant considera esse princípio único de três pontos de vista diferentes e o formula de três maneiras distintas. Em dois dos três casos, ele também apresenta uma formulação variante que supõe conduzir tal formulação "mais próxima da intuição" e tornar mais fácil aplicá-la. O sistema de fórmulas pode ser resumido como segue:

Primeira fórmula:
FLU *A fórmula da lei universal*: "Age apenas segundo uma máxima tal que possas ao mesmo tempo querer que ela se torne lei universal" (*GMS* 4:421; cf. 4:402).

com sua variante,

FLN *A fórmula da lei da natureza*: "Age como se a máxima da tua ação se devesse tornar pela tua vontade uma lei universal da natureza" (*GMS* 4:421; cf. 4:436).

Segunda fórmula:
FH *A fórmula da humanidade como um fim em si mesma*: "Age de tal maneira que uses a humanidade, tanto na tua pessoa como na pessoa de qualquer outro, sempre e simultaneamente como fim e nunca simplesmente como meio" (*GMS* 4:429; cf. 4:436).

Terceira fórmula:
FA *Fórmula da autonomia*: "(...) a idéia da vontade de todo ser racional concebida como vontade legisladora universal" (*GMS* 4:431; cf. 4:432) ou "A moralidade é, pois, a relação das ações com a autonomia da vontade, ou seja, com a legislação universal possível por meio de suas máximas" (*GMS* 4:439; cf. 4:432, 434, 438).

com sua variante,

FRF *A fórmula do reino dos fins*: "Age segundo máximas de um membro universalmente legislador com vistas a um reino dos fins somente possível" (*GMS* 4:439; cf. 4:432, 437, 438).

FLU (e FLN) considera o princípio da moralidade apenas sob o ponto de vista de sua *forma*, enquanto FH considera-o sob o ponto de vista do *valor* que racionalmente motiva nossa obediência a ele e FA (e FRF) considera-o sob o ponto de vista de sua *autoridade*.

A fórmula da lei universal

A primeira caracterização da ética kantiana adotada por seus seguidores e críticos do idealismo alemão foi a de que a ética kantiana era "formalista". O uso desse epíteto é amplamente devido à ênfase enganosa que os leitores de Kant colocam na primeira formulação do princípio moral, às expensas das outras duas formulações, cujo objetivo é precisamente complementar e então remediar tal "formalismo". Desse primeiro ponto de vista, contudo, o princípio é o que Kant chama de um "imperativo categórico". A terminologia de Kant aqui é derivada da lógica de seu tempo, mas ela poderá enganar-nos se não formos cuidadosos. Um *imperativo* é qualquer princípio através do qual um agente racional obriga-se a agir com base em fundamentos objetivos ou razões. Um imperativo é *hipotético* se a obrigação racional é condicionada à adoção de um fim opcional pelo agente e é *categórico* se a obrigação não é condicional desse modo. Na medida em que alguns sustentaram que toda racionalidade é "somente instrumental", é controverso se há (ou pode haver) algum imperativo categórico. O procedimento de Kant na *Fundamentação* é assumir provisoriamente que tais imperativos existem e pesquisar na segunda seção qual deveria ser o seu princípio. Então, na terceira seção, Kant tenta defender que, como seres racionais, nós temos de pressupor que tais imperativos existem e que, conseqüentemente, estabelecem a validade das fórmulas derivadas provisoriamente na segunda seção.

Dizer que um imperativo é "categórico", portanto, significa mais uma vez apenas que sua obrigação não é condicional à nossa busca de algum fim que construímos independentemente dele. Se há um imperativo categórico de manter as promessas, isso significa somente que a obrigação racional de manter as promessas não é condicionada a algum fim posterior a ser obtido através da guarda das promessas (como, por exemplo, o benefício auto-interessado que possamos derivar da habilidade de fazer contratos com os outros). Mas isso não implica que a obrigação de manter as promessas não possa ser condicionada de outros modos – por exemplo, que essa obrigação possa deixar de existir, se manter as promessas pudesse de algum modo violar a dignidade da humanidade, ou se soubéssemos que a pessoa a quem prometemos poderia dispensar-nos da promessa se tivesse conhecimento de uma situação imprevista na qual nos encontraríamos quando viesse o tempo de cumpri-la. Quando temos fundamentos suficientes e bons para fazer exceções a uma regra moral, isso significa apenas que a regra (sob tais circunstâncias) não mais nos vincula categoricamente (ou, em verdade, de qualquer outro modo). Assim, se há qualquer regra moral que vincule sem exceções, isso não é determinado pela aceitação da pretensão kantiana de que todas as obrigações morais envolvem imperativos categóricos.

Como se supõe que a FLU é derivada da idéia do imperativo categórico, é fácil cair no uso do termo "o imperativo categórico" como se referindo a tal fórmula. Porém, isso freqüentemente conduz ao injustificado privilégio da FLU como o princípio definitivo da teoria moral de Kant e à conseqüente negligência da FH e da FA. Kant vê seu argumento na segunda seção como uma exposição do princípio da moralidade, o qual passa através de três estágios e encontra completude somente ao fim de um percurso de desenvolvimento. Isso deveria levar-nos a pensar a FLU como o ponto de partida do processo. Ela é a mais abstrata, a mais provisória e (nesse sentido) a menos adequada das três fórmulas. Desse modo, tal pensamento torna-se verdadeiro, pois é a FH – e não a FLU – que é a escolhida por Kant para aplicar o princípio moral em *A metafísica dos costumes,* assim como não é a FA nem a FLU que é usada em sua tentativa de estabelecer o princípio da moralidade na terceira seção da *Fundamentação* (e ainda em sua tentativa, até certo ponto diferente, de chegar ao mesmo objetivo na *Crítica da razão prática*). O mesmo pensamento é confirmado, de outro modo, pelos críticos de Kant quando, erroneamente privilegiando a FLU e virtualmente excluindo a FH e a FA de sua consideração, eles então acusam a teoria kantiana de se satisfazer com um "formalismo vazio". Essa acusação, entretanto, é uma acusação menos à teoria de Kant do que às suas próprias leituras míopes da *Fundamentação.*

A FLU é derivada do mero conceito de um imperativo categórico no sentido de que ele nos ordena obedecer a todas as "leis universais", quer dizer, princípios práticos que se aplicam necessariamente a todos os seres racionais. Com vistas a tornar isso um pouco mais informativo, Kant inclui na FLU um teste de *máximas* (princípios práticos subjetivos que formulam os planos ou as intenções do agente), que se supõe determinar que máximas se conformariam com leis universais. A FLU afirma que uma máxima viola uma lei universal quando ela não puder ser desejada como uma lei universal. A FLU tenta tornar esse teste mais próximo da intuição, convidando-nos a imaginar um sistema natural de cujas leis a máxima seria uma delas e a nos perguntar se podemos, sem contradição ou sem o desejo de ser antagônico, que ela possa ser parte desse sistema natural. Depois de derivar a FLU e a FLN, Kant tenta (penso que de forma prematura e superansiosa) ilustrar seu princípio moral pela aplicação de tais testes a quatro exemplos. As máximas são escolhidas como sendo típicas do modo como um agente poderia ser tentado a violar o dever, sendo os quatro deveres selecionados de acordo com a taxonomia que ainda não fora justificada – nem sendo tais deveres já deduzidos. Kant espera que ele possa mostrar, em cada caso, a conclusão que a máxima viola a FLN, dando, assim, a medida de apelo intuitivo às fórmulas abstratas que ele apresentou. A primeira máxima, sobre praticar o suicídio, viola um dever perfeito para consigo mesmo. A segunda máxima, sobre fazer falsas promessas para se livrar de dificuldades, viola um dever perfeito para com os outros. A terceira máxima, sobre deixar os próprios talentos enferrujarem, viola um dever imperfeito para conosco. A quarta máxima, sobre se recusar a ajudar aqueles em necessidade, viola um dever imperfeito para com os outros.

A tentativa de Kant de mostrar que essas quatro máximas violam os testes de universalidade na FLN tem sido objeto de uma controvérsia sem fim. Algumas das controvérsias têm a ver com o fato de que as premissas empíricas que Kant usa no exemplo estão abertas a questionamentos. Contudo, controvérsias não tão edificantes vieram do pensamento obviamente equivocado de que Kant não poderia simplesmente usar qualquer premissa empírica na aplicação dos mesmos, já que ele pensa como *a priori* os princípios morais.

A maior parte das controvérsias pressupõe que Kant esteja propondo a FLU e a FLN como um completo teste de máximas ou inclusive como um procedimento de decisão universal, o qual nos diria, supostamente, como agir em quaisquer e todas as circunstâncias. Os críticos então tramam máximas que dariam, supostamente, um resultado intuitivamente errado. Muitas das críticas resultantes envolvem uma má compreensão da FLN, dos testes de universalização ou de concepções cruciais envolvidas neles, tais como querer, querer que alguma coisa seja uma lei universal da natureza e da contradição da vontade. Mas outros contra-exemplos propostos aparentemente não envolvem má compreensão. Eles mostram que a FLN não funcionará como um procedimento universal de decisão moral. Os defensores auto-indicados de Kant, contudo, recusam-se a reconhecer esse ponto. Eles procuram (como se fosse o Santo Graal) por alguma interpretação da FLN de acordo com a qual todos os contra-exemplos propostos falhariam porque se pode mostrar que eles repousam em uma má compreensão do teste de universalização.

Tanto os críticos quanto os defensores, nesse ponto, estão perdendo seu tempo, porque a aplicação que o próprio Kant fez dos testes de universalização não tem os objetivos que ambos os lados atribuem a eles. Sua intenção é apenas mostrar como certas violações de deveres específicos (que ele não tenta derivar dessas fórmulas) podem ser vistas como casos de agir por uma máxima que o agente reconhece como oposto ao que pode ser racionalmente desejado como uma lei universal para todos os seres racionais. O ponto não é propor um procedimento universal de decisão moral para todas as situações, todas as ações e todas as máximas, mas somente ilustrar como alguns dos deveres morais que nós já reconhecemos podem ser vistos como expressão do espírito da primeira e mais abstrata fórmula que Kant foi capaz de derivar a partir do conceito de um imperativo categórico. Poderemos observar como elas expressam tal espírito se olharmos para algumas máximas típicas, sob as quais as pessoas podem violar deveres reconhecidos, e vermos como essas máximas particulares envolvem o fato de fazer uma exceção para si mesmo a leis morais que queremos que sejam universalmente seguidas.

Kant sustenta esse ponto de forma totalmente explícita: "Se agora prestarmos atenção ao que se passa em nós mesmos sempre que transgredimos qualquer dever, descobrimos que na realidade não queremos que a nossa máxima se torne universal porque isso nos é impossível; o contrário dela é que deve universalmente continuar a ser lei; tomamos apenas a liberdade de abrir nela uma *exceção* para nós ou (também só dessa vez) em favor da nossa inclinação" (*GMS* 4:424). A FLU e a FLN são, portanto, melhor compreendidas à luz da antropologia e da filosofia da história kantianas. O ponto delas é opor nossa insociável propensão à presunção, a qual nos faz querer ver a nós e a nossas inclinações como exceções privilegiadas a leis que pensamos que todos os outros seres racionais devem seguir. Essa duas fórmulas pressupõem que já tenhamos identificado "o contrário" de nossas máximas imorais como sendo uma lei.

Mesmo os primeiros críticos de Kant foram muito rápidos em perceber que a FLU e a FLN por si mesmas são inadequadas para especificar quais são as leis morais. O resultado de se deter nesse ponto (como se fosse alguma coisa que Kant necessitasse negar), ou mesmo de tentar contestá-lo (como muitos kantianos desorientados fazem), é apenas distrair a atenção dos objetivos reais nessa discussão. Ainda mais importante, ele desvia a atenção do restante de sua derivação do princípio supremo da moralidade e do restante da segunda seção da *Fundamentação*. Quando discutimos esses quatro exemplos, Kant ainda não terminou de formular seu princípio. Ao contrário, ele somente começou. Ele continua o seu desenvolvimento chegando a dois outros pensamentos cruciais, os quais, somados ao conceito de um imperativo categórico, são realmente cruciais à sua teoria ética, a saber, o valor da natureza racional como um fim em si mesma e a autonomia da vontade como um fundamento da obrigação moral.

A humanidade como um fim em si mesma

Outro aspecto da acusação de "formalismo" é a reclamação de que a concepção kantiana do imperativo categórico é sem sentido porque não poderia haver razão ou motivo concebível para um agente obedecer a tal princípio. Aqueles que fazem essa acusação têm mesmo freqüentemente notado que a derivação kantiana da FH trata diretamente dessa objeção, investigando o motivo racional (*Bewegungsgrund*) para obedecer a um imperativo categórico (*GMS* 4:427). O primeiro resultado dessa investigação é estabelecer que tal motivo não pode ser qualquer desejo ou objeto de desejo. O segundo resultado é argumentar que tal motivo pode apenas ser o valor objetivo da natureza racional vista como um fim em si mesma

(*GMS* 4:428). A natureza racional é um "fim em si mesma" (ou um "fim objetivo") porque é um fim que somos obrigados racionalmente a ter, apesar de nossos desejos – embora Kant sustente que, quando temos esse fim sob fundamentos racionais, isso produza em nós vários desejos, como o amor pelos seres racionais e o desejo de beneficência (*MS* 6:401-402). A natureza racional é também um fim *existente* (ou "independente"), e não um "fim a alcançar" (*GMS* 4:437). Ou seja, não é alguma coisa que tentamos realizar, mas alguma coisa já existente, cujo valor nos fornece a razão pela qual agimos. O valor da natureza racional é final, não estando baseado em qualquer outro valor. Kant pensa que o argumento que alguma coisa tenha esse caráter pode somente tomar a forma de nos mostrar que, à medida que construímos fins, os quais julgamos como tendo valor objetivo, já consideramos a natureza racional que os colocam como tendo valor, bem como somos obrigados a ver a mesma capacidade em outros que são do mesmo modo (*GMS* 4:428-429).

Como o valor da natureza racional como um fim em si mesma deve proporcionar fundamento racional para imperativos categóricos, ela não pode ser alguma coisa cujo valor dependa de contingências sobre seres racionais (como o grau segundo o qual exerça suas capacidades racionais). Antes, seu valor deve ser total e incondicional em todo ser racional, o que determina que o valor de todo ser racional seja igual. Kant chama a natureza racional (em qualquer ser possível) de "humanidade", na medida em que a razão é usada para construir fins de qualquer espécie. Humanidade é distinguida de "personalidade", que é a capacidade racional de ser moralmente responsável. Dizer que a "humanidade" é um fim em si mesma é atribuir valor a todos os nossos fins permissíveis, sejam eles apreciados pela moralidade ou não.

Kant ilustra a FH usando os mesmos quatro exemplos aos quais ele primeiro tentou aplicar a FLN. Poucos leitores apreciaram o fato de que os argumentos da FH foram muito mais diretos e transparentes do que os primeiros, os quais lançam realmente nova luz aos primeiros argumentos. Qualquer objeção que se possa fazer aos argumentos kantianos para ilustrar a FH, como a pretensão de que a fórmula de Kant é vazia de conseqüências práticas, é muito menos plausível no caso da FH do que no caso da FLN. Quando se volta para a derivação de deveres éticos em *A metafísica dos costumes*, Kant apela só uma vez a algo como a FLU, mas depois de uma dúzia de apelos a FH. Eu reconheço que as razões pelas quais a FLU e a FLN foram tratadas como formulações privilegiadas são duas, ambas mal-orientadas. A primeira é que Kant apresenta essas fórmulas no início, e as discussões críticas as enfatizaram tão obsessivamente (e inconclusivamente), que os pontos resultantes serviram como um obstáculo à consideração de todo o argumento de Kant. A segunda razão é a pré-concepção de que um filósofo moral deve tentar fornecer um algoritmo universal, um engenhoso instrumento para gerar conclusões sobre o que fazer em toda e qualquer circunstância por meio de um processo admiravelmente simples de raciocinar. A FH obviamente não pode fornecer isso, já que sua aplicação depende claramente de juízos difíceis sobre casos particulares, nos quais está em questão se nós estamos ou não estamos tratando a natureza racional como ela deveria ser tratada. Em contraste, a FLU e a FLN podem ser (mal) interpretadas como o tipo de algoritmo moral que estamos procurando. (De modo que então poderíamos, além disso, exercer nossa própria engenhosidade – às expensas de nossa compreensão da teoria kantiana na *Fundamentação* – pelo ataque ou pela defesa dos algoritmos que resultariam dessas más interpretações.) No entanto, deixemos toda essa engenhosidade inútil de lado e retornemos ao que Kant realmente está fazendo na segunda seção da *Fundamentação*.

Autonomia e o reino dos fins

Uma vez derivada a FH, Kant pode juntar o pensamento de uma lei prática categórica ao pensamento de uma vontade racional como um fundamento de avaliação, derivando uma nova fórmula, "a *idéia da vontade de todo ser racional concebida como vontade legisladora universal*" (GMS 4:431). Conquanto os seguidores de Kant, assim como seus críticos, tendam a superenfatizar a importância da FLU para sua teoria, é difícil para qualquer um negar que seu pensamento mais revolucionário na filosofia moral seja a idéia de que a autonomia racional é o fundamento da moralidade. Na segunda e na terceira seções da *Fundamentação*, o próprio Kant estabelece a FA em uma variedade de modos, sendo suas "formulações universais" da lei moral na *Fundamentação* (GMS 4:437), na *Crítica da razão prática* (KpV 5:30) e em *A metafísica dos costumes* (MS 6:225) todas afirmações da FA (*não* da FLU, como freqüentemente se supõe que seja).[2]

Como já observamos, a FLU e a FLN contêm apenas testes para a *permissibilidade* de máximas individuais. Esses testes pressupõem que haja leis morais universais que fundamentem nossos deveres, mas tais leis e deveres positivos determinados (como o dever de nunca cometer suicídio ou de ajudar positivamente os outros em necessidade) não podem ser derivados deles. (O máximo que os seus testes de universalidade permitem-nos mostrar é que, por exemplo, não é permitido cometer suicídio *sob essa máxima específica*.) A FA, contudo, diz-nos positivamente que toda vontade racional é realmente legisladora de um sistema de tais leis, ou seja, que os deveres prescritos por essas leis são vinculantes para nós. A FA diz que uma pluralidade de máximas, consideradas coletivamente, envolve o querer positivo que elas (outra vez consideradas coletivamente) *devem realmente ser* leis universais. Os testes de universalidade contidos na FLU e na

FLN não propiciam um critério para decidir qual conjunto de máximas, consideradas coletivamente, envolve realmente tal querer. (Nem Kant nunca pretendeu que os experimentos mentais envolvidos nos quatro exemplos discutidos em *GMS* 4:421-423 pudessem mesmo ser adequados para determinar quais máximas pertencem a esse conjunto. A partir do procedimento de Kant em *A metafísica dos costumes*, a conjectura mais razoável é a de que ele sustente a FH como providenciando o melhor critério para isso.)

Kant sustenta que somente a autonomia de uma vontade racional pode ser o fundamento de obrigações morais. Se alguma coisa externa à vontade racional fosse o fundamento para as leis morais, então isso poderia destruir seu caráter categórico, já que elas poderiam ser válidas para a vontade apenas de forma condicionada a alguma volição ulterior relativamente a essa fonte externa. (Se a felicidade for o fundamento das leis, elas serão condicionadas a nosso desejo de felicidade; se o fundamento das leis morais for a vontade de Deus, então sua obrigatoriedade será condicional a nosso amor ou temor a Deus.)

A idéia de um sistema das leis morais legisladas completamente por nossa vontade leva Kant a outra idéia: aquela de um "reino dos fins" – isto é, de uma comunidade ideal de todos os seres racionais, que formam uma comunidade porque todos os seus fins harmonizam-se em um sistema interconectado, unido e mutuamente sustentável, como fazem os órgãos de um ser vivo em seu funcionamento sadio. A FRF impele-nos a agir de acordo com aqueles princípios que poderiam pertencer a tal sistema. Se a FH implica o igual *status* de todos os seres racionais, então a FRF implica que as condutas moralmente boas objetivem eliminar conflitos e competição entre as mesmas, de sorte que cada um persiga somente aqueles fins que possam ser levados à harmonia com os fins de todos os outros.

Fundamentando a lei moral

A FA é usada na dedução da lei moral na terceira seção da *Fundamentação* e no seu tratamento alternativo na *Crítica da razão prática* (*KpV* 5:28-33). Ambos envolvem a pretensão de que a lei moral a liberdade da vontade impliquem-se reciprocamente uma à outra (*GMS* 4:447, *KpV* 5:29). Essa pretensão sustenta-se na concepção kantiana da liberdade prática como uma causalidade de acordo com leis auto-impostas (ou seja, normativas). Pensar o meu próprio eu como livre é pensá-lo como apto a agir de acordo com princípios autolegislados. Kant mostrou na segunda seção que, se há um imperativo categórico, então ele pode ser formulado como a FA, isto é, como um princípio normativo auto-imposto por minha vontade racional.

Portanto, se há uma lei moral que seja válida para mim, então ela é tal se e somente se eu sou livre (nesse sentido). Na *Fundamentação,* Kant argumenta que considerar o próprio eu como fazendo inclusive juízos teóricos é olhar o próprio eu como livre, visto que julgar (mesmo em questões teóricas, como a da liberdade da vontade) é ver o próprio eu seguindo normas lógicas ou espistêmicas. Isso significa que seria auto-refutante julgar que não se é livre e apresentar o próprio eu como fazendo esse juízo na base de boas razões. Esse argumento não é uma prova teórica de que somos livres, mas demonstra que a liberdade é uma pressuposição necessária de qualquer uso da razão, sendo que isso significa que qualquer uso da razão vincula qualquer um à validade do princípio da moralidade como Kant formulou-o na segunda seção da *Fundamentação*.

Percebe-se também que essa linha de raciocínio é totalmente independente da idéia de Kant (mais controversa) de que a causalidade da liberdade é incompatível com a causalidade natural e de sua inferência dessa idéia de que podemos pressupor nosso eu como livre somente pela consideração de nós mesmos como membros de um mundo noumenal incognoscível (*KrV* A538-558/B566-586; *GMS* 4:450-463, *KpV* 5:42-57, 95-106). Pode-se concordar inteiramente com o ponto de vista de Kant de que a liberdade e a lei moral são pressuposições da razão, ainda que se sustente, contrariamente a Kant, que nossa liberdade (no sentido de nossa capacidade de agir de acordo com normas racionais auto-impostas) seja um poder natural que temos, o qual é consistente com as operações de leis naturais causais.

Percebe-se, enfim, que a concepção da liberdade de Kant como uma causalidade noumenal é explicitamente uma concepção não-empírica, introduzida apenas para resolver um problema metafísico sobre como a pretensão de que somos livres não contradiz logicamente a pretensão de que nossas ações sigam leis da causalidade natural. Essa concepção, portanto, não tem quaisquer implicações para o modo como a ação moral deva ser concebida empiricamente. Será uma má compreensão se isso for tratado como um dogma metafísico sobre como nossa liberdade opera. Os princípios do próprio Kant descartam a possibilidade de inclusive conhecermos qualquer coisa sobre isso. A concepção kantiana da liberdade como uma causalidade noumenal não pretende favorecer ou recusar qualquer teoria empírica sobre a historicidade ou a condicionalidade empírica de nossa liberdade na experiência. Se inferimos disso que ele concebe a liberdade humana como "a-histórica" ou não-sujeita a variações de acordo com o tempo e a cultura, então não só fazemos inferências inválidas daquilo que Kant defende, como também chegamos a conclusões que contradizem diretamente as teorias efetivas da história e da antropologia empírica encontradas nos próprios escritos de Kant.

O SISTEMA METAFÍSICO DOS DEVERES

Os leitores da *Fundamentação* tendem a enfatizar a FLU, às custas de formulações mais tardias de Kant (portanto, mais desenvolvidas e mais adequadas) da lei moral. Isso os conduz a uma certa imagem de como Kant pensa que a lei moral deva ser aplicada, uma imagem que envolve formular máximas e raciocinar se elas podem ser pensadas ou desejadas como leis universais (ou, seguindo a FLN, como leis da natureza). Quando Kant finalmente chegou perto de escrever *A metafísica dos costumes* (para a qual a *Fundamentação*, como o próprio nome mostra, pretendia meramente estabelecer os fundamentos), ele providenciou um tratamento bem diferente do raciocínio moral ordinário proveniente daquele sugerido por tal imagem.

Direito e ética

A *metafísica dos costumes (Sitten)* está divida em duas partes maiores: a primeira é a Doutrina do Direito (*Rechtslehre*) e a segunda trata da "ética" (*Ethik*), que é a Doutrina da Virtude (*Tugendlehre*). Direito, que é a base do sistema de deveres *jurídicos*, concerne apenas à proteção da liberdade externa dos indivíduos, sendo indiferente aos incentivos que os conduzem a seguir seus comandos. A diferença crucial entre ética e direito é que os deveres jurídicos podem ser impostos à força, ao passo que os deveres éticos não podem. Os deveres da *ética*, concernentes ao autogoverno dos seres racionais, não só requerem ações, como também têm a ver com os fins que as pessoas colocam e os incentivos a partir dos quais elas agem. As pessoas devem respeitá-los porque nossa razão coage nosso eu a concordar com eles. Nenhuma autoridade pode corretamente nos forçar a concordar com eles.

Deveres jurídicos

A base de todos os deveres jurídicos é o princípio do direito:

> D: Uma ação é conforme ao direito se ela, ou se segundo sua máxima a liberdade do arbítrio de cada um, pode coexistir com a liberdade de todos conforme uma lei universal (*MS* 6:230; cf. *TP* 8:289-290).

D produz uma similaridade verbal superficial com a FLU, mas a diferença entre este e todas as formas do princípio da moralidade é muito mais significativa do que as similaridades. D não nos ordena diretamente o que fazer (ou não fazer). Ele só nos diz o que é *direito* (*recht*) ou externamente justo. Dizer que um ato é "direito" (isto é, externamente justo) é somente dizer que, pelos padrões do direito, ele não pode ser coercivamente obstado. "Direito", nesse sentido, não é o mesmo que a noção de "direito" usada na filosofia moral (na qual "direito" é distinguido de "bom", sendo que os filósofos tentam imaginar qual deles fundamenta o outro). Ações corretas, nesse sentido, incluem somente ações que, de acordo com os padrões fundados pelo princípio D, não podem ser coercivamente obstados, mesmo que sejam contrários aos deveres morais. Esse padrão puramente jurídico de permissibilidade não é um padrão moral, mas determinado pelo que o sistema do direito (da justiça externa, como legitimamente imposta por uma autoridade legítima) exige em nome da proteção da liberdade externa de acordo com leis universais.

Sem dúvida, D *sugere* (embora não estabeleça diretamente) que o direito, como liberdade externa de acordo com leis universais, é alguma coisa valiosa e *implica* (ainda que não afirme) que nós devemos restringir nosso eu a ações que têm a propriedade de ser "corretas". Se procurarmos pelas razões kantianas dessas teses subentendidas, elas não serão difíceis de encontrar. O valor vinculado a ações que são externamente corretas é, obviamente, uma expressão do princípio da moralidade, como poderemos ver mais facilmente se considerarmos FH. O respeito pela humanidade requer que seja assegurada às pessoas a liberdade externa necessária para um uso significativo de suas capacidades de formular fins de acordo com a razão. Isso é o que Kant diz quando afirma que o "direito inato à liberdade", que é o único fundamento de todos os nossos direitos, "corresponde a todo o homem em virtude de sua humanidade" (*MS* 6:237). Por essa razão, Kant sustenta que também temos um dever *ético* de nos limitar a ações que são corretas (isto é, que aquiescem com nossos deveres *jurídicos*).

É crucial, para entender D e a noção de "direito" definida nele, ter claro que tais deveres *éticos* não são parte do próprio D ou dos deveres jurídicos para os quais D serve como princípio. Os deveres éticos e jurídicos são formas de autolimitação racionais e, desse modo, estão submetidos à "moral" (*Sitten*). Contudo, não são duas partes distintas dos costumes. Kant coloca o "direito" à frente da "ética" na sua exposição para enfatizar que as duas partes são distintas e que deveres de direito não são meramente uma subclasse de deveres éticos, assim como D não pode ser derivado da FA, FH, FLU ou de qualquer outra formulação do princípio da moralidade. O incentivo para os deveres jurídicos pode ser moral, mas ele pode ser igualmente prudencial ou (mais freqüentemente) alguma coisa ainda mais direta e confiável – a saber, o medo imediato do que a autoridade legal fará a nós se violarmos seus comandos. Uma ação que realiza um dever ético tem muito mais valor moral se for feita por dever, porém o incentivo pelo qual realizamos uma ação correta não faz diferença para a justificação de sua correção. Teremos mais a dizer sobre o "direito" e sua diferença da "ética" no Capítulo 9.

Deveres éticos

A metafísica dos costumes concebe o raciocínio moral ordinário como deliberação baseada na capacidade de fundamentar sua ação em um de seus vários *deveres* éticos. O material dos deveres éticos é constituído por "deveres de virtude" ou "fins que são também deveres" (*MS* 6:382-391). Em outras palavras, para Kant, o raciocínio moral ordinário é fundamentalmente *teleológico* – é raciocinar sobre que fins nós estamos obrigados a seguir pela moral e as prioridades entre esses fins que somos obrigados a observar.

Assim, dos quatro exemplos da *Fundamentação*, aquele que mais nos diz sobre o raciocínio moral que a teoria de Kant apresenta não é o da formulação de máximas ou do uso do teste de universalização, mas sim a taxonomia de deveres por meio da qual Kant organiza os exemplos. A divisão básica é entre deveres para consigo e deveres para com os outros. Entre os deveres para consigo, Kant distingue deveres perfeitos (aqueles que requerem ações ou omissões específicas, não permitindo qualquer latitude no interesse das inclinações, de tal modo que a falha em realizá-los é censurável) de deveres imperfeitos (para os quais é requerido estabelecer um fim, havendo, contudo, uma latitude com relação a quais ações escolher com vistas a tal fim, sendo essas ações meritórias). Os deveres perfeitos para consigo são posteriormente divididos em deveres para consigo como um ser animal e como um ser moral (*MS* 6:421-442). Os deveres imperfeitos para consigo são divididos em deveres de busca da perfeição natural (cultivar os próprios talentos) e deveres de busca da perfeição moral (pureza de motivação e virtude) (*MS* 6:444-447). Os deveres para com os outros são subdivididos em deveres de amor (que correspondem aos deveres imperfeitos) e deveres de respeito (que correspondem aos deveres perfeitos) (*MS* 6:448). Os deveres de amor são ainda subdivididos (*MS* 6:452), assim como os vícios da aversão a esses deveres (*MS* 6:458-461). Com relação aos deveres de respeito, há subdivisão somente dos vícios que se opõem a eles (*MS* 6:465). Os deveres *metafísicos* de virtude são distintos dos deveres advindos de condições particulares das pessoas ou das relações entre elas. Kant sustenta haver muitos deveres importantes desse último tipo; porém, seu detalhamento fica fora de uma "metafísica" dos costumes, que trata somente das aplicações do princípio supremo da moralidade à natureza humana em geral (*MS* 6:468-474).

Na *Fundamentação*, Kant tenta (sem sucesso, eu penso) relacionar a distinção entre deveres perfeitos e imperfeitos a duas formas de teste de universalidade envolvido na FLN (*GMS* 4:423-424). Mas ele nunca alega que a própria distinção possa ser fundamentada pela FLU, nem ele mesmo nunca tentou relacionar a FLU ou a FLN à distinção mais básica entre deveres para consigo e para com os outros. Ambas as distinções, contudo, são facilmente explicadas em termos da FH (cf. *GMS* 4:429-430).

Um dever *d* é um dever para com (*gegen*) *S* se e somente se *S* é um ser racional e a exigência de obedecer a *d* é fundamentada na obrigação de respeitar a humanidade na pessoa de *S*. Um dever é lato ou imperfeito (ou um dever de amor, quando em relação aos outros) se a ação promove um dever de virtude (um fim que é um dever realizar). Um ato é exigido por um dever perfeito ou estrito (ou um dever com respeito aos outros) se o insucesso em realizá-lo corresponde a uma falha em realizar esse fim obrigatório ou a um insucesso em respeitar a humanidade como um fim na pessoa de alguém. Um ato viola um dever perfeito (ou um dever de respeito) se ele realiza um fim contrário a algum dos fins que é nosso dever realizar ou se ele mostra desrespeito para com a humanidade na pessoa de alguém (por exemplo, usando sua pessoa como mero meio). Assim, a própria teoria moral de Kant (como ele acuradamente a apresenta em *A metafísica dos costumes*) é muito melhor compreendida em termos da FH do que da FLU ou da FLN. Corolário: tentativas de construir uma teoria moral "kantiana" usando algumas interpretações da FLU como um teste universal de máximas, qualquer que seja o seu grau de sucesso ou insucesso como empreendimento filosófico, deturpam seriamente a verdadeira teoria que o próprio Kant apresenta-nos.

Fins que são deveres

Os deveres imperfeitos ou latos devem guiar-nos na realização dos fins da vida. Nem todos os fins precisam ser deveres ou contrariar o dever (alguns fins são meramente permissíveis); contudo, pessoas moralmente boas incluirão deveres de virtude entre os fins centrais que dão sentido a suas vidas. A moralidade kantiana, portanto, deixa um grande espaço de latitude na determinação de quais fins realizar e o quanto realizá-los. A busca de nossos fins, uma vez que nos tenhamos decidido por eles, é coerciva somente por deveres jurídicos, deveres perfeito para conosco e deveres de respeito aos outros. (Nesse aspecto, a teoria kantiana contrasta nitidamente com o rigorismo aterrorizante de Fichte, que não tolera ações meramente permissíveis: todo ato é obrigatório ou proibido[3]).

Na teoria kantiana, a lei moral fundamental é um imperativo categórico, isto é, um princípio que nos obriga independentemente de qualquer outro fim que possamos ter que seja independente do próprio princípio. Porém, como Kant interpreta o princípio moral fundamental, uma das coisas mais importantes que ele faz é nos ordenar a realizar certos fins. (Os fins não são pressupostos pelo princípio como seus fundamentos, mas, antes, são fundamentados nele.) Esses fins, baseados no imperativo categórico, são extremamente importantes para a estrutura da moralidade kantiana. Para Kant, *todos os deveres éticos, quaisquer que sejam, são fundamentados em fins*. De fato, a teoria kantiana dos deveres éticos é inteiramente *teleológica*, absolutamente *não-deontológica* (ao menos se o termo referir-se a deveres que são obrigatórios para nós independentemente de qualquer fim que possamos estabelecer).

Minha própria perfeição e a felicidade dos outros

Há duas espécies de fins que são nosso dever ter: nossa própria perfeição e a felicidade dos outros (*MS* 6:385). O argumento mais claro de Kant de que estamos moralmente obrigados a ter tais fins é provavelmente encontrado na sua discussão do terceiro e do quarto exemplos da *Fundamentação*, quando ele os considera em relação à FH. (A FLU e a FLN nunca podem ser usadas para mostrar que temos qualquer dever positivo ou o dever de realizar quaisquer fins positivos. O máximo que podem mostrar é que não podemos adotar máximas que recusam, em princípio, realizar tais fins ou máximas que sejam contrárias a tais fins. Entretanto, o imperativo de tratarmos a nós e aos outros como fins em si mesmos pode exigir-nos a realização de certos fins com relação a nós mesmos e aos outros.) Para tratar a mim mesmo como um fim, eu devo honrar e promover minhas capacidades racionais de realizar fins e desenvolver as habilidades usuais para promover tais fins. Para tratar os outros como fins, eu devo honrar suas capacidades racionais de realizar fins, e eu faço isso promovendo alguns dos fins que eles estabelecem, cujo nome coletivo é "felicidade".

Por que eu não tenho um dever de promover a perfeição dos outros e a minha própria felicidade? Eu não tenho o dever direto de promover a minha própria felicidade porque o conceito de dever envolve obrigação moral, e uma obrigação prudencial absolutamente separada da moralidade obriga-me a buscar a minha felicidade. Não obstante, quando a imprudência expressar desrespeito por meu eu ou a infelicidade provavelmente enfraquecer minha capacidade de seguir os princípios da moralidade, eu terei um dever indireto de promover minha própria felicidade. O que conta como a perfeição de um outro depende das escolhas dos outros de quais fins adotar. Eu não posso adotar fins para os outros e não tenho o direito de coagi-los a seguirem fins que escolhi para eles. Portanto, eu não posso ter um dever direto de promover sua perfeição, como distinta do meu dever de promover a sua felicidade, da qual a sua perfeição, que eles adotaram como um fim, é uma parte. Em outras palavras, meus deveres para com os outros devem respeitar seu direito de escolher por eles mesmos quais fins querem adotar e, por conseguinte, o que conta para eles como sua perfeição. O ponto de Kant pode, então, ser assim explicitado: eu tenho um dever de promover minha própria felicidade, mas somente enquanto minha felicidade está sob a égide de minha perfeição, e eu tenho um dever de promover a perfeição dos outros, mas somente enquanto está sob a égide de sua felicidade.

A fórmula geral dos deveres éticos consiste em que uma ação é um dever ético perfeito se omiti-lo significar recusar realizar um fim moralmente requerido ou realizar um fim contrário a um fim moralmente requerido. De forma análoga, os deveres éticos perfeitos de não se conduzir com desrespeito aos outros, de não difamá-los, escarnecê-los ou ridicularizá-los, estariam baseados na alegação de que tais comportamentos envolvem um fim contrário a fins moralmente requeridos (*MS* 6:463-468). A teoria dos deveres éticos é teleológica, mas concebe nossa busca de fins obrigatórios de uma maneira menos restrita do que muitas das teorias conseqüencialistas o fazem. Dispositivos-padrão de racionalidade prudencial, tais como somar e dividir, maximizar e satisfazer, não se aplicam diretamente aos nossos raciocínios morais sobre os fins que fundamentam deveres éticos. Meu dever de promover a felicidade dos outros *não* é um dever de *maximizar* a felicidade coletiva dos outros. Ele me deixa com uma grande porção de latitude para decidir a felicidade de quem promover, bem como quais partes de sua felicidade. Meu dever de promover minha própria perfeição não é um dever de conseguir qualquer nível específico de perfeição plena, muito menos um dever de tornar meu ser tão perfeito quanto eu possa possivelmente ser. A teoria kantiana deixa isso para eu decidir, a saber, quais talentos desenvolver e o quanto desenvolvê-los. A teoria kantiana não nos dá razão para reprovar uma pessoa por ser menos virtuosa ou por ser menos moralmente perfeita do que ela poderia ter sido.

Todos os deveres de virtude são, em seu conceito, amplos, imperfeitos e meritórios (*MS* 6:390-391). Eu me comporto meritoriamente à medida que ajo para promover um fim que esteja sob o conceito dos fins requeridos. Porém, não mereço censura por falhar em promover tal fim em qualquer ocasião dada e, *a fortiori*, não mereço censura por não promovê-lo maximamente. Em geral, sou eu que tenho de decidir a quem promover a sua felicidade e em que grau fazê-lo. A ética permite latitude ou "espaço de jogo" (*Spielraum*) para decidir essas questões (*MS* 6:390). Assim, os próprios agentes morais como agentes livres, e não a teoria dos princípios ou deveres morais, são responsáveis pelo projeto de seus planos de vida individuais.

Uma teoria kantiana dos deveres não ameaça ser desumanamente exigente, como as teorias conseqüencialistas ou utilitaristas do dever moral sugerem que ela seja, porque os fins que a moralidade exige-nos adotar são *espécies* gerais de fins, e não fins específicos, e também porque o exigido não é realizar fins daquela espécie preferivelmente a maximizar qualquer espécie de bem. Esse ponto tem sido apreciado com freqüência, provavelmente porque a atenção tenha sido desviada disso por alguma das opiniões de Kant infamamente extremas sobre certos deveres, tal como o dever de não mentir. Não obstante, é muito questionável se as convicções de Kant sobre tópicos específicos realmente se seguem de sua teoria ética. Em minha opinião, se for corretamente entendido, ela parece ser mais vulnerável à acusação de que é demasiadamente ampla do que à acusação de que é demasiadamente estrita. O meio mais importante que Kant tem para rebater tal acusação é apelar para contextos específicos de ação ou para relações institucionais específicas nas quais estamos situados em relação aos outros, de modo a tornar nossos deveres para com eles mais estritos ou mais precisos. Os principais seguidores idealistas de Kant – Fichte e Hegel – tomaram corretamente esse caminho, relacionando os deveres éticos a uma ordem social racional e aos papéis que os indivíduos supostamente desempenham nela.

Ética como virtude

O título do sistema kantiano de deveres éticos é "Doutrina da Virtude". Seu nome é, para os fins obrigatórios da razão prática pura, "deveres de virtude". Na *Crítica da razão prática*, Kant descreve "virtude" como "uma faculdade naturalmente adquirida de uma vontade não-santa" (*KpV* 5:33) ou, mais especificamente, como "a disposição moral em luta" (*im Kampfe*) (*KpV* 5:84). Em *A metafísica dos costumes*, a virtude é caracterizada como "a força moral da vontade de um homem no cumprimento do seu dever" (*MS* 6:405; cf. 6:394). "Força moral" é uma "aptidão" (*Fertigkeit, habitus*) de agir e "uma perfeição subjetiva do arbítrio" (*MS* 6:407). Fins obrigatórios são chamados "deveres de virtude" porque a virtude é requerida para adotá-los ou buscá-los. Há somente uma única *disposição* fundamental de virtude, mas, como são muitos os fins que são nosso dever tem, há várias virtudes diferentes (*MS* 6:383, 410). Eu posso ter uma virtude e não ter outra se meu comprometimento for forte em um fim obrigatório e fraco em outro.

Kant sustenta que temos um dever de cultivar sentimentos e inclinações que se harmonizem com o dever e de adquirir um temperamento adequado à moralidade (*MS* 6:457). Contudo, ele não equaciona *virtude* com sucesso na realização de tal dever (*MS* 6:409). A virtude é necessária precisamente na medida em que a boa conduta é difícil para nós, visto que ela consiste na força de que necessitamos para realizar uma tarefa difícil. Uma pessoa pode ter um temperamento tão agraciado, que seus sentimentos e desejos tornam o dever fácil e agradável de realizar. Um temperamento desse tipo não é virtude, mas apenas torna a virtude menos freqüentemente necessária. A pessoa pode ainda ser virtuosa também, mas a virtude é uma qualidade do *caráter* (da força ativa das máximas racionais), e não do temperamento (dos sentimentos e desejos que passivamente experienciamos).

Essa concepção de virtude decorre naturalmente da teoria kantiana da natureza humana. Para concordar com essa teoria, em sociedade nossas inclinações, como expressões da competição da presunção, são inevitavelmente um contrapeso à lei moral, que requer força para dominá-la. Portanto, não pode haver realização confiável do dever sem virtude (em algum grau). A teoria dos deveres éticos é chamada de "Doutrina da Virtude" somente porque a natureza humana é tal que a virtude é a pressuposição fundamental de todas as condutas éticas confiáveis. Em uma condição civilizada, na qual nossos sentimentos e desejos são corrompidos pela competição social e pela presunção, seria não só perigoso, mas censuravelmente irresponsável, confiar (como Hutcheson e Hume teriam-nos feito confiar) apenas em sentimentos não-racionais e desejos empíricos como os motivos para a conduta moralmente boa.

NOTAS

1. Contudo, permanece enigmático para mim como Kant pode ter dito o que disse no seu infamado ensaio sobre o direito de mentir, consideradas outras afirmações que ele fez sobre o dever de dizer a verdade, quando ele o aplica e quando não o aplica. Ver a segunda nota no Capítulo 9. Nem mesmo parecem cientes desse enigma aqueles poucos que expressam condescendência ou horror aos pontos de vista famosamente inflexíveis de Kant sobre a mentira.
2. Com relação à *Crítica da razão prática*, esse ponto foi observado por H. J. Paton, *The Categorical Imperative* (New York: Harper & Row, 1949, p. 130), e Lewis White Beck, *Commentary on Kant's Critique of Pure Reason* (Chicago: University of Chicago Press, 1960, p. 122 e nota 22).
3. Ver Fichte, *System of Ethics, Fichtes Sämmtliche Werke*, ed. I. H. Fichte (Berlin: Walter de Gruyter, 1970, 4:156, 204, 264).

LEITURAS COMPLEMENTARES

Marcia W. Baron, *Kantian Ethics (Almost) Without Apology*. Ithaca: Cornell University Press, 1995.

David Cummiskey, *Kantian Consequentialism*. New York: Oxford University Press, 1996.

Paul Guyer, *Kant on Freedom, Law and Happiness*. New York: Cambridge University Press, 2000.

_____ (ed.), *Kant's Groundwork of the Methaphysics of Morals: Critical Essays*. Totowa, NJ: Rowman and Littlefield, 1998.

Barbara Herman, *The Practice of Moral Judgement*. Cambridge, MA: Harvard University Press, 1993.

Thomas Hill, Jr., *Dignitiy and Practical Reason*. Ithaca: Cornell University Press, 1992.

Christine M. Korsgaard, *Creating the Kingdom of Ends*. New York: Cambridge University Press, 1996.

Robert B. Louden, *Kant's Impure Ethics*. New York: Oxford University Press, 2000.

Allen W. Wood, *Kant's Ethical Thought*. New York: Cambridge University Press, 1999.

_____ (ed. e tr.), Kant, *Groundwork for the Metaphysics of Morals*, com ensaios de J. B. Schneewind, Marcia Baron, Shelly Kagan e Allen Wood. New Haven: Yale University Press, 2001.

8
A TEORIA DO GOSTO

POR QUE UMA TERCEIRA "CRÍTICA"?

A *Crítica da razão pura* foi fundamental pelas contribuições filosóficas que tornam a obra de Kant memorável para nós. A *Crítica da razão prática* foi um crescimento da obra de Kant em uma segunda edição de sua obra fundamental e também de sua tentativa de esclarecer os fundamentos da filosofia prática como ele os tinha apresentado na *Fundamentação*. É difícil dizer por que Kant escreveu a *Crítica da faculdade do juízo*, a qual, ele afirma, leva sua empresa crítica inteira a um termo (*KU* 5:170). Seu objetivo fundamental, claramente admitido, foi unir o que ele percebeu ser um abismo infinito entre o tratamento da razão prática e da razão teórica em sua filosofia e, por meio disso, unificar seu sistema filosófico. Contudo, qual seria exatamente o problema tratado, ou qual seria supostamente o problema em si mesmo, é matéria de disputa profunda entre os especialistas em Kant até hoje. Em um estudo como este, eu evitarei expor qualquer opinião nessas questões, pois qualquer tratamento que eu pudesse dar seria inevitavelmente controverso e não haveria espaço aqui para explaná-lo ou defendê-lo. (Contudo, talvez eu possa estar certo de retirar críticas de todos os lados, ainda que eu ofereça a modesta sugestão de que, sob o ponto de vista do legado filosófico duradouro de Kant, as questões obscuras que circundam a unidade do sistema kantiano possam ser de menor interesse do que devotados especialistas em Kant geralmente pensam que seja.)

À parte desse objetivo fundamental (ainda que obscuro), entretanto, o propósito de Kant na terceira e final *Crítica* foi também tratar de dois tópicos que foram de grande importância filosófica em seu tempo, bem como guiar algumas das coisas que foram ditas sobre eles e que, na visão de Kent, violavam os escritos críticos que sua filosofia havia lançado. O primeiro tópico era o gosto, seus padrões próprios e as implicações de nossa experiência da beleza para a metafísica e a moralidade. Estas foram questões com as quais muito se ocupou, criativamente, o pensamento do século XVIII. O segundo tópico era a teleologia natural, sua função na ciência natural e suas implicações para a moralidade e as crenças religiosas. O ponto de vista mecanicista da natureza encabeçado por Descartes, e grande parte do pensamento moderno em seu início, foi contrariado por Leibniz e pelos platônicos de Cambridge, sendo que a segunda metade do século XVIII testemunhou uma forte continuação dessa reação, especialmente por parte de certos pensadores alemães. Kant quis dar o devido respeito a essa reação, ainda que moderando alguns dos entusiasmos anticientíficos aos quais ele acreditava serem propensos.

Contudo, ambos os tópicos, como Kant podia claramente perceber, eram pertinentes a problemas de sua própria filosofia crítica que ele via como ainda pendentes. Kant nomeou tais problemas em conjunto, referindo-os ao "abismo incalculável" entre sensível e supra-sensível, natureza e liberdade, razão teórica e prática (*KU* 5:175-176). Quase imediatamente após a recepção da filosofia crítica de Kant, e desde então, ele tem sido acusado por alguns de estabelecer um conjunto de dualismos falsos e não-saudáveis – entre fenômenos e coisas em si mesmas, natureza e moralidade, inclinação e dever. A *Crítica da faculdade do juízo* é o reconhecimento dessas críticas pelo próprio Kant e a sua tentativa de respondê-las.

Tal como a maior parte da estética do Esclarecimento, Kant afirma haver uma conexão bastante estreita entre moralidade e sentimentos estéticos do belo e do sublime. Ele vê tais sentimentos como conectando e mediando a razão moral e a nossa natureza sensível. Beleza e sublimidade nos dão um autêntico sentimento da moralidade ou até mesmo (na feliz frase de Paul Guyer) uma *experiência da liberdade*.[1] Como podemos atualmente ver, na experiência da beleza, segundo o tratamento kantiano dado a ela, a faculdade do juízo medeia – e registra uma harmonia espontânea entre – nossa faculdade sensível da imaginação e nossa faculdade intelectual do entendimento. A experiência da beleza também nos fornece consciência de "idéias estéticas" – representações sensíveis ou imaginativas às quais nenhum conceito é adequado, que são o complemento das idéias da razão –, ou seja, representações intelectuais às quais nenhuma intuição sensível pode ser adequada. O outro tema maior da terceira *Crítica*, a teleologia da natureza, conecta, em última análise, nossa ciência teórica da natureza ao sistema dos fins morais, mostrando-nos uma visão da natureza que se harmoniza com nossa vocação moral, unindo, assim, o abismo entre razão teórica e prática, liberdade e natureza.

Ao mesmo tempo, porém, a *Crítica da faculdade do juízo* define cuidadosamente o único lugar dos juízos estéticos em nossa vida mental e determina o papel especial e limitado dos juízos teleológicos em nossa investigação da natureza. Desse modo, ela também efetiva o empreendimento *crítico* de Kant, guardando os limites de nosso conhecimento contra uma espécie de entusiasmo estético ou religioso que ele vê como teoricamente irresponsável e praticamente perigoso.

Neste capítulo, examinarei brevemente o aspecto estético do projeto kantiano na terceira *Crítica* e sua relação com as teorias tradicionais do gosto que Kant estava tentando mediar e cuja oposição ele também estava tentando transcender.

JUÍZOS DE GOSTO

Juízos sobre um objeto ser belo ou feio são muito peculiares. Eles não são como meras asserções que podemos considerar, algumas vezes, como agradáveis ou repugnantes – que Kant chama de juízos sobre o "agradável" ou "desagradável". Suponhamos que me agrade o chá de camomila porque eu o associe a minha velha e doce avó, que costumava servi-lo a mim quando criança com marzipã, ao passo que a você ele não agrade porque sua governanta com pele enrugada costumava empurrá-lo a você como uma espécie de medicação punitiva acompanhada de uma repreensão quando você fazia alguma coisa que ela considerava ruim para sua saúde. Não há nada aqui sobre o que possamos discordar. Eu aprecio isso e você não. Nós dois temos ciência desses fatos e sabemos como eles prevalecem – e é tudo o que há para isso. No entanto, se eu digo que certo objeto é belo e você diz que é feio, nós nos olhamos como discordando sobre alguma coisa – nós dois pensamos que, se uma de nossas asserções for verdadeira, então a outra deverá ser falsa. Ambas as asserções parecem ter sido predicadas de um objeto real ou de uma propriedade objetiva, tal como seu tamanho ou sua massa ou, inclusive, se ele é bom ou mau. Kant entende todos esses juízos, em qualquer caso, como predicando do sujeito propriedades objetivas das coisas. Uma saca de arroz de uma libra é objetivamente uma libra. Uma faca que efetivamente serve às finalidades-padrão das facas é instrumentalmente ou funcionalmente boa, ao passo que uma faca que torna essas finalidades difíceis de alcançar é ruim. Uma ação proibida por leis morais é moralmente má, ao passo que uma ação que elas estabelecem como meritória é moralmente boa.

Não obstante, juízos de beleza e feiúra não são objetivos do mesmo modo que juízos sobre o tamanho e o peso ou que juízos sobre a bondade ou a maldade. A coisa essencial sobre a beleza de um objeto é que ele nos apraz e sobre a feiúra de outro objeto é que nos desapraz (quando os objetos são considerados da maneira apropriada e nossa experiência em relação aos mesmos não é distorcida por fatores estranhos a um genuíno juízo de gosto). Nossos juízos de gosto *divergem* porque cada um de nós pensa que o outro deva, no mínimo, estar apto a considerar o objeto dessa maneira apropriada e que, quando isso acontece, o outro deve comprazer-se com o objeto que consideramos belo e não gostar do objeto que consideramos feio. Prazer e desprazer, porém, são sentimentos essencialmente subjetivos. Como Kant com freqüência insiste, o mero fato de que um objeto nos apraz ou desapraz não nos dá qualquer indicação de suas propriedades objetivas, nem mesmo de modo semelhante a como a cor de um objeto me diz alguma coisa objetiva sobre a luz que sua superfície reflete sob certas condições. A única informação que eles dão é sobre o sujeito.

Então, juízos de gosto parecem apresentar-nos um paradoxo. Eles possivelmente não podem ser juízos objetivos sobre um objeto, mas nós os tratamos como se fossem. Beleza e feiúra funcionam no discurso como se fossem propriedades objetivas das coisas, ainda que saibamos perfeitamente bem que não são. Como pode acontecer que cheguemos a considerar um objeto como aprazível ou não-aprazível, ao menos quando é visto de um certo modo, como se fosse uma propriedade objetiva dele? Poderia parecer que tratamos esse caso especial de prazer e desprazer como normativo, como se quando ele fosse visto desse modo fosse *correto*, em algum sentido, ser aprazido por um objeto belo e *errado* não ser aprazido por ele.

Kant é freqüentemente visto como tentando mediar ou transcender a oposição entre "racionalismo" e "empirismo" na teoria do conhecimento. Contudo, a única área da filosofia na qual ele entende sua própria tarefa precisamente nesses termos é na estética (*KU* 5:346). Pode ajudar-nos a entender a sua teoria do gosto analisarmos brevemente as soluções "empiristas" e "racionalistas" dadas ao paradoxo sobre os juízos de gosto e vermos por que Kant considerou ambas as soluções insatisfatórias. Racionalistas como Baumgarten ou Mendelssohn identificam a beleza com a bondade ou a perfeição, sendo apreendida preferencialmente pelos sentidos antes que pelo intelecto. O caráter específico desse modo de apreensão, para eles, reside não só no fato de ser confuso, mais que distinto, mas também no fato de que eles vêem o prazer e o desprazer sensorial como indispensável para nos motivar à ação. Empiristas como Hutcheson ou Hume identificam a beleza com o agradável, mas uma agradabilidade é sentida somente sob certas condições – livre de interesse ou preconceitos, por alguém experiente no tipo de objeto estético que deve ser julgado. Kant rejeita o ponto racionalista porque localiza o caráter eminentemente não-subjetivo e não-conceitual da beleza apenas no modo de sua apreensão, ao passo que esses aspectos pertencem à natureza da própria beleza. Ele considera o ponto de vista empirista, em contraste, como inapto para considerar adequadamente a normatividade dos juízos estéticos, visto que o padrão canônico das condições idealizadas dos juízos estéticos conta como normativo somente porque juízos sobre a agradabilidade, feitos sob tais condições, ocorrem, mais uma vez, para eliciar nossa aprovação – porque as próprias condições são agradáveis à nossa noção de juízo estético –, mas isso também nunca pode ser mais do que, novamente, outro fato empírico sobre o que consideramos agradável.

Uma solução satisfatória ao problema do gosto tem de combinar a normatividade genuína ou a validade universal, a necessidade de tais juízos para todos os sujeitos com sua essencial subjetividade, com o fato de que eles sempre se referem fundamentalmente ao que nos apraz ou desapraz, e não a qualquer propriedade objetiva que causa prazer ou desprazer meramente por causa de nossa faculdade cognitiva por meio da qual isso é conhecido.

A solução proposta por Kant consiste em explorar sua própria teoria de nossas faculdades cognitivas. Como vimos no Capítulo 2, o conhecimento humano ocorre por meio da cooperação da intuição sensível. Através dela, objetos são dados e, através do entendimento, estes são conceitualizados, tornando possíveis os juízos objetivos sobre eles. Considerando nossa capacidade para juízos estéticos, Kant está preocupado com as relações do entendimento – não com a intuição, mas com a imaginação –, visto que os juízos estéticos não concernem à *existência* de objetos (como dados na intuição), mas somente à sua *representação* sensível para a imaginação, sejam eles dados como existindo ou não.[2] O juízo é a faculdade que relaciona o que é dado na imaginação aos conceitos sob os quais o dado pode ser pensado. Essa relação pode ser de dois tipos. No juízo *determinante*, um conceito é aplicado ao que é dado, ao passo que, no juízo *reflexivo*, um conceito é procurado para o que é dado. Em ambos os casos, o que se requer é alguma forma de combinação ou harmonia entre as representações da intuição ou imaginação e as representações conceituais, as quais residem, por seu turno, em uma operação harmoniosa entre as próprias faculdades da imaginação e do entendimento.

Pressuposta, portanto, por qualquer ato de julgamento é a operação em relação recíproca da imaginação e do entendimento em uma representação dada. Especialmente em juízos reflexivos, essa operação não pressupõe qualquer conceito dado, visto que o ponto desses juízos é chegar a um conceito. Porém, os juízos também envolvem o que Kant chama de "livre jogo" da imaginação e do entendimento em relação mútua – *livre*, quer dizer, livre de orientação por qualquer conceito. Algumas representações são tais, que já nesse livre jogo conduzem a imaginação e o entendimento a uma relação harmoniosa. O que a imaginação representa espontaneamente é então bem-ajustado à sua conceitualização pelo entendimento – sendo que o sujeito experimenta essa harmonia espontânea entre as faculdades imaginativa e intelectual ainda antes da aplicação de qualquer conceito dado. A experiência dessa harmonia anima, estimula e vivifica (*belebt*) ambas as faculdades, porque a atividade vital de funcionamento de cada uma é mais bem-sucedida e, nesse sentido, mais animada ou vivaz quando trabalham em harmonia. Sendo assim, para qualquer uma de nossas faculdades, o sujeito experimenta seu exercício bem-sucedido na forma de um sentimento de *prazer*. Então, a harmonia ou animação mútua da imaginação e do entendimento em um livre jogo toma a forma de um prazer. Esse sentimento de prazer, na teoria kantiana, é o prazer estético ou a experiência da *beleza*. O juízo estético contrário, aquele que percebe alguma coisa como feia, ocorre quando a representação impede o entendimento em sua atividade de conceitualizar o que é dado na imaginação, de sorte que nossas faculdades não podem cooperar harmoniosamente com o conhecimento do que é dado a elas, ainda antes de qualquer conceito, mesmo que haja conceitos adequados prontos para tratar o objeto feio.

O juízo de gosto que percebe alguma coisa como bela ou feia tem de ser subjetivo e, além disso, ter uma validade universal. A teoria de Kant explica esse aspecto através do fato de que a beleza é experienciada em uma representação que produz prazer unicamente pela animação de nossas faculdades em livre jogo, livre de determinação por qualquer conceito. Visto que nossas faculdades estão em livre jogo de qualquer conceito, a fonte do prazer estético é puramente subjetiva – é independente de qualquer *juízo* objetivo sobre um objeto que poderia depender de um conceito determinado que serve como predicado. Ademais, como isso depende apenas da natureza essencial da imaginação e do entendimento em geral – que são o mesmo em todos os seres humanos –, as condições sob as quais esse prazer é sentido será universalmente válida para todos os que experimentarem a representação em termos do livre jogo de suas faculdades.

O prazer estético é, portanto, também *comunicável universalmente* – é um prazer que podemos compartilhar e esperar compartilhar com todos os sujeitos que entretêm as mesmas representações de uma maneira puramente estética, isto é, através do livro jogo de sua imaginação e entendimento em harmonia mutuamente estimulante. Como somos seres sociáveis que têm prazer na aptidão de comunicar-se com outros de nossa espécie, há também, junto ao nosso prazer na animação mútua de nossas faculdades, o prazer da sociabilidade – o prazer de ter sensações que são universalmente comunicáveis, partilháveis com os outros (*KU* 5:216-219).

Em uma seção crucial da Analítica do Belo, Kant pergunta se no juízo de gosto o sentimento de prazer precede ou segue o juízo do objeto como belo (ou feio) (*KU* 5:217). Sua resposta (talvez surpreendente) é que o juízo tem de preceder o prazer, pois de outro modo o prazer poderia ser só agradabilidade, e não prazer estético puro.

Isso implica duas outras conclusões sobre o prazer estético que são dignas de nota. A primeira é que o prazer estético requer uma certa reflexividade. Faz parte do próprio prazer estético que sejamos conscientes dele como tendo uma espécie de validade universal. Se nosso juízo estético de que alguma coisa é bela é um juízo estético genuíno e correto, então estamos cientes de que qualquer outro sujeito que faça um juízo estético genuíno sobre o objeto deve também ter prazer estético nele e julgá-lo como sendo belo. Além disso, essa ciência é ela mesma um ingrediente do próprio prazer estético, não uma mera adição a ele. A segunda é que a experiência do prazer estético sempre tem referência direta total à sua comunicabilidade aos outros e, por conseguinte, à nossa sociabilidade. É essencial ao nosso gozo do belo que sejamos conscientes dele como alguma coisa que os outros podem (e inclusive devem) apreciar como nós fazemos. Segue-se assim que o gozo da beleza cultiva-nos ou educa-nos, e isso de dois modos distintos, embora relacionados. De um lado, promove nossos poderes cognitivos – em particular, a harmonia entre nossa imaginação e nosso entendimento. De outro lado, também cultiva nossos poderes mentais para a comunicação sociável, de modo que a teoria kantiana do prazer estético mostra essas duas formas de cultivo mental como estritamente inter-relacionadas. Em outras palavras, é uma parte profunda da concepção kantiana de nossas capacidades cognitivas que sentidos e entendimento sejam concebidos como trabalhando juntos em harmonia, sendo que seu exercício tem de ser social no contexto e na destinação. Esse ponto da doutrina kantiana desmente aqueles que aceitam a imagem da filosofia kantiana como sendo construída sobre um severo dualismo entre a sensibilidade e o entendimento e como individualista em sua concepção da ação e do conhecimento humanos.

As representações da imaginação são belas quando envolvem formas, regularidades, simetrias e contrastes que apelam ao nosso entendimento, mesmo à parte da conformidade a qualquer conceito sob o qual poderíamos querer trazê-los. Isso é especialmente verdadeiro quando esse jargão envolve um desenvolvimento através do tempo, como no caso das notas sucessivas na melodia ou nas mudanças de acorde em uma peça de música, ou na sucessão de palavras em um poema ou na composição de pinturas quando analisamos suas partes sucessivamente e, então, chegamos a compreendê-la como um todo. Esses aspectos do objeto belo constituem o que ele chama de uma "forma da conformidade a fins" (*KU* 5:221), isto é, quando eles são tão proximamente relacionados um ao outro, que suas relações envolvem um coerência que poderia ter sido o produto de um projeto prontamente alcançado pelo entendimento. Contudo, isso tem de ser – em outra frase paradoxal de Kant – uma "conformidade a fins sem fim" (*KU* 5:220), visto que as relações de finalidade ou coerência são alcançadas à parte de qualquer conceito que especifique um fim determinado.

Kant objetiva capturar os elementos de verdade nas teorias racionalista e empirista do gosto, ainda que corrigindo as falhas de cada uma e indo além delas. O racionalista coloca a beleza na *perfeição* apreendida sensivelmente. A perfeição está certamente muito próxima da conformidade a fins da beleza na teoria de Kant, já que a perfeição de um múltiplo consiste na sua concordância ou unidade (*KU* 5:227), sendo isso o que leva o entendimento a experienciar o diverso da imaginação como belo. A beleza, portanto, é análoga à perfeição de coisas vivas (*KU* 5:375). A validade universal do juízo estético é similar à validade de um juízo objetivo que nos afirma que uma coisa particular conforma-se à excelência da sua espécie, denotada pelo conceito sob o qual nós a apreendemos. Todavia, falando propriamente, a perfeição sempre pressupõe o conceito de unidade, constituindo aquela espécie de coisa e mostrando a conformidade da coisa a seu conceito. Esse conceito determinado, contudo, está ausente no caso dos juízos de gosto puros.

A consideração de Kant partilha com o tratamento empirista a idéia de que aquilo que é belo tem de agradar *subjetivamente* sob condições apropriadas ao juízo estético correto dele. Porém, ele identifica essas condições não só com aquelas sob as quais podemos esperar contingentemente aprovar o juízo como propriamente estético, mas também com aquelas sob os quais nosso prazer ou desprazer é ocasionado apenas pelo livre jogo da imaginação e do entendimento, que propicia a validade universal do juízo de gosto.

A teoria kantiana do juízo puro de gosto foi habitualmente entendida como favorecendo uma estética formalista e austera, na qual as formas abstratas dos objetos belos – em particular das obras de arte – predominam em importância estética sobre o conteúdo, excluindo feições prazerosas de objetos estéticos como atração e emoção. É verdade que Kant distingue especificamente o efeito da beleza daquele efeito da atração e da emoção (*KU* 5:223), atribuindo a beleza dos objetos, nos juízos de gosto puros, à sua "forma da conformidade a fins" (ainda que sem um fim determinado), e não a alguma coisa concernente a seu conteúdo ou aos fins humanos a que podem servir (*KU* 5:221-222). No entanto, em razão disso, não significa que a teoria kantiana ignore o conteúdo das obras de arte, sendo que ao tratar de tais obras ela tem recursos que permitem considerar o significado estético que atribuímos ao conteúdo, à funcionalidade e ao apelo emocional das obras de arte.

Kant era consciente da tese de Hume de que a beleza das obras de arte está especialmente relacionada com a sua utilidade e, ainda que ele pensasse que essa tese é falsa quanto aos juízos de gosto puros, ele quis assegurar sua verdade em uma esfera apropriada. Por essa razão, distingue a "beleza livre", atribuída por um juízo estético puro, de uma "beleza aderente", atribuída por alguma coisa sob o fundamento que se conforma excelentemente ao conceito de sua espécie (*KU* 5:229). Assim, um cavalo belo ou uma casa de verão podem ser julgados de acordo com a aparência que adquirem em conformidade com o tipo de excelência indicada pelos conceitos dessas espécies de coisas, inclusive por sua utilidade na vida humana. Contudo, juízos estéticos puros são aqueles que não têm como finalidade qualquer conceito.

Uma flor é bela meramente por causa das formas e cores apreendidas quando a olhamos. Se, subseqüentemente, formamos um conceito que seja normativo para a beleza, digamos, de uma tulipa ou de uma begônia, isso envolve a superimposição de um padrão de beleza aderente sobre a beleza livre pertencente à flor simplesmente como um produto belo da natureza. O mesmo é verdadeiro em relação a obras da arte humana que têm uma função – por exemplo, uma casa desenhada de forma bela ou utensílios para se alimentar. A beleza livre de sua forma, como o objeto de um juízo de gosto puro, é distinta do juízo estético sobre o mesmo em conformidade com um conceito de sua espécie ou relacionado à sua função. É digno de nota que isso é verdade em relação a obras de arte que têm uma finalidade moral – por exemplo, a eloqüência de um sermão ou a exortação moral, cuja utilidade para despertar nobres sentimentos em seus ouvintes pertence somente à sua beleza aderente, sendo distinta da beleza livre que poderia pertencer às propriedades formais do modo como se usa a linguagem ou das imagens e metáforas empregadas.

À luz disso, a pretensão de que Kant privilegia propriedades formais dos objetos estéticos em detrimento de seu conteúdo ou de sua de capacidade de despertar emoções dependeria da tese de que os juízos de gosto puros referentes a belezas livres devessem ser privilegiados sobre juízos de gosto referentes a belezas aderentes. É provavelmente verdadeiro que Kant aceite essa tese, mas nossas razões para pensar assim são no melhor dos casos indiretas, pois têm a ver com a ênfase que ele coloca em sua teoria dos juízos de gosto puros e com a relativa pouca atenção que ele devota à beleza aderente. Se analisarmos os textos de Kant em busca de qualquer asserção explícita sobre tal tese, e especialmente de qualquer argumento para ela, eu penso que não encontraremos nenhum.

Outra parte controversa da teoria estética kantiana – um ponto levantado bem cedo por seu ex-aluno Herder – é a sua alegação de que os juízos estéticos possam pretender validade universal. Alguns pensaram que isso insultaria a relatividade cultural dos valores estéticos e também o fato de que as pessoas estão freqüentemente interessadas em formar seus gostos pessoais únicos, assim como estão interessadas em reivindicar que o que elas experimentam como belo deva ser experimentado dessa forma pelos outros. Entretanto, Kant tem algumas respostas verdadeiramente cogentes a essas objeções, uma vez que compreendamos que qualquer capacidade individual para juízos estéticos – sobretudo no caso de obras de arte criadas pelo homem – é destinada a ser limitada pelas experiências individuais passadas, pelos condicionamentos culturais e pela conseqüente extensão de sua habilidade adquirida de fazer juízos puros de gosto pertinentes. Pessoas educadas em diferentes tradições de apreciação de música podem não ter habilidade de julgar obras musicais em uma tradição estranha à sua. Não obstante, isso não significa que os juízos de gosto puros, formulados por alguém com os recursos requeridos, não seriam válidos para eles, bem como significa que poderiam concordar com os juízos que formulariam se eles pudessem adquirir a perícia adequada na tradição alienígena.

Outrossim, se formos juízes maduros e cultos, nosso objetivo no cultivo de nosso próprio gosto não servirá para afirmar nossas próprias idiossincrasias ou mostrar nossas diferenças dos outros, mas, antes, para desenvolver nossa perícia estética particular de modo a levar em conta a limitação inevitável de nossos fundamentos e perspectivas. As pessoas também desenvolvem sua perícia em questões teóricas: algumas se especializam em matemática ou bioquímica, outras em paleografia latina medieval, outras ainda em história política inglesa do século XVII. As verdades que cada um descobre (à medida que encontra a verdade sobre essas matérias) são válidas para todos os outros (de outro modo não seriam verdades), mesmo para aqueles aos quais falta o desejo, o treino ou até mesmo talento natural para chegar a conhecê-las. Da mesma maneira, eu posso concentrar-me em desenvolver meu gosto por música clássica européia, em vez de jazz ou música clássica indiana, sem por isso estar em posição de declarar essas outras tradições musicais sem validade estética. E, se eu presumi declarar isso sem ter a perícia exigida para julgá-las, minhas declarações não precisam ser levadas mais a sério do que aquela de um historiador que possa insensatamente afirma não haver verdade alguma em algum ramo da matemática que nunca estudou. Questões de gosto, que surgem entre pessoas da mesma cultura e com experiência em julgar os mesmos objetos ou objetos similares, com muita freqüência têm respostas que raramente levantam questões de relatividade ou incomensurabilidade: a música de Mozart é superior à de Salieri, e qualquer um que prefira Lawrence Welk a Duke Ellington deve ficar envergonhado de admitir isso.

BELEZA E MORALIDADE

A teoria kantiana do gosto tenta unir os elementos verdadeiros das teorias empirista e racionalista. Apesar disso, ela também difere das teorias racionalista e empirista de um modo crucial. Ambas as teorias, em última análise, identificam a beleza com bondade moral, visto que para o racionalismo a bondade consiste em uma perfeição, ao passo que para os teóricos do senso moral, como Hutcheson e Hume, a bondade é simplesmente identificada com o que excita nossa aprovação desinteressada. Hutcheson, em todo caso, considera inclusive a aprovação moral e estética como operações essencialmente do mesmo sentimento. (A teoria humeana da aprovação moral que envolve uma distinção entre virtudes naturais e artificiais e o papel dos juízos de utilidade na produção dos sentimentos morais, é mais complexa.) Para Kant, contudo, o juízo de gosto é cuidadosamente distinguido da agradabilidade subjetiva e de todos os juízos objetivos sobre a bondade – tanto instrumental quanto moral. De um certo ponto de vista, isso significa que a teoria kantiana do gosto assegura o que alguns chamaram (usando a terminologia kantiana, mas de um modo que o próprio Kant nunca o fez) de "a autonomia da estética". Isso significa que os juízos estéticos são tratados como tendo seus próprios padrões. Padrões de beleza ou mérito estético não são apenas distintos de todos os padrões de moralidade ou utilidade ou de qualquer outra forma de *bondade*, mas também são independentes destes. Por isso, Kant é visto como abandonando a estética do século XVIII, a qual via a beleza, em geral, e a arte, em particular, em termos de sua função na psicologia moral e na educação moral. Assim, Kant adentra em uma estética nova, mais moderna e livre, na qual a arte é vista como tendo suas próprias funções independentes na vida humana, à parte da moralidade ou de qualquer empreendimento orientado para a bondade.

Assim considerada a teoria kantiana, pode-se corretamente indicar seu papel na inspiração de uma tradição subseqüente na arte e na estética; contudo, tal consideração equivoca-se completamente quando visa a manifestar o quanto o próprio ponto de vista de Kant sobre o assunto está conectado a tais questões. Isso ocorre porque Kant pertence firmemente à tradição da estética do século XVIII no que tange ao pensamento de que a significação real da beleza e do gosto para a vida humana tem uma significação moral fundamental. A importância para Kant da chamada "autonomia da estética" é a seguinte: somente quando os juízos de gosto podem ser distinguidos dos juízos morais é que eles podem ser entendidos como desempenhando o papel importante e positivo que de fato desempenham – e devem desempenhar – na vida moral.

Kant entende *interesse* como um prazer experimentado na existência de um objeto (ou estado de coisas). O prazer estético é desinteressado porque ele é um prazer na mera representação de um objeto, independentemente de seu objeto (*KU* 5:204-205). Por exemplo, nosso prazer estético puro no projeto arquitetônico de uma casa é um prazer que sentimos independentemente da expectativa de morar ou não na casa ou mesmo da expectativa de construí-la. A motivação moral na ação ou um fim moralmente bom é também desinteressado, do mesmo modo que não é baseado em qualquer agradabilidade subjetiva para nós na existência da ação ou do fim. Contudo, quando praticamos uma ação ou buscamos um fim porque este é moralmente bom, nosso prazer nele é envolvido com um interesse, visto que nossa ciência de sua bondade dá origem a um desejo que a ação deva ser praticada ou o fim realizado, sendo que esse prazer não se relaciona à esperança da existência de um objeto. O prazer estético não advém nem da agradabilidade, nem da bondade moral na existência de alguma coisa. Desse modo, o prazer que temos na beleza é distinto do prazer que temos na bondade moral, sendo o valor estético para Kant (como alguns dizem) "autônomo" em relação ao valor moral.

No entanto, ainda que o prazer estético seja desinteressado nesse sentido, Kant é muito claro quanto ao fato de que ele pode e dá nascimento a interesses, inclusive a interesses intimamente conectados a interesses morais. Nossa sociabilidade e nosso interesse moral em encontrar harmonia ou concordância com os outros proporcionam o que Kant chama de um "interesse empírico pelo belo" (*KU* 5:296-298). Isto é, sociabilidade e moralidade levam-nos a dar especial valor a sentimentos que podem ser partilhados e comunicados aos outros e que reconhecemos como universalmente válidos para todos os sujeitos. Nossa estima de tais sentimentos, em detrimento de sentimentos privados de mera agradabilidade, é educativa, pois ela nos ensina a estimar, mesmo no nível do sentimento, o que se conforma com padrões universais. Da mesma forma como no nível do conhecimento nós devemos valorar um consenso que pode ser justificado por razões válidas para outros, em detrimento de persuasões meramente privadas baseadas em preconceitos ou auto-interesse, no nível da moralidade nós devemos valorar princípios que são válidos para todos os seres racionais em detrimento de máximas carentes da forma de lei universal. Kant considera que também desenvolvemos um "interesse empírico pelo belo" (ao menos pelo belo da natureza). Ou seja, nossa experiência de objetos belos na natureza (como uma flor, um pássaro ou uma borboleta) *cria um interesse* estreitamente unido a nosso interesse pelo moralmente bom, pela *existência* de tais objetos (*KU* 5:298-300). Juízos estéticos estão, assim, intimamente relacionados ao que Kant pensa ser nosso dever moral valorar, bem como promover o que é belo na natureza (*MS* 6:443). Então, nosso prazer estético não é ele próprio nem interessado, nem fundamentado em qualquer interesse (mesmo um interesse moral), mas a beleza natural *produz* em nós um interesse, o qual, Kant afirma, é "sempre a marca de uma alma boa" (*KU* 5:299).

Uma das doutrinas kantianas mais distintivas (também um pouco problemática) nessa área é que a própria beleza é um símbolo da moralidade (do bem moral) (*KU* 5:351-354). Para Kant, um "símbolo" é um modo de dar conteúdo intuitivo a um conceito *a priori*. Quando um conteúdo é especificado de forma a nos permitir reconhecer um exemplo de conceito, é chamado de "esquema". Contudo, quando o conceito é uma idéia da razão, para a qual nenhuma intuição pode ser adequada, o conteúdo intuitivo dele não pode ser dado diretamente, mas apenas por analogia, sendo a representação através da qual ele é dado chamada de "símbolo". O conceito kantiano de um símbolo está intimamente relacionado, portanto, à sua adoção de uma teoria escolástica da predicação analógica (a qual Kant subscreve ao discutir nossa aplicação de predicados empíricos a Deus). Moralidade ou moralmente bom, no entanto, é uma idéia para a qual nenhuma intuição sensível pode realmente ser adequada, de forma que o simbolismo toma lugar aqui também. Um símbolo é um predicado aplicado a alguma coisa não porque o predicado é literalmente verdadeiro, ou inclusive porque se assemelha ao que é literalmente verdadeiro, mas, antes, porque o procedimento de compreensão em pensar esse predicado intuitivo exibe alguma analogia ao seu procedimento em pensar a idéia da razão.

Kant indica quatro maneiras por meio das quais a beleza pode simbolizar a moralidade. Na primeira, a beleza apraz imediatamente, assim como o moralmente bom é valorado imediatamente por si mesmo (ainda que baseado em um conceito, e não na harmonia das faculdades em livre jogo). Na segunda, a beleza apraz desinteressadamente, assim como o moralmente bom nos apraz à parte de qualquer interesse prévio (ainda que o reconhecimento de alguma coisa como boa envolva tomar um interesse por ela). Na terceira, a complacência da beleza envolve uma liberdade da imaginação que está, entretanto, em conformidade com o entendimento, que é análogo ao que ocorre em uma ação moralmente boa, na qual nossa faculdade de desejar está em conformidade livre com as leis da razão. Por fim, o prazer na beleza é universalmente válido, assim como o princípio de uma ação moralmente boa se conforma com leis universais (*KU* 5:354). A fruição da beleza é, portanto, uma experiência que é capaz de nos relembrar o que é moralmente bom e representar a moralidade de um modo que apraz aos nossos sentimentos e à nossa imaginação. Para Kant, todo o ponto da independência ou "autonomia" da estética em relação à moralidade é que o prazer estético acrescenta uma nova dimensão à nossa experiência moral, algo que ela não poderia fazer se não fosse mais do que uma apreensão sensível da perfeição ou mais do que o exercício do mesmo sentimento de aprovação que fundamenta a moralidade.

O SUBLIME

Os estudiosos de estética do século XVIII freqüentemente distinguiam duas formas contrastantes de experiência estética – o belo, que apraz por alguma sorte de perfeição, harmonia ou finalidade, e o sublime, que apraz apesar (ou mesmo por causa) do modo pelo qual excede nossa capacidade de compreendê-lo e até mesmo nos ameaça esmagar com seu poder. O interesse pelo tópico do sublime adveio, no período moderno, com a redescoberta do antigo tratado *Peri hypsous,* atribuído ao gramático

Longinus, e sua tradução por Nicolas Boileau, estudioso francês de estética. O objeto da discussão de Longinus era um certo tipo de estilo retórico elevado e seu pretenso efeito sobre a mente. Contudo, as discussões modernas cedo voltaram sua atenção à experiência mais ampla da sublimidade não só na retórica, mas também na arte e na natureza. Essa é a experiência das emoções de pavor e admiração que pode ser despertada por algo percebido como grande e terrível. Para os estetas do século XVIII, a experiência do sublime parece obviamente distinta daquela da beleza e, ainda assim, ela pode ser uma experiência importante envolvida na arte e na nossa experiência estética da natureza, que precisa ser entendida juntamente com a experiência da beleza.

Kant distingue duas formas de sublime: o *matematicamente* sublime, que representamos como "absolutamente grande" (o vasto oceano, a majestosa abóbada do céu, a sensação repentina de prazer quando olhamos para cima uma falange gigantesca), e o *dinamicamente* sublime, que representamos como absolutamente poderoso (uma tempestade no mar, trovões, vulcões). Kant parece pensar que nós fazemos juízos sobre o sublime na natureza, os quais pretendem ter uma validade subjetiva universal (*KU* 5:248), embora o foco de sua discussão não esteja em como julgamos *quais* objetos são sublimes. O problema é, antes, como podemos ter *prazer* no sublime, uma vez que seu efeito maior sobre nós parece ser frustrar nosso entendimento (excedendo sua capacidade de compreender) ou nossa vontade (ameaçando subjugar-nos). O sentimento do sublime tem a estranha capacidade de nos *mover* – Kant afirma que dizemos daqueles aos quais a beleza não apraz que lhes falta *gosto*, mas daqueles que permanecem imóveis pelo sublime que lhes falta *sentimento* (*KU* 5:265). A questão mais interessante para Kant é: qual é a significação para a natureza humana do fato de sermos movidos pelo sublime?

A explicação psicológica de Edmund Burke desse fenômeno, que inspirou grande parte da discussão a respeito do sublime no século XVIII, recorre ao fato de que experimentamos o sublime somente quando estamos realmente a salvo dele. Uma pessoa que está prestes a se afogar em uma tempestade violenta sente medo, não sublimidade (ou ela seria capaz de experimentar a sublimidade de sua situação somente à medida que parasse de sentir medo diretamente disso). Burke pensa que nosso prazer no sublime reside no contraste entre sua terribilidade e a posição efetiva de segurança que temos quando experimentamos o sublime.

Kant não se satisfez com tal explicação meramente psicológica, já que ela falha em dar conta da normatividade ou quase-objetividade na experiência do sublime – o fato de que o sentimento de sublimidade tem uma certa importância para nós, de forma que uma pessoa que não pudesse experimentá-lo poderia parecer-nos deficiente em algum aspecto importante. Kant situa a importância do sublime no fato de que é uma consciência sentida de nossa natureza moral. Idéias morais transcendem toda capacidade de a sensibilidade representar o que poderia ser adequado a elas. O sentimento do matematicamente sublime é nosso modo de experimentar essa transcendência (*KU* 5:257-258). Embora sejamos seres finitos da natureza, nossa vocação moral confere-nos um valor infinitamente maior do que qualquer um que pudesse ser tirado da mera natureza. O sentimento do dinamicamente sublime é nosso modo de experimentar a superioridade infinita de nossa disposição moral supra-sensível em relação a qualquer poder que a natureza possa exercer sobre nossos corpos. "Portanto, a sublimidade não está contida em nenhuma coisa da natureza, mas só em nosso ânimo, na medida em que nos tornamos conscientes de ser superiores à natureza dentro de nós e também à natureza fora de nós (na medida em que ela influi sobre nós)" (*KU* 5:264).

É um pensamento natural – e suficientemente comum – que o sentimento do sublime esteja intimamente ligado à experiência religiosa, em especial ao terror e ao medo humanos da presença da majestade de Deus, de sua onipotência e justiça punitiva – ou, como Rudolf Otto foi o último a caracterizá-lo, à experiência do "numinoso". É, portanto, surpreendente que Kant seja conspicuamente indiferente a tais associações. Ele considera que aqueles que associam o sentimento do sublime com Deus estão provavelmente exemplificando a popular, mas desprezível, disposição religiosa que procura o favor divino através de tentativas degradantes de tornar-se agradável como um servil adulador rastejante ante um tirano cósmico pomposo – uma disposição religiosa, em outras palavras, que desonra a Deus e a nós mesmos (*KU* 5:264). Para Kant, um ser humano que se respeita não tem razão para temer a Deus. A atitude correta em relação a Deus, quando estamos cientes de nossas imperfeições morais, não é o terror pio ou a contrição bajuladora, mas, em vez disso, a resolução sóbria, fundada na consciência de nossa liberdade moral, de fazer melhor no futuro. O que experimentamos como transcendendo o poder da natureza não é a "numinosidade" de um poderoso ser estranho que tem algum tipo de prazer sádico em nos oprimir e aterrorizar, mas sim a sublimidade de nossa própria liberdade moral. O verdadeiro objeto sublime ao qual se relaciona nossa experiência estética é, portanto, não Deus, mas nossa própria disposição e vocação moral.

ARTE E GÊNIO

A estética moderna tem usualmente concebido a si mesma como idêntica à filosofia da arte. Contudo, considerando a teoria estética de Kant, é crucial entender que para ele o objeto das experiências estéticas mais significativas não são as obras de arte humanas, mas a *natureza*, seja a natureza bela, seja a natureza sublime. Praticamente todos os exemplos de beleza ou sublimidade do próprio Kant são retirados da natureza, não da arte. O fato de que o tratamento dado por ele seja orientado mais à beleza natural do que à artística ajuda a explicar, por exemplo, sua aparente superênfase a casos que poderiam levantar questões sobre a incomensurabilidade ou diversidade de gosto, visto que tais casos acontecerem muito menos freqüentemente com a beleza natural do que com a beleza artística.

Apesar de ele reconhecer que a beleza artística é intimamente aliada a nossa sociabilidade, assim como o cultivo do gosto é aliado ao cultivo de nossa capacidade para a comunicação universal, Kant pensa o apelo exercido sobre nós pela beleza na arte sempre como maculado pela vaidade humana – a vaidade de possuir obras de arte, ou de criá-las, ou simplesmente de mostrar as habilidades sociais pela conformação de sua apreciação à moda prevalecente e às opiniões dos outros – e, uma vez mais, muitas das idiossincrasias do gosto estético a respeito dos quais as pessoas se envaidecem caem nessa categoria desacreditada. Eis por que é somente a apreciação da beleza *natural, não* da beleza artística, que Kant considera a "marca da alma boa". Apesar disso tudo, porém, tendo em vista a finalidade de sua discussão dos juízos estéticos na terceira *Crítica*, Kant oferece um tratamento da beleza na arte e vários tópicos estreitamente relacionados a ela – uma discussão, aliás, que se provou bastante influente na história da estética moderna.

"Arte" (*Kunst*) em geral se refere à capacidade de os seres humanos fazerem coisas (*KU* 5:303-304). Muitas artes são dirigidas a fazer objetos úteis – ferramentas, casas, calçados, e assim por diante. Outras visam ao meramente agradável, como a arte de contar piadas, ou de fazer conversação, ou mesmo planejar uma roda de música para vivificar o ânimo em um jantar festivo (*KU* 5:305). A única espécie de arte que é um objeto de juízo estético puro é a *schöne Kunst* – "arte fina" ou arte *bela* (o termo germânico para ambas é o mesmo).

Arte bela "é um modo de representação que tem um propósito por si própria e, embora sem um fim, promove a cultura das faculdades do ânimo para a comunicação em sociedade" (*KU* 5:306). Objetos de arte bela podem naturalmente ser úteis, como um belo prédio para aqueles que vivem nele, um belo discurso para aquele que quer persuadir por meio dele, ou belas pinturas de flores ou pássaros quando comunicam informações botânicas ou ornitológicas. Contudo, os fins que eles servem são todos representados em um conceito, ainda que aquilo que os torne objetos de arte fina (ou bela) seja o modo em que eles, como objetos belos na natureza, produzem um prazer desinteressado e universalmente livre de qualquer conceito, através do seu mero juízo, exibindo uma forma de finalidade sem um fim. A teoria kantiana da beleza na arte é desenvolvida sobretudo através de duas concepções cruciais (e intimamente relacionadas): aquela do *gênio* artístico e aquela da *idéia estética*.

A arte humana em geral produz objetos de acordo com regras. Na arte útil, as regras são regras de habilidade, que contêm conhecimentos sobre como promover um fim, e devem ser guiadas por um conceito de fim. A arte bela, cujo produto é o objeto de um juízo de gosto puro, não pode ser guiada por qualquer conceito de um fim. Ele tem de produzir uma obra de arte através da capacidade humana que define uma articulação conceitual, tendo, portanto, mais como uma finalidade natural do que uma finalidade humana intencional. A essa capacidade Kant chama de *gênio* "a inata disposição de ânimo (*ingenium*) *pela qual* a natureza dá a regra à arte" (*KU* 5:307). Seus produtos são "exemplares" (ou "clássicos") – eles servem a outros como padrões para julgar e também para imitar. Todavia, o gênio não pode ser ensinado, nem sua operação explicada por aqueles que o possuem. É uma espécie de presente inato àqueles afortunados o suficiente para tê-lo que desafia descrição ou explanação.

Nos tratamentos do gênio que estão sob a influência de Kant, a ênfase recai com mais freqüência na excelência especial que tem a pessoa de gênio, como se tal dádiva devesse ser considerada superior a todos os outros talentos da mente, que poderiam ser adquiridos pelo seu aprendizado, ou aos fundamentos e regras para o que poderia ser formulado em conceitos e palavras. É, portanto, digno de nota que, embora Kant considere o gênio artístico como uma espécie de capacidade valiosa e singular, ele não o considere como superior a outros talentos da mente. Ele argumenta, por exemplo, que é desproposito descrever Newton como um "gênio", visto que Newton pode dar um fundamento para todas as proposições e conclusões científicas que formam sua filosofia da natureza. "A razão é que Newton poderia mostrar não apenas a si próprio, mas a qualquer um, de modo totalmente intuitivo e determinado para a sua sucessão, todos os passos que ele devia dar desde os primeiros elementos da geometria até as suas grandes e profundas descobertas" (*KU* 5:309). Kant considera que esse aspecto do grande cientista, matemático ou filósofo faça sua habilidade estar não abaixo, mas acima na escala do que se deve valorar. O que é capaz de ser comunicado, compartilhado e sustentado em comum por seres racionais necessariamente tem mais valor do que aquilo que deve separar os seres humanos uns dos outros. O valor de todos os seres racionais é absoluto, ou seja, igual. Aqueles talentos humanos que têm de ser mais prezados são aqueles que levam as pessoas a se aproximarem umas das outras e que lhes permitem comunicar e compartilhar suas experiências, seus conhecimentos e seus fins práticos. O gênio faz isso, seguramente, ao nível de sentimento estético. Mas é algo maior ainda ser apto a fazer isso ao nível das concepções comuns, como na ciência, cujos fundamentos racionais estão abertos a todos, ou ao nível dos princípios morais que são universalmente válidos e visam à comunicabilidade universal de todos os seres humanos como em um reino dos fins.

Assim, na capacidade de os cientistas educarem e aperfeiçoarem o conhecimento dos outros "reside uma grande vantagem dos primeiros frente àqueles que merecem a honra de chamar-se gênios, porque para estes a arte cessa em algum ponto quando lhe é posto um limite além do qual ela não pode avançar e que presumivelmente já foi alcançado a tempo e não pode mais ser ampliado" (*KU* 5:309). Isso também exibe a adesão de Kant ao classicismo na estética do século XVIII. Em seu ponto de vista, a arte representa um campo de esforço humano cujas possibilidades essenciais já foram exauridas. Assim, seus produtos mais finos estão para nós como exemplos a serem admirados e inclusive imitados, ainda que recém-apropriados, mas nunca a serem fundamentalmente ultrapassados. Isso se liga ao fato de que a arte bela está, na escala dos esforços humanos, essencialmente abaixo da ciência, da moralidade ou da filosofia, que são guiadas não pelo gênio natural, mas pela razão, cujos esforços e capacidades são em princípio inexauríveis.

Todo o ponto de vista de Kant está, portanto, no pólo contrário àquele da estética romântica que celebra a arte porque o gênio é uma "pessoa especial" com uma dádiva quase divina, cujos magníficos produtos devem ser objeto de admiração incompreensível para os meros mortais. Ver o artista desse modo é transformar o gênio em uma dádiva humana da sorte, como a riqueza, o poder, a honra – isto é, apenas um outro pretexto para a presunção humana. É um ponto de vista sobre a arte que poderia transformar o desfrute da beleza em outro pretexto para o vício humano e ajudar a mostrar por que Kant pensa que somente a apreciação da beleza natural, não da beleza artística, é uma marca confiável de uma alma boa.

Idéias estéticas

O gênio que torna a arte bela possível faz, contudo, contribuições ao nosso conhecimento que são únicas e distintas de qualquer coisa que seja possível a nossas outras capacidades. A maior delas é o produto essencial daquela faculdade da mente que, segundo Kant, mais constitui o gênio, a saber, o "espírito" (*Geist*). Espírito, porém, "não é nada mais que a faculdade da apresentação de *idéias estéticas*" (*KU* 5:214).

Uma idéia da razão é um conceito, como aquele de Deus, ou seja, uma substância simples, indivisível ou uma causa incausada para a qual nenhuma intuição sensível pode ser adequada. Uma idéia estética é exatamente o inverso: é uma representação sensível à qual nenhum conceito pode ser dado. Exatamente como em uma idéia da razão o conceito puro *transcende* ou *excede* nossas capacidades sensíveis de representar alguma coisa correspondente a ele, assim também em uma idéia estética nossa imaginação sensível representa alguma coisa que exaure e vai além de nosso poder de formar qualquer conceito capaz de compreendê-la. "Por uma idéia estética", afirma Kant, "entendo, porém, aquela representação da faculdade da imaginação que dá muito a pensar, sem que qualquer pensamento determinado, isto é, *conceito*, possa ser-lhe adequado, que conseqüentemente nenhuma linguagem alcança inteiramente nem pode tornar compreensível" (*KU* 5:314). Idéias estéticas são imagens (apresentadas visualmente ou através de outros sentidos ou em palavras) através das quais as obras de arte estimulam um processo de pensamento que parece ser infindavelmente fascinante, inexaurivelmente sugestivo.

Entre os exemplos que Kant fornece, estão dois atributos associados com as divindades pagãs clássicas: "A águia de Júpiter com o relâmpago nas garras" e o "pavão (de Juno) da esplêndida rainha do céu" (*KU* 5:315). Quando pensamos a águia como representando Júpiter, somos levados a pensar no poder da ave, o bico curvo, sua terrível carranca, suas asas majestosas em vôo, elevando-se entre as nuvens. O pavão de Juno já nos faz pensar sobre seu porte magnífico, o vagaroso e nobre passo de seu caminhar, a tremeluzente beleza iridescente de sua profunda e magnificamente calma plumagem azul. Esses pensamentos, afirma Kant, "não representam como *atributos lógicos* aquilo que se situa em nossos conceitos de sublimidade e majestade da criação, mas algo diverso que dá ensejo à faculdade da imaginação de alastrar-se por um grande número de representações afins, que permitem pensar mais do que se pode expressar em um conceito determinado por palavras" (*KU* 5:315).

Não é acidental que os exemplos de Kant sejam de proveniência clássica, mas é igualmente não-acidental que eles tenham a ver com divindades. Justamente como idéias da razão visam a representar objetos supra-sensíveis, assim Kant parece pensar que as idéias estéticas sejam nosso modo mais apropriado de tornar objetos supra-sensíveis intuíveis ou sensivelmente apresentáveis a nós, em particular objetos carregados de importância moral ou prática, tais como os religiosos. A religião é mais bem representada pelo simbolismo da beleza do que pelo terror do sublime, porque sua função própria é elevar-nos moralmente em direção ao ideal, e não nos amedrontar com visões supersticiosas e sombrias do poder divino arbitrário que ministra punição eterna.

Não é difícil, então, considerar a teoria kantiana das idéias estéticas como intimamente relacionada à sua tese de que a beleza é um símbolo da moralidade. As criações da arte bela, os produtos do gênio, são representações sensíveis cujo mérito para os juízos estéticos está intimamente aliado à sua capacidade de dar uma espécie de expressão sensível a idéias morais e religiosas, as quais, falando propriamente, transcendem a capacidade de nossos sentidos representá-las. Além disso, e de outro ponto de vista, as idéias estéticas atribuem uma significação mais ampla a alguns dos elementos da teoria kantiana da beleza e do gosto, tal como a noção de finalidade sem fim e à tese de que a beleza envolve uma harmonia entre a imaginação e o entendimento que é livre de qualquer conceito. A idéia estética consiste de uma infinita riqueza de pensamentos e associações, unificados em torno de uma representação singular da imaginação, ainda que não haja conceito capaz de compreender a unidade. Essa unidade é propositiva, mas sem um conceito que possa representar o fim a que se dirige. A idéia estética é uma imagem relacionada aos sentidos, porém aos sentidos que sugerem uma rica sucessão sem fim de pensamentos que o entendimento apreende, sem um conceito, como constituindo uma unidade harmoniosa.

Em ambas as partes da *Crítica da faculdade do juízo*, Kant fornece uma resposta aos críticos que vêem dificuldades filosóficas – ou, mais freqüentemente, sintomas de uma alienação doentia na atitude de vida – na sua distinção entre entendimento e sentidos, razão teórica e prática, dever e inclinação, mundo sensível e inteligível e também àqueles (muitas vezes, são os mesmos críticos) que acusam a filosofia kantiana de ser excessivamente racionalista, faltando uma apresentação adequada para a importância dos sentimentos na natureza humana e na vida humana. A resposta não é negar a realidade das distinções, mas, antes, mostrar como a natureza humana permite a elas serem mediadas – e isso precisamente através da intervenção dos sentimentos. É acima de tudo na estética que experimentamos a harmonia do entendimento e da imaginação sensível e é na experiência da beleza e do sublime que a moralidade e o supra-sensível tornam-se para nós matéria de sentimento humano.

O objetivo mais geral da terceira *Crítica*, de unir o abismo entre o entendimento teórico e a razão prática, é alcançado no juízo estético pela visão da beleza como símbolo da moralidade e pela sublimidade como uma experiência da elevação de nossa vocação prática como seres livres. É também alcançado na conclusão da obra, a metodologia do juízo teleológico, que mostra como a natureza sensível no reino orgânico pode ser vista como um sistema de fins naturais e, então, como aquele sistema pode ser pensado como completo somente através da visão dos seres humanos, que são, para a moralidade, fins em si mesmos, como o fim último que unifica o sistema teleológico da natureza precisamente estabelecendo um fim terminal – um fim ao qual todos os outros são ordenados e subordinados – de acordo com as leis da moralidade. Talvez seja por isso que a terceira *Crítica*, mais do que qualquer das outras obras de Kant, propicie inspiração a seus seguidores idealistas, como Fichte, Schelling e Hegel.

Não obstante, a *Crítica da faculdade do juízo* é acima de tudo verdadeira para a empreendimento *crítico* de Kant. Assim como ela supera dualismos, constrói ligações e media oposições, também preserva cuidadosamente os limites das faculdades humanas pela insistência de que a teleologia natural é apenas um princípio regulativo do juízo, não uma doutrina dogmática da ciência da natureza, resistindo, assim, à tentação de ver na inspiração estética ou gênio artístico algum modo oculto de conhecimento que nos dá acesso à realidade supra-sensível. Talvez seja a razão pela qual os sucessores idealistas de Kant, apesar de seu entusiasmo por essa obra, nunca a entenderam verdadeiramente e nunca puderam aceitar suas soluções aos problemas que eles consideravam insolúveis para a filosofia kantiana.

NOTAS

1. Paul Guyer, *Kant and the Experience of Freedom* (New York: Cambridge University Press, 1993).
2. Kant define "imaginação" como a faculdade através da qual representamos um objeto que não é em si mesmo presente à intuição (*KrV* B251). Reproduzimos na imaginação a Torre Eiffel que nós vimos, mesmo que não a estejamos mais vendo agora. Combinando imagens relembradas como cavalos e asas, imaginamos um cavalo alado, ainda que tais cavalos não existam para ser intuídos. Nossa imaginação "produtiva" é o que nos permite intuir objetos que requerem uma síntese através do tempo para serem totalmente apresentáveis a nós. Por extensão, é a imaginação que nos permite experimentar alguma coisa, de algum modo, no contexto em que somos indiferentes a se tais objetos realmente existem ou se são meramente representados.

LEITURAS COMPLEMENTARES

Henry Allison, *Kant's Theory of Taste*. New York: Cambridge University Press, 2001.

Ted Cohen and Paul Guyer (eds.), *Essays in Kant's Aesthetics*. Chicago: University of Chicago Press, 1982.

Paul Guyer, *Kant and the Claims of Taste*. 2nd edition. New York: Cambridge University Press, 1997.

_____, *Kant and the Experience of Freedom*. New York: Cambridge University Press, 1993.

_____ (ed.), *Kant's Critique of the Power of Judgment: Critical Essays*. Lanham, MD: Rowman and Littlefield, 2003.

Salim Kemal, *Kant and Fine Art*. Oxford: Clarendon Press, 1996.

9

POLÍTICA E RELIGIÃO

No prefácio à *Crítica da faculdade do juízo* (1790), Kant escreveu que com o livro "termino, portanto, minha tarefa crítica inteira" (*KU* 5:170). Kant poderia ter concluído o empreendimento crítico em 1790, mas ele continuou a escrever e a publicar nos oito anos seguintes, desenvolvendo e completando partes do sistema de filosofia para o qual havia tentado estabelecer os fundamentos em suas obras críticas. A publicação mais significativa de Kant durante a última década de sua vida tratou de questões práticas de interesse humano universal – como política e religião.

O CONCEITO DE DIREITO[1]

Na filosofia anglofônica, os pontos de vista "kantianos" sobre filosofia política raramente se direcionam aos próprios escritos de Kant sobre o assunto. Em vez disso, imaginam que aquilo que eles pensam seja implicado pela filosofia moral kantiana sobre a política – principalmente como foi expresso em seu tratado mais abstrato e fundamental, a *Fundamentação*. A autêntica filosofia política kantiana, portanto, permanece muito menos conhecida do que se poderia supor. Parte da explicação para isso é o fato de que o pensamento político de Kant foi apresentado somente muito tarde em sua carreira e também muito obscuramente. Mesmo questões fundamentais, como a concepção kantiana da relação da filosofia moral com a filosofia política, permanecem não-esclarecidas e ainda matéria controversa entre aqueles que as estudaram.

Uma questão importante é se – ou em que sentido – as duas partes de *A metafísica dos costumes*, a Doutrina do Direito e a Doutrina da Virtude, são realmente partes de uma doutrina única, compreendida a partir de um princípio único. Essa é uma questão difícil, sendo que no Capítulo 7 eu defendi uma resposta negativa para ela. A teoria da ética é uma teoria sobre qualquer regramento da conduta do ser humano de acordo com leis dadas pela razão. A teoria do direito é uma teoria sobre os padrões racionais para leis externamente coercivas e os fundamentos da instituição humana (chamada "sociedade civil" ou "o Estado político") na qual as leis têm o seu lugar. É um importante princípio da doutrina kantiana que os deveres éticos sejam impostos a cada pessoa autonomamente pela própria razão da pessoa, que o próprio incentivo para o seu cumprimento seja o motivo próprio interno do dever da pessoa e que é errado e impróprio para os outros ou para a sociedade em geral tentar compelir-nos a cumpri-los. Os deveres de direito, em contraste, são essencialmente impostos de fora do agente por um poder externo, sendo a justiça ou a correção das ações que os cumprem a mesma, qualquer que seja o motivo – isto é, o pagamento de um débito ou a obediência a leis contra o furto são igualmente justas, sejam motivados por um senso do dever ou por medo imediato do que o judiciário ou a polícia poderiam fazer a você. A esfera do direito deriva o conceito de dever do imperativo moral (*MS* 6:239), mas não se segue disso que este também seja o fundamento dos imperativos do direito. O direito e suas leis coercivas externas constituem um sistema recursivamente fechado, embora Kant considere que o sistema como um todo possa ser apoiado de fora por princípios morais e que os seres racionais *também* têm um dever ético de cumprir deveres de direito.

O ponto de separação entre as esferas do direito e da ética pode ser apresentado expondo-se a objeção kantiana contra a legitimidade de duas distinções co-relacionadas que tendem a ser tomadas por estabelecidas por filósofos morais e políticos, sobretudo na tradição anglofônica. A primeira distinção é entre direitos legais e morais; a segunda é entre moralidade e lei positiva. Muitas vezes, dizemos que uma pessoa tem direito a algo, mesmo que falte um direito a isso sob as leis existentes. Contudo, tal fala é ambígua e pode referir-se a dois tipos diferentes de casos. Se todo mundo tem uma obrigação de fazer algo para mim (mesmo uma obrigação puramente moral, que não possa ser exigida coercivamente), então, em um sentido de "direito", segue-se que eu tenho um *direito* àquela obrigação (e se isso não é um direito que pode – ou poderia – ser imposto pelo direito, nós naturalmente o chamamos de "direito moral"). Em outros casos, porém, pensamos que as pessoas *devem* ter direitos exigidos sob a lei que no presente elas não têm, porque as leis existentes (que consideramos injustas) não reconhecem tais direitos. Também chamamos esses direitos de "direitos morais" (para contrastá-los com os direitos que as pessoas podem alegar sob o direito tal como ele é). Se pensamos que esses dois casos são semelhantes, então corremos o risco de pensar que todos os deveres são tais, que seria apropriado impô-los por meio da coação externa, ou que somente os únicos padrões de racionalidade pelos quais as leis poderiam ser julgadas corretas ou incorretas seriam *padrões* morais.

Algumas pessoas podem realmente acreditar em uma ou em ambas as afirmações anteriores, mas Kant discorda de ambas. Ele considera que todos os deveres propriamente *éticos* – deveres de beneficência aos outros ou deveres de se aperfeiçoar pelo desenvolvimento de seus talentos – são tais, que não só seria moralmente não-permissível, mas inclusive contrário ao direito tentar impô-los através da coerção (por exemplo, aprovando leis que punem aqueles que não os cumprem). Ele também considera que, como as preocupações morais dizem respeito à promoção da perfeição e da felicidade humanas, através de condutas voluntárias motivadas pela razão autônoma e pelo dever, os padrões próprios aos quais dar a garantia das leis do Estado não seriam padrões morais, mas, antes, padrões próprios do direito, padrões gerados apenas para salvaguardar a liberdade externa dos seres racionais.

Essa é a razão pela qual também é inadequado pensar que, quando criticarmos as leis existentes (ou positivas), devamos fazer tal pelo apelo à *moralidade*. Do ponto de vista kantiano, há algo ilegítimo na noção de "lei positiva" tal como ela é usada pelos teóricos que tentam reduzir pretensões sobre a lei "positiva" meramente a pretensões causais ou factuais sobre o que ocorrerá sob algum sistema de estatutos legais ou institucionais existente presentemente. Kant compartilha com a tradição do direito natural o ponto de vista de que falar sobre a lei (ou direito) é sempre falar normativamente, não só informar o que acontecerá, mas dizer o que deverá acontecer de acordo com um conjunto de normas que se conformam ao menos minimamente a certos padrões racionais. Os padrões próprios, do ponto de vista de Kant, contudo, não são padrões morais ou éticos, aqueles apropriados à regulação geral da conduta de seres racionais como agentes morais, mas sim os padrões do direito, aqueles apropriados à regulação de um sistema social de coerção – um Estado político com seu sistema de lei civil e criminal.

O SISTEMA DE DIREITO

Para Kant, o sistema de direito começa com um único direito inato que todo ser humano tem em virtude de sua humanidade ou natureza racional – o direito à liberdade ou a independência de não ser coagido pela vontade arbitrária de outro (*MS* 6:237). A esse direito também pertence o direito à *igualdade* – a imunidade de ser obrigado por outros mais do que se pode obrigá-los –, o direito de ser *seu próprio senhor* e o direito de ser "irrepreensível", isto é, considerado como não tendo feito nada de errado aos outros até que não tenha feito nada para diminuir o que é dos outros por direito.[2] Kant divide nossos deveres básicos em três categorias, baseado na fórmula usada pelo jurista romano Ulpiano: *honeste vive, nemimem laede, suum cuique tribue*. A primeira delas, "vive honestamente", Kant entende afirmar o próprio valor como ser humano, não se tornando um mero meio para os outros. Que esse dever jurídico ou dever de direito é distinto do dever ético de auto-respeito é indicado pelo fato de que Kant propõe derivá-lo do *direito* à humanidade em nossa própria pessoa (*MS* 6:236). A segunda fórmula, "não cause dano a outro", Kant entende que não nos obriga a viver com os outros, exceto sob as condições do direito. Mais tarde, Kant argumentará que esse dever requer que deixemos o estado de natureza para entrar em uma sociedade civil, bem como autoriza todos a usar a coerção para forçar os outros a entrar nessa sociedade (*MS* 6:306-312). A terceira fórmula, "dá a cada um o que é seu", Kant considera ser uma tautologia vazia, a não ser que seja entendida do seguinte modo: "*Entra* em um estado em que pode ser assegurado a qualquer um o seu contra qualquer outro" (*MS* 6:237).

A primeira parte principal da Doutrina do Direito, o Direito Privado, diz respeito à concepção "do que é meu ou teu", isto é, à fundamentação dos direitos de propriedade. Kant distingue duas espécies de posse, que ele chama de posse "fenomenal" e posse "noumenal" (ou "inteligível"). Eu possuo uma coisa externa fenomenicamente quando estou em contato corporal imediato com ela (por exemplo, segurando-a em minha mão). É óbvio como eu sofro dano (minha liberdade externa é violada) quando alguma coisa em minha posse fenomênica é tirada de mim contra a minha vontade, porque isso envolve uma violação física do meu corpo. Kant argumenta, contudo, que as pessoas não podem realizar seus projetos livremente escolhidos, a não ser que também possam sofrer dano através da remoção ou interferência com os objetos externos que não estão no controle físico imediato do proprietário, mas na posse deste somente como um puro conceito do entendimento. Por essa razão, devemos postular que essa espécie de posse inteligível ou noumenal é também possível (*MS* 6:249-252).

Essa forma primária de propriedade, Kant argumenta, é a propriedade da terra, visto ser uma pré-condição de apropriação de outras coisas que são encontradas ou feitas na terra. Fundamentalmente, porém, Kant considera que a terra e todas as coisas nela contidas estão na posse comum de cada um de nós com todos os outros (*MS* 6:261-262). Assim, minha posse inteligível de qualquer coisa é baseada na idéia de um ato legislativo de todos que me concedem uma posse correta dela (*MS* 6:268). Baseado em tais direitos de propriedade, Kant deriva a noção de direitos por contrato (*MS* 6:271-276) e também os direitos sobre o *status* das pessoas que são relacionadas como marido, esposa, filho ou servo doméstico (*MS* 6:276-286).

Mesmo no estado de natureza é idealmente pensável um ato de todos conforme à posse noumenal de um objeto, isto é, à parte de ou em abstração de uma sociedade civil que determina e impõe o direito. No entanto, como no estado de natureza não há juiz comum ou direito para resolver possíveis disputas que possam acontecer para saber a quem pertence certa coisa, tal posse é sempre e somente "provisória", nunca "peremptória" – ou seja, imposta contra a vontade daqueles que podem disputá-la. Assim, os direitos possessórios genuínos e impositivos são possíveis apenas em uma "condição jurídica" ou "condição civil", na qual há "uma autoridade que estabelece a lei publicamente" (*MS* 6:255-256).

Para Kant, assim como para outros teóricos políticos modernos, como Locke e Rousseau, o objetivo fundamental e original do Estado político é definir e impor direitos de propriedade privada. Contudo, visto que os direitos de propriedade peremptórios são assegurados somente em uma condição civil jurídica e que isso requer a sujeição a uma autoridade legislativa, a teoria de Kant trata o Estado como o "supremo proprietário" de toda a terra e outras propriedades (*MS* 6:323-325). Essa é a base do argumento de Kant de que o Estado tem a autoridade de tributar os ricos para ajudar os pobres (*MS* 6:325-326). Os ricos não têm direito de reclamar disso não só porque eles devem sua própria existência à proteção do Estado, mas também porque o seu direito de possuir o que quer que seja é condicionado pelas leis, incluindo aquelas para a tributação de sua riqueza em benefício dos pobres.

O direito em uma condição civil ou Estado é a matéria da segunda parte da Doutrina do Direito, o Direito Público. Kant aceita a divisão fundamental dos poderes em um Estado derivada de Montesquieu, a saber, aquela entre legislativo, executivo e judiciário (*MS* 6:313-316). Ele entende a divisão entre legislativo e executivo, seguindo a Rousseau, como aquela entre o poder que declara leis gerais e o poder que comanda coativamente tais leis a serem obedecidas em casos particulares. A função do judiciário é aplicar a lei ao caso particular. (Kant, desse modo, compara as três autoridades à premissa maior, à premissa menor e à conclusão de um silogismo, *MS* 6:313.) Ele também insiste em que essas duas funções não podem ser unidas na mesma pessoa ou no mesmo grupo de pessoas. Por essa razão, rejeita como injusto um governo "despótico", no qual o mesmo órgão faz a lei e a aplica.

Do ponto de vista de Kant, a única constituição que verdadeiramente concorda com o direito é aquela que envolve a separação entre os poderes executivo e legislativo, garantindo o direito igual de todos os cidadãos, e na qual o legislativo e os governantes sejam representantes do povo (*ZeF* 8:352). Essa constituição é aquela de "uma república pura", um "sistema representativo do povo para em seu nome e pela união de todos os cidadãos cuidar dos direitos do povo por intermédio de seus delegados (deputados)" (*MS* 6:341; cf. *ZeF* 8:349). Contudo, Kant considera um governo "democrático", no qual o poder executivo pertence à massa do povo, o mais perigoso e o que mais leva ao despotismo (*MS* 6:339, *ZeF* 8:351-353). Um Estado que não é republicano em sua constituição (como o Estado prussiano no qual Kant viveu por toda a sua vida, que era um despotismo absoluto no qual todos os postos militares e políticos importantes eram restritos à nobreza hereditária) pode legislar legitimamente, mas apenas se o fizer em um espírito republicano e de uma maneira que conduza a reformas em direção a uma constituição republicana (*ZeF* 8:352-353; cf. *MS* 6:340,370).

Kant aceitava qualificações ocupacionais e de propriedade para votar, bem como para ocupar cargos existentes em seu tempo, onde quer que tais instituições existissem. Somente os que não fossem economicamente dependentes de outros, ele argumentava, estavam em posição de dar sua voz independente e participar do Estado como "cidadãos ativos", votando e ocupando cargos. O resto (incluindo servos, empregados, servos da terra possuídos por outros e, naturalmente, as mulheres) eram "cidadãos passivos": o Estado protege seus direitos, mas eles não podem ter a pretensão de participar das decisões que estabelecem esses direitos.

Uma das doutrinas de Kant mais famosa (e infamada) sobre o Estado é que é sempre errado desobedecer-lhe, mesmo a regras injustas ou a comandos de um legislador injusto que age contrariamente à lei (tanto quanto essas leis e esses comandos não requeiram de você fazer algo que seja em si mesmo moralmente errado), e que é sempre equivocado derrubar o legislador existente, não importando o quão injusto esse legislador possa vir a se tornar (*MS* 6:371-372, *Anth* 8:297-305). Kant reconciliou essas doutrinas com seu entusiasmo admitido pela Revolução Francesa e seu igualmente enfático apoio à República Francesa, através do argumento (extremamente dúbio) de que Luís XVI não tinha sido derrubado pela força, mas tinha *voluntariamente* abdicado para "se livrar do embaraço de vultosas dívidas públicas" (*MS* 6:341). A experiência do século de Kant, porém, foi a de que reformas progressivas ocorreram na maior parte somente quando monarcas (como Frederico, o Grande, Catarina, a Grande, ou Joseph II) foram persuadidos a fazê-las. Seus argumentos de princípio contra a rebelião e a insurreição, mesmo contra um legislador injusto, convencem poucas pessoas atualmente. Eles dependem, em vez disso, de uma idéia hobbesiana segundo a qual uma condição de direito depende da existência de um dirigente do Estado a cujos comandos a obediência é uma exigência fundamental do direito. Kant não leva essa idéia ao extremo hobbesiano de dizer que os cidadãos não têm simplesmente direitos contra o dirigente do Estado. Ao contrário, ele argumentava que, apesar de tais direitos serem em princípio não-exigíveis contra o legislador, eles eram reais e o legislador que respeitasse a idéia do direito não os violaria (*Anth* 8:289-297).

De forma mais geral, a teoria de Kant coloca restrições de princípio aos legisladores e aos atos de legislação para serem considerados justos e conformes com a idéia de direito. É nesse sentido, acima de tudo, que encontramos na doutrina kantiana as normas que governam a ação coerciva recíproca das pessoas, as quais constituem os padrões do direito que são distintos (ainda que, naturalmente, em harmonia com os) dos padrões da moralidade. Essas restrições incluem haver uma constituição civil que garanta a *liberdade*, a *igualdade* e a *independência* dos cidadãos (*MS* 6:314, *Anth* 8:290). Inclui, também, uma restrição ideal à legislação, "a idéia de um contrato originário". Kant não vê o Estado como sendo literalmente fundado em um contrato, mas pensa que a idéia do povo como dando um consentimento racional unânime a um sistema de leis pode funcionar como um modo de distinguir leis justas de injustas. Isto é, um legislador deve fazer leis como se elas pudessem advir da vontade unida de todo o povo que está sujeito a elas (*Anth* 8:297, *MS* 6:340). Kant considera que isso poderia evitar, por exemplo, uma igreja de se limitar para sempre à obediência de artigos de fé ou de práticas religiosas que poderiam tornar todo o progresso futuro ou o esclarecimento religioso impossível (*Anth* 8:305). Ele também argumenta que isso proíbe a reserva de todos os altos cargos políticos a uma nobreza hereditária (*Anth* 8:292-294, cf. *ZeF* 8:350-351, *MS* 6:329), como sempre tinha sido o caso no Estado no qual Kant viveu. Argumenta ainda que padrões de direito sujeitam os atos dos dirigentes do Estado a dois "princípios de publicidade", um negativo e outro afirmativo: "São injustas todas as ações que se referem ao direito de outros homens cujas máximas não se harmonizem com a publicidade" (*ZeF* 8:381) e "todas a máximas que *necessitam* da publicidade (para não fracassarem no seu fim) concordam simultaneamente com o direito e a política" (*ZeF* 8:386). Ambos os princípios podem ser vistos como promovendo a idéia do contrato original, visto que exigem dos legisladores que se conduzam abertamente frente aos cidadãos, de modo a requerer deles o consentimento unânime ao que fazem.

O DIREITO DAS NAÇÕES E A PAZ PERPÉTUA

Uma das contribuições mais originais e visionárias à teoria do direito reside na área das relações internacionais. Em 1713, à época da paz de Utrecht, o Abbé de Saint-Pierre pôs em evidência o que era então visto universalmente como um projeto utópico para o que ele chamou de uma "união européia", uma organização de Estados para a manutenção da paz na Europa. Em 1795, por ocasião do Tratado de Basel entre a França e a Prússia, Kant escreveu seu tratado *À paz perpétua*, propondo uma federação de nações, talvez começando na Europa, mas expandindo-se a todas as nações da Terra, cujo objetivo era eliminar tanto a guerra quanto os preparativos para a guerra, que Kant julgava como desvirtuando os esforços coletivos da humanidade em direção a um futuro que valorizaria a dignidade humana.

À *paz perpétua* foi a expressão definitiva das idéias que Kant tinha articulado tardiamente em a *Idéia de uma história universal de um ponto de vista cosmopolita* uma década antes e que também tinha manifestado na terceira parte do seu ensaio sobre teoria e prática em 1793. O texto começa com seis "artigos preliminares" concernentes à conduta dos Estados na guerra ou na preparação para a guerra, que são planejados para tornar mais provável uma condição de paz permanente entre eles. Isso inclui evitar a interferência na constituição ou no governo de outro Estado, a eliminação gradual de exércitos permanentes e a eliminação da contração de dívidas nacionais para o objetivo de fazer a guerra. Então, Kant estabelece três artigos "definitivos", provendo uma condição de paz perpétua entre as nações. O primeiro preconiza que a constituição de todo Estado deva ser republicana, pois haveria menos guerras se os governantes que as fazem representassem o povo que tem de ir para a guerra e suportar o custo dela (*ZeF* 8:349). O segundo artigo propõe uma federação de Estados livres que mantenha a paz e a justiça entre todos eles (*ZeF* 8:354). O terceiro artigo trata das condições da "hospitalidade universal" referente ao tratamento dos cidadãos de um Estado quando visitam outro (*ZeF* 8: 357). Os três artigos são construídos como correspondendo a três espécies de direito que eram tradicionalmente distinguidas: o direito de cidadãos em um Estado (*ius civitatis*), o direito das nações em suas relações mútuas (*ius gentium*) e o direito dos cidadãos do mundo como seres humanos (*ius cosmopoliticum*) (*ZeF* 8:349).

Sob este último item, Kant discute as questões do direito cosmopolita que são levantadas pelas práticas do colonialismo europeu – em relação ao qual sua atitude é de desaprovação total. Embora pensasse que a civilização européia fosse mais avançada do que aquelas de outras partes do mundo, Kant vê a própria civilização como mostrando diretamente a impropriedade de os europeus auto-instituírem para si mesmos a tarefa de civilizar outros.[3] Civilização, em seu ponto de vista, é um processo através do qual qualquer nação ou povo tem de elevar-se por si mesmo a maiores poderes por suas próprias ações, guiado por seus juízos próprios e objetivos. Kant vê as grandes civilizações como desenvolvendo as capacidades de nossa espécie e, assim, como tendo a potencialidade para finalmente conduzir as pessoas em direção a uma vida melhor em matéria de direito e moralidade. Contudo, nos estágios iniciais comparativos entre elas que encontramos agora entre os povos, a marca maior de civilização são as tiranias, a avareza, a ambição e a duplicidade, que levam corrupção e desigualdade à própria sociedade européia e conduzem os europeus a apoderar-se arrogantemente de territórios em outras partes do mundo, encarando-os "como não-pertencentes a ninguém, pois contam os habitantes como nada". Kant fala de "grandes horrores" aos quais os europeus foram conduzidos ao "visitarem" terras estrangeiras – "que para eles se identifica com a conquista dos mesmos" (*ZeF* 8:358). É fácil, ele diz, ver através do "véu de injustiça" pelo qual os colonizadores sancionam suas violações do direito, apelando aos bons fins que eles propõem conseguir por meio delas (*MS* 6:266). Poder-se-ia, ao fim, esperar que a lição que Kant está ensinando poderia ter sido aprendida de algum modo nos duzentos anos desde que ele a escreveu. Contudo, eventos recentes (eu quero dizer a invasão do Iraque por americanos e ingleses em 2003) provam que nossos retrógrados líderes ainda se concebem como praticando atos nobres quando infligem suas guerras colonialistas injustas às nações não-ocidentais. (Somente a verborréia hipócrita mudou – de "civilizar" aqueles que são conquistados, eles agora pretendem "libertá-los", embora sejam igualmente incapazes de fazer qualquer uma delas, o que dificilmente é uma surpresa no caso dos instigadores americanos desse imperialismo, já que representam tudo o que é menos civilizado e mais hostil à liberdade na cultura política de seu próprio país.)

Nenhuma nação, do ponto de vista de Kant, tem o direito de colonizar, e menos ainda de invadir militarmente, o território de outro sem um contrato específico com os povos indígenas, permitindo a eles estarem lá. Essa não é uma matéria de filantropia ou moralidade, mas sim uma matéria fundamental de *direito* (*MS* 6:353). Igualmente impermissíveis pelo direito são os contratos fraudulentos através dos quais os europeus impuseram seu governo sobre os povos na América, na África e na Indonésia – de forma a se "tornar proprietários de sua terra e fazer uso de nossa superioridade, sem respeitar sua primeira posse" (*MS* 6:266). Kant, portanto, endossa a sábia política dos chineses e japoneses em limitar o acesso dos europeus a seus territórios, ou ao menos "excluindo-os, como prisioneiros, da comunidade com os nativos" (*ZeF* 8:359).

Em seguida aos "artigos", Kant apresenta dois "suplementos". No primeiro, ele argumenta sobre a possibilidade (senão pela inevitabilidade) da paz perpétua baseada na filosofia da história. No segundo suplemento e no apêndice adicionado à segunda edição do ensaio um ano mais tarde, Kant faz uma confissão filosófica aos políticos. Ele argumenta que, na condução dos assuntos do Estado, eles devem seguir as máximas dos filósofos e submeter suas políticas aos princípios do direito. Esse é o único modo, argumenta Kant, pelo qual seus interesses prudenciais serão provavelmente assegurados a longo prazo.

Kant prontamente se presta ao papel do filósofo ou moralista não-pragmático, oferecendo conselhos e até mesmo admoestações ao político cínico. Essa dubiedade reflete, em parte, sua difícil relação com as autoridades prussianas desde a morte de Frederico, o Grande, e sobretudo desde a carta de repreensão de Wöllner em 1794. Desde essa época, porém, é comum para alguns políticos considerarem-se "realistas" e olharem com desrespeito a "torre de marfim dos filósofos", os quais esquizofrenicamente esperam "fazer do mundo um lugar melhor". Contudo, como é uma característica da natureza humana que os mesmos traços que tornam as pessoas ambiciosas também as deixem míopes, é também previsível que uma ambição inescrupulosa que jaz sob o nome de "realismo" ou "pragmatismo" freqüentemente leve os políticos ao desastre, o qual poderia ser evitado apenas se tivessem ouvido os filósofos não-pragmáticos.

FÉ MORAL E RELIGIÃO

A atitude básica de Kant com relação à religião foi típica dos pensadores do Esclarecimento, especialmente os pensadores do Esclarecimento germânico. Ele era profundamente desconfiado das crenças e práticas religiosas populares e hostil ao poder clerical na política e sobre as mentes das pessoas. Todavia, não era hostil em relação àquilo que entendia ser a *verdadeira religião*. Ao contrário, ele a via como extremamente importante. Sua atitude em relação à religião pode ser comparada, a esse respeito, à sua atitude em relação ao Estado. As instituições políticas – como elas foram e são – representam principalmente tirania e injustiça. Elas devem ser lamentadas por desigualdades sociais terríveis e por guerras e preparação para a guerra que sufocam as potencialidades humanas e resistem ao caminho do progresso. Contudo, a função própria do Estado – a proteção coerciva do direito dos seres racionais à liberdade externa – é indispensável à vida humana. Sem ela, nem cultura nem progresso moral seriam possíveis.

Analogamente, formas passadas de religião surgiram do medo supersticioso, uma formação escrava da mente, e da ambição cruel dos sacerdotes de sujeitar a vida interior dos seres humanos à sua tutela tirânica. Porém, a função própria da religião é conduzir os seres humanos juntos para o objetivo da melhoria moral coletiva da raça humana. Do ponto de vista de Kant, não podemos mais esperar realizar nossa vocação como seres humanos à parte da religião, assim como não podemos esperar obter a justiça através da anarquia. O aspecto essencial então na política e na religião é reformar, através da livre comunicação e do esclarecimento, o pensamento comum das pessoas sobre matérias de direito e religião – de tal forma que as instituições opressivas e corruptas possam tornar-se capazes do que a razão exige delas fazer, assegurando a liberdade externa e o progresso moral.

O argumento moral para a existência de Deus

Kant famosamente declarou que a razão deveria restringir o conhecimento para dar espaço à fé (*KrV* B XXX). Ele sustentou ainda que, embora a razão teórica não nos possa fornecer conhecimento de Deus nem provas da sua existência, considerações práticas podem justificar uma crença, nem que seja para os fins da ação moral, de que há uma sábia, benevolente e justa providência que ordena o mundo.

Visto que a razão sempre procura o incondicionado, Kant argumenta que, como agente moral sob a guia da razão, formarei a concepção de um fim único que unifica o objeto de meus esforços e aqueles de outros seres morais bem-intencionados. O nome tradicional para esse objetivo é o "sumo bem" (*summum bonum*). Kant sustenta que o sumo bem tem dois componentes distintos: moralidade e felicidade. Moralidade, bondade da vontade e conduta moral têm a ver com o valor de nossa pessoa; felicidade tem a ver com o valor de nosso estado ou condição. A moralidade é incondicionalmente boa, mas a felicidade é boa somente sob a condição de que aqueles que a desfrutam tornem-se dignos dela através da bondade de sua vontade e conduta. Concernente a meu eu, o sumo bem consiste, portanto, em atingir o melhor caráter possível que eu possa e, então, desfrutar a felicidade na proporção da minha dignidade de ser feliz. O sumo bem para o mundo todo seria um mundo de agentes virtuosos que desfrutam da felicidade em proporção ao seu merecimento.

Assim, Kant sustenta também que é racional buscar um fim apenas à medida que se acredita que o fim seja possível de alcançar através das ações que se praticam para isso. Segue-se que, se você acredita que algum fim proposto seja impossível de alcançar-se através de qualquer ação aberta a você, é contrário à razão estabelecer aquilo como um fim. A questão que advém daí naturalmente é se o sumo bem é possível de alcançar através das ações que eu e outros agentes morais bem-intencionados podemos adotar para realizá-lo. Tendo em vista o componente de felicidade do sumo bem, não parece que as leis da causalidade mecânica que governam a natureza possam assegurar que a felicidade dos seres morais será proporcional ao seu merecimento. Nem qualquer outra coisa que conheçamos sobre o mundo natural através da experiência aferece-nos algum fundamento para acreditar que o sumo bem seja possível de alcançar através dos esforços morais. Não podemos mostrar que o sumo bem é impossível, mas também temos razão insuficiente para pensar que seja possível. Ainda assim, como seres morais racionais, devemos considerar o sumo bem como nosso fim. Isso nos conduz a uma espécie de perplexidade concernente à nossa relação com o mundo no qual devemos agir. A moralidade requer que busquemos um fim em relação ao qual a razão teórica ofereça-nos fundamentos insuficientes para acreditar que seja possível alcançar. Somos desafiados por uma incoerência entre nosso querer prático e nossas asserções e crenças justificadas sobre o mundo.

Se resolvemos o problema mudando nosso querer e parando de considerar o sumo bem como nosso fim, então estamos abandonando nossa obrigação a alguma coisa que a moralidade nos ordena fazer. Logo, não devemos resolver o problema desse modo. Não obstante, o outro modo unicamente disponível de resolver a questão é mudar o que afirmamos ou cremos sobre o mundo. Isso nos dá uma razão, derivada não de evidência teórica, mas de considerações práticas, para afirmar – ao menos em relação a nosso esforço para o sumo bem – que o mundo é ordenado de tal modo que a felicidade seja de alguma maneira proporcional ao merecimento, tornando, assim, o sumo bem possível de ser alcançado através de nossos esforços de nos tornarmos pessoas melhores e conseguirmos os vários fins finitos propostos pela moralidade. Podemos dar um conteúdo melhor a essa crença na alcançabilidade do sumo bem, supondo que há um ser onipotente, onisciente e moralmente perfeito que ordena o mundo de acordo com sua vontade benevolente e justa. A idéia de tal ser – um *ens realissimum* ou Deus – já foi demonstrada como uma idéia indispensável da razão teórica, mesmo que a razão teórica seja para sempre inapta a demonstrar a existência ou a não-existência de seu objeto. O único modo razoável de resolver nosso problema prático sobre a possibilidade do sumo bem é ir além do que a razão teórica pode afirmar sobre essa idéia e concordar com a existência de seu objeto.

Há algumas variações entre os escritos de Kant com relação ao modo como essa linha de argumentação é apresentada. Na *Crítica da razão pura*, nossa esperança da felicidade da qual nos tornamos merecedores é apresentada como um *motivo* necessário para agirmos moralmente; porém, depois da *Fundamentação*, somente o dever (respeito pela lei ou pela natureza racional como um fim) é visto como um motivo aceitável para a conduta moral. Na primeira *Crítica*, a felicidade que esperamos para nós também está localizada em uma outra vida, mas essa idéia desaparece na segunda e na terceira *Crítica*, sendo que na *Crítica da faculdade do juízo* a felicidade proporcional ao merecimento (agora chamada "o ser humano sob leis morais") é vista como um fim moral terminal que deve proporcionar à teleologia da natureza sua unificação (que pareceria implicar que devemos acreditar que o sumo bem é realizável inteiramente na natureza, não em um mundo sobrenatural pós-morte).

Há também algumas variações sutis nas afirmativas de Kant sobre as conclusões dos argumentos morais, que se relacionam a algumas questões sérias sobre quão forte é a conclusão que o argumento estabelece. Se a base do argumento é que devemos sustentar que o sumo bem é *possível* e que a existência de um Deus todo-poderoso, benevolente e justo poderia garantir que o soberano bem realmente adviria, então pareceria que fazer do sumo bem um fim não nos comprometeria com a real existência de Deus, mas somente com a *possibilidade* de que haja um Deus. Kant algumas vezes parece concordar com isso, insistindo no fato de que o "mínimo de teleologia" requerido pela religião e pela conduta moral não é uma "fé assertórica", mas apenas a crença de que Deus *possivelmente* existe (*RGV* 6:154, cf. *AA* 28:998). Contudo, é igualmente evidente que Kant pensa que concordar com a existência real de Deus é mais adequado para uma disposição moral convenientemente entendida do que é esse "mínimo".

Há também uma questão referente a se o argumento realmente justifica uma *crença* madura (ou fé, *Glaube*) em Deus (como Kant algumas vezes reivindica para o seu argumento). Refletir sobre o fato de que por razões práticas concordamos com a idéia de Deus e de que isso remove um conflito racional entre nossa crença e a ação intencional não pode por si mesmo produzir crença em Deus, não mais do que oferecer uma grande soma de dinheiro para alguém acreditar que os seres humanos descendem de alienígenas do espaço poderia produzir diretamente uma crença aproveitável. Uma crença real pode advir de evidência ou até de processos contra-racionais, como, por exemplo, a "vontade de acreditar" jamesiana – em outras palavras, pensamento desejante, auto-engano ou atenção tendenciosa à evidência fraca sobre a evidência forte (instrumentos estes vergonhosos e degradantemente automanipulativos, não incomuns no pensamento e nas práticas religiosas populares, mas nunca mencionados por Kant e certamente não aprovados por ele). Reflexões sobre o paradoxo do que nossa busca do sumo bem pressupõe poderia, contudo, levar a uma *aquiescência* racional ou a uma *aceitação da* proposição "Deus existe" para os objetivos *práticos* de resolver o paradoxo. Freqüentemente faz sentido na ciência, por exemplo, falar na aceitação de uma hipótese em certos aspectos para certos propósitos (como parte da estratégia de investigação ou para finalidades heurísticas). Mas pareceria estranho ou deslocado falar de *acreditar* em coisas somente "em certo aspecto" ou "para certos propósitos".

Muitas vezes, Kant fala explicitamente não de crença (*Glaube*), mas sim de "assentimento" (*Fürwahrhalten*) ou "aceitação" (*Annehmen*) da existência de Deus "de um ponto de vista prático" ou "com objetivos práticos" (*in praktischer Absicht*). Sem dúvida, Kant quis pensar seu argumento moral como propiciando uma base racional para a atitude sincera (e moralmente engajada) que as pessoas religiosas chamam de sua "fé" em Deus. Porém, é questionável se seus argumentos morais podem realmente fornecer o que as pessoas religiosas querem aqui. Isso pode ser assim apenas porque nenhum filósofo que nega provas e evidências da existência de Deus, como Kant faz, pode honestamente aceitar uma *fé* real em Deus.

Religião e comunidade ética

Os seres humanos, de acordo com a teoria kantiana da história, têm uma tendência natural à "presunção" ou à "insociável sociabilidade". Eles buscam superioridade sobre os outros seres humanos e são levados à sociedade com outros mais por impulsos competitivos do que por interesses comuns. Contudo, a razão moral diz a eles que os outros seres humanos são seus iguais em dignidade como fins em si mesmos e os comanda a viverem pelas leis de um reino dos fins, leis que os levam a procurar unidade entre os fins humanos no lugar de egoísmo e competição. A tendência natural à competitividade, portanto, conduz a uma máxima fundamental de pôr os fins egoístas à frente dos mandamentos da moralidade e constitui o que Kant (em *A religião nos limites da simples razão*) caracteriza como "propensão radical ao mal na natureza humana" (*RGV* 6:29). Como a lei moral nos ordena a conduzir nossos fins à unidade com os fins dos outros e como a ação isolada dos outros é o modo fundamental através do qual nossa propensão ao mal manifesta-se, Kant argumenta que os seres humanos são incapazes de fazer progressos para aperfeiçoarem seu caráter moral se eles fizerem isso individualmente, cada um engajado privadamente em uma luta interior com as suas inclinações. A tarefa de nos aperfeiçoarmos moralmente como indivíduos e como espécie racional tem de residir, em vez disso, na participação em um tipo de sociedade que é devotada a combater a propensão radical ao mal e a favorecer o ideal de um reino dos fins sobre a Terra. Por essa razão, o futuro da humanidade depende do sucesso de uma certa empresa comum, à qual Kant dá o nome de "comunidade ética" ou "sociedade comum ética" (*ethische gemeine Wesen*) (*RGV* 6:97).

Assim como o modelo histórico para instituições que protegem direitos externos é um Estado político e seu sistema de leis coercivas, assim também o modelo histórico para a comunidade ética é a religião organizada – uma igreja ou comunidade eclesiástica. De fato, justamente como o Estado político existente tem necessidade de uma reforma fundamental se quiser realizar sua função racional na vida humana, assim também a religião, como ela tem sido e é, permanece longe do que necessita ser para contribuir como deveria para a melhoria moral da espécie humana. As comunidades religiosas foram habitualmente fundadas em uma suposta revelação divina, tipicamente na forma de algum documento escrito que foi aceito como autoridade. Elas foram normalmente dirigidas por uma classe de sacerdotes tirânicos que mais contribuíram para escravizar do que libertar a mente e o espírito. A idéia de servir a Deus que tais comunidades tiveram foi muitas vezes corrompida e supersticiosa, consistindo em um conjunto de obrigações sobre a conduta, moralmente insignificantes ou mesmo degradantes (o cumprimento de rituais, restrições sem sentido sobre o que as pessoas comem ou sobre quando podem trabalhar, execução regular de conjurações fetichistas da presença divina ou práticas formalizadas de louvor como escravo, bem como preces humilhantes dirigidas ao ser divino – concebidas, em conseqüência, para um tirano presunçoso que está disposto a favorecer injustamente aqueles sujeitos servis que mais o bajulam e humilham-se frente a ele). Comunidades religiosas também serviram mais para promover conflitos do que a unidade entre os seres humanos, como se pode ver em povos guerreiros que se pensam como obedecendo a divindades diferentes e mutuamente hostis. Ou inclusive seitas eclesiásticas, que supostamente veneram o mesmo único verdadeiro Deus, assassinam-se e escravizam-se reciprocamente, assim como cada comunidade eclesiástica, pensando arrogantemente que tem algum tipo de acesso exclusivo à vontade divina, tenta impor suas próprias crenças supersticiosas e práticas moralmente supérfluas sobre todos os outros.

Portanto, do ponto de vista de Kant, a religião deveria ser tão diferente da religião tradicional quanto uma comunidade política justa deveria ser diferente do despotismo militar dos Estados monárquicos absolutos (como o Estado prussiano sob o qual ele viveu). Como a comunidade ética concerne ao uso virtuoso da liberdade interna, em vez do direito à liberdade externa protegida coletivamente pelo Estado político, a qualidade de membro de uma comunidade ética tem de ser totalmente voluntária e a obediência a suas leis não pode ser motivada por sanções coercivas de qualquer espécie.

A religião, afirma Kant, é "o reconhecimento de todos os deveres como mandamentos divinos" (*RGV* 6:153-154). A verdadeira religião consiste em olhar todos os deveres humanos (dados a nós pela nossa própria razão autônoma) como sendo também legislados pela vontade racional de um ser supremamente real ou Deus. A fé moral consiste em concordar com a idéia de que Deus regula o mundo de forma sábia e beneficente sob as mesmas leis morais. Desse modo, a vontade de Deus pode servir à comunidade ética como seu legislador público, providenciando aos indivíduos humanos um conjunto comum de leis (morais, não-coercivas). Porém, Kant sustenta que nem mesmo a crença na existência de Deus é necessária para a religião, visto que com um "mínimo de teologia" (que Deus é possível) pode-se pensar que, se há um Deus, então os próprios deveres são ordenados por ele. A verdadeira comunidade ética não poderia ser mantida unida por credos e catecismos, não poderia envolver a distinção "humilhante" entre clérigos e laicos. Prestaria serviço a Deus cumprir o próprio dever em vez de executar práticas estatutárias moralmente indiferentes ou tentativas supersticiosas de invocar o favor divino em seu benefício ou de seus projetos.

Kant não espera que comunidades religiosas existentes imediatamente cheguem à forma de uma religião racional ou verdadeira, não mais do que ele espera que Estados políticos existentes assumam imediatamente um constituição republicana justa. Kant tem consciência de que, pela fraqueza da natureza humana, comunidades éticas parecem necessitar de algum documento escrito que supostamente contenha revelações divinas em vista do seu estabelecimento no mundo. "A religião nos limites da simples razão" de Kant não rejeita tais documentos (já que a razão não pode nem declarar a revelação empírica por Deus como impossível nem atestar a validade de qualquer pretensão particular à revelação divina). Em vez disso, a religião racional se ocupará da tarefa de interpretá-las de tal modo a torná-las harmônicas com a idéia de que podem ter sido reveladas por um ser moralmente perfeito e sumamente sábio – isso é, interpretá-las de tal modo que aquilo que elas supostamente significam seja consistente com a moralidade como nossa razão melhor a compreende. Isso significa, afirma Kant, que não se pode compreender Deus como tendo ordenado, por exemplo, que um homem deva matar seu filho inocente apenas para demonstrar sua propensão à obediência cega (*RGV* 6:187).

O objetivo maior de Kant em *A religião*, contudo, deve ser visto como sendo positivo em relação à fé eclesiástica e especialmente ao cristianismo. Do ponto de vista de Kant, o progresso moral da raça humana somente é possível através do avanço da religião no cumprimento de sua vocação racional própria. Dessa forma, Kant quer mostrar como as experiências centrais da vida moral, que envolve nossa luta contra o mal em nossa natureza, nossas dúvidas e esperanças relativas à vitória última nessa luta e nosso esforço para a melhoria moral dentro de nós mesmos e juntamente com os outros, pode encontrar expressão em conceitos, doutrinas, pensamentos e sentimentos com os quais os cristãos já estão familiarizados pela prática de sua fé. Portanto, é simultaneamente uma tentativa de providenciar uma interpretação progressiva e racionalista da fé e de providenciar uma defesa moral da vida cristã pela sua exibição como um modo inteiramente adequado de cumprir nossa vocação moral. Kant até mesmo privilegia o cristianismo entre as religiões eclesiásticas, alegando que ela é a única a "ter emanado da boca do primeiro mestre como uma religião não-estatutária, mas moral" (*RGV* 6:167). Ao mesmo tempo, ele é rápido em notar os diversos caminhos por meio dos quais a cristandade histórica desviou-se do espírito desse ensinamento original e ele nunca negou que outras confissões que começaram como religiões estatutárias são igualmente capazes de se transformar em religiões morais.

Quase imediatamente, a concepção de Kant de uma religião moral foi rejeitada pelos românticos, talvez de forma mais famosa e articulada nos *Escritos sobre religião*, de Schleiermacher (1799), o qual celebrou o que é culturalmente específico e "positivo" na religião como a única verdadeira expressão de sua essência, tendo em vista a idéia de uma religião racional universal como fantasia morta de filosofias abstratas que perderam seu senso de religião verdadeira. Schleiermacher escarneceu também a tentativa de Kant, como ele viu isso, de reduzir a religião (a coisa mais importante na vida humana) a um mero meio para a promoção da moralidade. Se esse for o veredicto do pai do modernismo religioso, então não devemos esperar uma atitude mais favorável dos teólogos conservadores em relação a uma religião austera da razão que desdenha milagres, a *Schwärmerei* de experiências sobrenaturais, desaprova severamente todas as formas de veneração humilhantes e qualquer tentativa de substituir a sempre perturbada esperança na razão natural pela segurança espiritual garantida pela deferência a poderes revelados. Os moralistas seculares, contudo, estão aptos a ser igualmente importunados pelas tentativas de Kant de sustentar que as categorias cristãs são as corretas para pensar sobre e experimentar as verdades da moralidade. Tais tentativas têm freqüentemente apenas o efeito de conduzi-los a questionar a respeitabilidade racional da própria ética kantiana.

A filosofia kantiana da religião é fundamentada na esperança histórica de que deveria haver uma convergência entre religião e razão esclarecida. Todas as nossas reservas sobre isso devem ser atribuídas, ao final, ao triste fato de que aquilo que ele esperou simplesmente falhou em acontecer. No entanto, as esperanças de Kant para a religião, apesar do quanto elas foram desapontadoras, devem ser vistas, em vez disso, como a forma tomada para ele de uma esperança que muitos de nós ainda partilhamos – a esperança no progresso gradual da espécie humana na história em direção a um reino dos fins no qual a divisão entre as pessoas será superada e a humanidade será unida em uma comunidade moral cosmopolita que respeita os direitos de todos e une a felicidade de cada um com a felicidade de todos como um fim partilhado de todos os esforços humanos. Essa foi a esperança com a qual Kant finalizou suas preleções de antropologia, a última obra maior publicada sob seu próprio nome e, nesse sentido, pode literalmente ser chamada a última palavra de Kant sobre a condição humana:

> Trabalhando contra a [má] propensão [na natureza humana]... nossa vontade é, em geral, boa, mas a realização do que queremos torna-se mais difícil pelo fato de que a obtenção do fim que podemos esperar não se dá pela concordância livre dos *indivíduos*, mas somente pela organização progressiva dos cidadãos da Terra em direção à espécie como um sistema que é combinado de forma cosmopolita (*Anth* 7:333).

NOTAS

1. O termo alemão *Recht* significa "direito", mas também se refere ao sistema do direito em um Estado e, ao mesmo tempo, à sua fundamentação racional. O estudo do

direito em uma universidade tem lugar em uma *Rechtsschule*. Isso contrasta com o termo *Gesetz*, que significa "direito" no sentido de um estatuto legal particular. A separação advém da distinção latina entre *ius* e *lex* e tem seu equivalente praticamente em todas as línguas, exceto no inglês. (O equivalente para *ius* ou *Recht* é *droit* em francês, *diritto* em italiano, *derecho* em espanhol, *direito* em português, *prawo* em polonês, *jog* em húngaro, e assim por diante). Contudo, o termo em inglês mais próximo ("right") tem um significado que, em certo sentido, é muito estreito, pois não seria aplicado a uma faculdade de direito, por exemplo, e, em outro sentido, é muito amplo, pois pode referir-se a qualquer ação que cumpre qualquer sorte de padrão de correção, incluindo, embora não limitado a isso, padrões morais. Essa problemática lingüística pode ser uma razão pela qual a filosofia anglofônica comete os erros que estou tentando criticar aqui.

2. É digno de nota que, nesse último direito, Kant inclui o direito de comunicar pensamentos a eles, se o que você disser seja verdadeiro e sincero ou falso e não-sincero, visto residir neles o poder de acreditar ou não (*MS* 6:238). Isso parece contradizer o que Kant afirma em seu breve, mas famoso (ou infamado), ensaio "Sobre um suposto direito de mentir por amor à humanidade" (*AA* 8:425-430), no qual Kant nega que tenhamos o direito de mentir, mesmo a um assassino que nos pergunte sobre o paradeiro de sua vítima. Porém, não há inconsistência, uma vez que entendamos que, na discussão desse exemplo, pressupõe-se que o assassino teria um direito de se fiar no que dizemos, no sentido de que você poderia ter um direito de confiar no que eu digo sobre a condição de minha casa quando eu a ofereço a você em venda. Uma vez que entendamos que a discussão de Kant sobre a mentira é predicada sobre essa assunção, é fácil de ver por que ele retira a conclusão de que se deve dizer a verdade (a conclusão que praticamente todos julgam chocante e moralmente perversa). O problema, então, é entender por que Kant faz essa assunção no exemplo, em vez de assumir que aquilo que eu digo ao assassino é algo em que ele tem a liberdade de acreditar ou não, a seu gosto (caso este no qual Kant pensa que eu tenho um dever perfeito de mentir a ele). Não há espaço aqui para tentar resolver esse quebra-cabeça. Porém, leitores do ensaio sobre o presumido direito de mentir não o entenderão a não ser que apreciem o fundamento, a controvérsia entre Kant e Benjamin Constant, que poderia ajudar a explicar por que Kant entende esse exemplo de uma maneira tão contra-intuitiva.

3. Em suas preleções sobre antropologia, Kant até mesmo exibe essa avaliação da superioridade européia como baseada em uma teoria da superioridade racial. Ele vê a espécie humana como biológica, mas acredita que características raciais diferentes podem ser desenvolvidas por causa da vida em climas diferentes e da adoção de diferentes modos de vida e, então, que essas características podem ser passadas para os descendentes. Das quatro raças que Kant reconhece – (1) branca, (2) asiática ou "indianos amarelos", (3) negros e (4) "americanos pele-vermelhas" – ele pensa que a lista, nessa ordem, representa suas respectivas potencialidades para contribuir com a civilização humana (*AA* 25:840, 843, 1187). No entanto, é de se notar que, apesar de tais pontos de vista deploráveis, Kant nunca sugeriu que diferenças raciais (mesmo superioridade racial) pudessem ter alguma importância em questões de direito cosmopolita. Como seres livres com direitos naturais ou humanos, os seres humanos são todos iguais: os membros de uma raça têm exatamente os mesmos direitos dos membros de outra. Uma raça mais civilizada não tem direito de escravizar, desapossar ou impor sua civilização a uma raça menos civilizada. Kant nunca

hesita em sua severa condenação dos europeus por terem agido como se fosse de modo diferente.

LEITURAS COMPLEMENTARES

John M. Hare, *The Moral Gap*. Oxford: Clarendon Press, 1996.

Alexander Kaufman, *Welfare in the Kantian State*. Oxford: Oxford University Press, 1999.

Leslie Mulholland, *Kant's System of Rights*. New York: Columbia University Press, 1990.

Philip L. Quinn (ed.), *Kant's Philosophy of Religion. Faith and Philosophy*, v. 17, n. 4 (October, 2000).

John Rawls, *Lectures on the History of Moral Philosophy*, ed. Barbara Herman. Cambridge, MA: Harvard University Press, 2000.

Allen D. Rosen, *Kant's Theory of Justice*. Ithaca: Cornell University Press, 1993.

Philip J. Rossi, S. J., and Michael Wreen (eds.), *Kant's Philosophy of Religion Reconsidered*. Bloomington: Indiana University Press, 1991.

Howard Williams, *Kant's Political Philosophy*. New York: St. Martin's Press, 1983.

Allen Wood, *Kant's Moral Religion*. Ithaca: Cornell University Press, 1970.

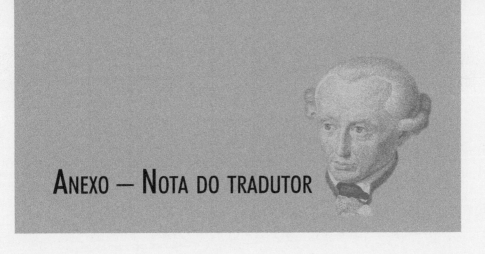

ANEXO — NOTA DO TRADUTOR

Nas citações literais foram usadas, em geral, quando disponíveis, as traduções já existentes em português.

KANT, Immanuel. *Crítica da razão pura*. Trad. Valerio Rohden e Udo B. Moosburger. São Paulo: Abril Cultural, 1980.

KANT, Immanuel. *Crítica da razão prática*. Trad. Valerio Rohden. São Paulo: Martins Fontes, 2002.

KANT, Immanuel. *Crítica da faculdade do juízo*. Trad. Valerio Rohden e António Marques. Rio de Janeiro: Forense Universitária, 1993.

KANT, Immanuel. *Fundamentação da metafísica dos costumes*. Trad. Paulo Quintela. Lisboa: Edições 70, 1988.

KANT, Immanuel. *A religião nos limites da simples razão*. Trad. A. Morão. Lisboa: Edições 70, 1992.

KANT, Immanuel. *À paz perpétua e outros opúsculos*. Trad. A. Morão. Lisboa: Edições 70, 1988.

KANT, Immanuel. *A metafísica dos costumes*. Trad. J. Lamego. Lisboa: Fundação Calouste Gulbenkian, 2005.

KANT, Immanuel. *Idéia de uma história universal de um ponto de vista cosmopolita*. Trad. Ricardo R. Terra e Rodrigo Naves. São Paulo: Brasiliense, 1986.

KANT, Immanuel. *Textos seletos*. Trad. Raimundo Vier e Floriano de Sousa Fernandes. Rio de Janeiro: Vozes, 1985.

ÍNDICE

Adams, R. M., 106-107
Aceitação (*Annehmen*), 215-217
África, 211-212
Agricultura, 143-145
Águia de Júpiter, 201-202
Allison, H., 63-65, 106-107, 136, 202-203
Alma, 43-44, 100-101, 105-106, 111-115
    ver também imortalidade
Ameriks, K., 64-65, 136
Amplo (*Spielraum*), 176-182
Analítica transcendental, 59-60
Analogias da experiência, 78-83
Antecipações da percepção, 78-79
Antinomias, 114-127
Antropologia, 18-19, 25-26, 124-127, 137-157, 158-159, 220-221
    prática, 161-164
Aparência, 85-101
Apercepção, 51-52, 70-71
Apreensão, síntese da, 68-69
Aquila, R., 106-108
Argumento moral para a existência de Deus, 135-136, 213-217
Aristóteles, 58-59, 60-61
Arquitetônica, 103-104, 135-136, 183-184
Arte, 197-203
Assentimento, 215-217
Assistência sobrenatural, 114-115
Associação de idéias, 69-70
Astronomia, 22-23, 47-48
Auto-afetação
Autonomia, 160-161, 171-174
Autonomia da estética, 192-195
Axiomas da intuição, 78-79

Baron, M., 181-182
Baumgarten, A. G., 33-34, 186-187
Beck, L. W., 40-41, 181-182
Beethoven, L., 24-25
Beiser, F. 40-41, 106-108
Belo, 183-195
    e moralidade, 192-195
    e interesse empírico em, 193-194
    interesse racional em, 193-195
    livre e aderente, 190-192
Bennet, J., 136
Berkeley, G., 26-27, 47-48, 81-82, 85-86, 90-97, 100-101
Biologia, 142-143, 154-155
Boileau, N., 194-195
Bok, H., 136
Brahms, J., 40-41
Burke, E., 194-195

Cânone da Razão Pura, 125-126, 135-136
Cassirer, E., 40-41
Casuística, 160-161
Catarina, a Grande, imperatriz da Rússia, 209-210
Catecismo, 20-21
Categorias, 60-79
Causalidade, 44-45, 59-61, 77-80, 86-87, 102-105, 116-117, 121-127, 140-141, 172-174, 213-214
Ceticismo, 43-44, 51-56, 63-68, 77-79, 81-83, 114-115
China, 211-212
Cícero, 91-92
Cidadão ativo e passivo, 208-209

Ciência, 56-58, 125-126, 191-192
Cinabre, 69-72, 74-75
Civilização, 146-148, 102-103
Clarke, S., 54-55, 127-128
Classicismo, 199-201
Clero (*Pfaffentum*), 216-217, 220-222
Coerção, 174-176, 204-211
Cohen, T., 202-203
Coisas em si mesmas 47-48, 85-101, 118-122, 172-173 ver também idealismo transcendental
Composição (*Zusammensetzung*), 116-118
Comunicação, 188-189, 199-200
  liberdade de, 163-164
  pública, 134-136
Comunidade (*Gemeinschaft*), 79-82
  ética, 37-38, 216-222
Conceitos (*Begriffe*), 48-51, 74-79
  de reflexão, 96-97
Condição, 114-117
Confúcio, 21-22
Conhecimento
  a priori, 42-51, 54-58
  inato, 46-48
Constant, B., 220-221
Constituição, civil, 146-150
Continuidade, princípio de, 104-106
Contrato original, 209-210
Copérnico, N., 47-48
Corpo, 44-45, 90-91
Cosmologia, racional, 100-101, 103-104, 114-127
Cristandade, 35-38, 219-222
Crusius, C. A., 46-47, 93-94, 114-115
Cummiskey, D., 181-182

Darwin, C., 153-155
Dedução
  metafísica, 60-65
  transcendental, 53-54, 60-61, 66-76, 79-80
Democracia, 208-209
DePierris, G., 64-65
Descartes, R., 42-43, 46-47, 48-49, 70-71, 81-83, 128-133, 184-185
Despotismo, 208-209
Determinação temporal
Deus, 22-23, 43-44, 59-60, 94-95, 100-106, 114-115, 126-133
  e o seu entendimento intuitivo, 49-51

Dever (*Pflicht*), 158-159
Deveres, 148-149
  éticos, 170-171, 173-182, 205-207
  jurídicos, 173-176
  de virtude, 176-182
  para consigo e com os outros, 176-177
  perfeitos e imperfeitos, 168-169, 176-177
  sistema de, 173-182
Dialética Transcendental, 59-60, 100-136
Dignidade (*Würde*), 160-161 ver também autonomia; fim em si mesmo
Direito (*Recht*), 204-213, 220-221
  cosmopolita, 210-213
  das nações, 210-213
  de propriedade, 207-209
  de princípio, 174-176
  moral, 205-206
  positivo, 206-207
  privado, 207-209
  público, 207-211
  romano, 67-68
Disciplina da razão pura, 134-136
Divisão de trabalho, 145
Dois mundos, 87-89
Dois pontos de vista, 125-127

Eliot, T. S., 68-69
Ellington, E. K. (duque), 192-193
Emotivismo, 130-132
Empirismo, 43-44, 106-108
  do gosto, 186-187, 189-190
Ens realissimum, ver também Deus
Entendimento (*Verstand*), 49-50, 58-65, 74-79, 187-188
Entusiamo (*Schwärmerei*), 27-28, 96-97, 127-128, 184-185, 197-198, 220-222
Erlangen, 24-25
Esclarecimento, o (*Aufklärung*), 11-12, 18-22, 30-32, 128-129, 135-136, 212-214
Espaço, 53-59, 82-83, 116-117
Especificação, princípio de, 104-106
Espírito (*Geist*), 200-201
Esquema, 74-79, 113-114
Estado político, 146-148, 204-213
Estética transcendental, 54-59, 132-133
Estoicismo, 162-163
Ética, 23-25, 31-33 ver também deveres éticos; moralidade
Euclides, 57-58

Exceções às regras morais, 159-162, 165-167
Experiência (*Erfahrung*), 67-75, 79-83

Falkenstein, L., 64-65
Fé
 eclesiástica, 216-222
 moral, 135-136, 140-141, 148-153, 213-217
Feder, J. G., 26-27, 34-35
Federação de Estados, 14-15, 148-157, 210-213
Felicidade (*Glückseligkeit*), 171-174, 177-180, 213-217
Fenomenalismo, 95-96
Fenômeno(a) *ver também* aparência
Fichte, J. G., 28-29, 33-34, 50-51, 106-108, 139-140, 181-182, 202-203
Filosofia transcendental, 42-43, 58-59
Fim em si mesmo 169-172
Finalidade sem fim, 189-190
Formalismo
 na estética, 190-191
 ética, 159-160, 169-170
Fórmula
 da autonomia, 164-165, 171-174
 da humanidade como um fim em si mesma, 164-165, 169-172, 176-177
 da lei da natureza, 165-170, 177-178
 da lei universal, 164-170, 176-177
 do reino dos fins, 165-166, 171-174
Förster, E., 12-13, 40-41, 82-83
France, 38-39, 210-211
Friedman, M., 12-13, 63-65
Friedrich II, rei da Prússia, 20-22, 34-35, 209-210, 212-213
Friedrich Wilhem I, rei da Prússia, 21-22
Friedrich Wilhem II, 34-40
Funk, J. D., 14-15, 24-25, 27-28

Gardner, S., 63-65, 107
Garve, C., 26-27
Gawlick, H., 40-41
Geach, P., 91-93, 107
Gênio, 199-203
Geografia física, 18-19, 22-23
Geometria, 57-58
Godwin, W., 27-28
Goethe, J. W., 40-41
Göschel, J., 27-28
Gosto, 183-203

 julgamento de, 185-193
Green, J., 14-15, 22-31
Grier, M., 136
Guerra, 37-39, 147-149, 211-213
Guyer, P., vii, 40-41, 136, 181-182, 184-185, 202-203

Halle, 24-25
Hamann, J. G., 27-28
Hare, J., 220-222
Harmonia preestabelecida, 114-115
Hassidismo, 20-21
Hegel, G. W. F., 15-16, 33-34, 50-51, 139-140, 147-148, 156-157, 162-163, 202-203
Henrich, D., 83-84
Heráclito, 91-92
Herbert, M., 27-28
Herder, J. G., 28-31, 33-34, 191-192
Herman, B., 181-182
Hill, T., 181-182
Hippel, T.G., 26-28, 30-31
História, 30-32, 37-38, 124-126, 135-157, 159-160, 162-163, 169-170, 173-174
 base econômica da, 143-145
Hobbes, T., 35-36, 48-49, 209-210
Homogeneidade, princípio da, 104-106
Hume, D., 15-16, 20-24, 33-34, 40-41, 43-44, 48-49, 68-70, 83-84, 107, 127-128, 186-187, 192-193
Hutcheson, F., 20-21, 23-24, 33-34, 186-187, 192-193

Ideal da razão pura, 126-133
Idealismo, 81-83, 94-95
 transcendental, 45-48, 57-59, 82-83, 85-101, 118-122
Idéias
 da razão, 100-134, 139-142, 201-202
 estéticas, 184-185, 198-203
Identidade, 86-88, 91-94, 107
Igreja, 37-38, 216-222
Igualdade, humana
Ilusão
 de Müller-Lyer, 109-111
 transcendental, 59-60, 100-103, 109-112
Imaginação, 75-76, 203
Imortalidade, 43-44, 59-60, 105-106, 111-115
Imperativo categórico, 159-162, 164-174

hipotético, 165-166
Imperialismo americano, 211-212
  europeu, 14-15, 211-213
Inclinação, 158-160, 162-163
Incondicionado, 114-127
Indiferentismo, 43-44
Indonésia, 211-212
Influência física, 114-115
Intuição (*Anschauung*), 48-50, 54-59, 74-75, 110-111, 131-133
  formas puras da, 54-59
Iraque, 211-212

Jacobi, F. H., 34-35, 96-97
Jacobi, J. K., 27-28
Jacobi, M. C., 27-28, 96-97
Jacobs, B., 155-157
James, W., 215-216
Japão, 211-212
Jena, 24-25
Jesus, 37-38
Joseph II, imperador da Áustria, 209-210
Juízo
  estético, 183-184, 203
  infinito, 61-62
  sintético, 44-46, 64-65
Juízos analíticos, 43-46, 64-65
Julgamento (*Urteil*), 51-52, 61-65, 70-75
  determinação e reflexão, 187-188
Justiça, 146-148 *ver também* direito

Kain, P., 155-157
Kalinin, M., 19-20
Kames, Lord, 20-21
Kant, I.
  agenda diária, 28-31
  amizade, 14-15, 26-29
  caráter, 12-16
  casa, 28-31
  dieta, 30-31
  influência histórica, 17-19
  obras
    A metafísica dos costumes (1797-1798), 32-33, 39-40, 158-159, 161-164, 170-172, 173-182, 204-213
    À paz perpétua (1795), 38-39, 137-138, 148-149, 152-155, 159-160, 209-213
    A religião nos limites da simples razão (1794), 36-38, 121-122, 146-147, 159-160, 162-163, 212-222

Antropologia de um ponto de vista pragmático (1798), 39-40, 137-138, 155-157, 163-164, 220-221
Conflito das faculdades (1798), 39-40, 135-138, 141-142, 159-160
Conjectura sobre o começo da história humana (1786), 30-31, 137-138, 143-145, 163-164
Crítica da razão prática (1788), 32-33, 37-38, 121-122, 140-142, 146-147, 150-151, 158-159, 171-173, 180-181, 183-184, 214-215
Crítica da razão pura (A: 1781; B: 1787), 25-27, 31-33, 42-43, 163-164, 172-173, 183-184, 213-214
Critique of the power of judgment (1790) 33-34, 137-142, 147-148, 150-151, 161-163, 183-205, 214-215
Elementos metafísicos de ciência natural (1786), 12-13
Fundamentação da metafísica dos costumes (1785), 31-33, 37-38, 121-123, 135-136, 158-177, 183-184, 204-205
História geral da natureza e teoria do céu (1755), 22-23
Idéia de uma história universal de um ponto de vista cosmopolita (1784), 137-153, 161-162
Investigação sobre a evidência dos princípios da teologia natural e da moral (1764), 23-24
New elucidation of metaphysical cognition (1755), 22-23
O fim de todas as coisas (1794), 159-160
O que é esclarecimento? (1784), 30-32, 135-136, 159-160
O que significa orientar-se no pensamento? (1786), 135-136, 159-160, 163-164
O único fundamento possível de uma demonstração da existência de Deus (1763), 127-129
On the forms and principles of the sensible and intelligible world (1770), 25-26
Opus Postumum (1798-1703), 12-13, 40-41
Preleções de lógica (1800), 39-40
Preleções de pedagogia (1803), 39-40

Preleções sobre a doutrina filosófica da religião (1783), 127-128
Preleções sobre geografia física (1800), 39-40
Prolegômenos a toda metafísica futura (1783), 22-24, 26-27
Sobre a expressão corrente: isto pode ser correto na teoria, mas não serve para a prática (1793),138-139, 159-160, 209-210
Sobre um suposto direito de mentir por amor à humanidade (1798), 159-160, 220-221
oposição ao colonialismo, 14-15, 211-212
racismo, 14-15, 220-221
recusa em participar de rituais religiosos, 36-37-37-38
sono dogmático, 22-24
vida, 18-41
Kant, J. G., 19-20
Kanter, J. J., 26-27
Kaufman, A., 220-222
Keller, P., 83-84
Kemal, S., 203
Keyserling, conde e condessa, 21-23, 30-31
Kiesewetter, J. G., 35-36
Kitcher, P., 63-65, 83-84
Kitcher, Ph., 64-65
Kleingeld, P., 156-157
Knutzen, M., 21-22, 114-115
Königsberg, 19-21, 24-26, 37-38
Korsgaard, C., 136, 181-182
Kraus, C. J., 28-29
Kriemendahl, L., 40-41
Kuehn, M., 40-41
Kunz, D., 156-157

La Place, P.-S., 22-23
Lampe, M., 28-29
Langton, R., 106-108
Lavoisier, A., 17-18, 39-40
Lei
moral, 163-174
positiva, 206-207
romana, 67-68
Leibniz, G. W., 21-22, 43-49, 54-57, 70-71, 92-93, 96-97, 100-101, 114-115, 127-130, 184-185
Liberdade
externa, 37-38, 134-136, 206-211

prática, 121-127
transcendental, 121-127
Liga das Nações, 154-155
Livre jogo, 187-188
Locke, J., 46-49, 70-71, 145, 207-208
Lógica, 58-59, 61-62, 102-104, 109, 111-112
Transcendental, 58-65, 132-133
Longinus, 194-195
Longuenesse, B., 63-65, 83-84
Louden, R., 181-182
Luís XVI, rei da França, 209-210

Magnitude, 78-79
Maimon, S., 34-35
Mal, propensão radical ao, 37-38, 146-147, 155-157, 162-163, 216-222
Malebranche, N., 114-115
Marca (*Merkmal*), 44-45
Marx, K., 139-140, 145, 154-155
Masturbação, 159-160
Matemática, 43-46, 44-47, 54-60, 134
Matéria, 59-60, 81-83, 90-91
Materialismo, 114-115
Máxima, 164-170
McFarland, J., 155-157
Melnick, A., 83-84
Mendelssohn, M., 23-24, 33-34, 126-127, 138-139, 186-187
Mentira, 159-161, 220-221
Metacrítica, 50-51, 63-65
Metafísica, 42-46, 100-108
Metodismo, 20-21
Método, Doutrina Transcendental do, 132-136
Montaigne, M., 145, 155-157
Montesquieu, Barão, 208-209
Moralidade, 37-38, 158-184
e beleza, 192-195
Motherby, E., 27-28
Motherby J. B., 24-25
Mozart, W., 192-193
Mulholland, L., 220-222
Mundo, 100-101, 104-105, 114-127
inteligível *ver também* coisas em si mesmas
sensível *ver* aparência
Música, 191-193

Nativismo, 46-48
Naturezas verdadeiras e imutáveis

Neiman, S., 106-108
Newton, I., 54-57, 199-200
Noúmeno, *ver* coisas em si mesmas
Numinoso, 197-198

Objetividade, 50-55, 68-69, 70-79
Ockham, W., 105-106
ONU, 154-155
Orwell, G., 90-91
Otto, R., 197-198

Paixão (*Leidenschaft*), 111-115
Paradoxo do mentiroso, 125-126
Paralogismo, 111-112, 114-115
Paton, H. J., 181-182
Pavão de Juno, 201-202
Paz, perpétua, 38-39, 147-155 *ver também* guerra
Pensando, 48-50, 74-75, 78-79
Perfectibilidade, 143-144
Perfeição, 177-180, 189-190
Perry, J., 107
Perspectivismo, 50-55
Pietismo, 20-24
Platner, E., 25-26, 141-142
Platônicos de Cambridge, 184-185
Plessing, F. V. L., 27-28, 40-41
Poder
    executivo, 208-209
    legislativo, 208-209
Política, 37-39, 204-213
Possibilidade, fundamento de, 127-128
Postulados do pensamento empírico, 78-79, 120-121
Posy, C., 107
Pragmatismo, 212-213
Prazer, desinteressado, 187-188, 193-195
Predisposição (*Anlage*), 142-143
Presunção (*Eigendünkel*), 146-147, 162-163, 181-182
Princípio fundamental da moralidade
Princípios (*Grundsätze, Prinzipien*) 101-103, 207-209 *ver também* razão
Princípios regulativos, 104-108, 121-122, 148-149
Problema mente-corpo, 113-115
Prova
    cosmológica, 128-129
    ontológica, 128-133
    psicoteológica, 128-129

Prússia, 19-22, 36-40, 208-211
Psicologia, racional, 100-101, 103-104, 111-115
Publicidade, princípio de, 210-211
Putnam, H., 83-84

Quaker, 20-21
Quid iuris, 67-68
Quiliasma, 139-140
Química, 18-19, 21-23
Quine, W., 64-65
Quinn, P., 220-222

Raças, 220-221
Racionalismo, 23-24, 48-49
    sobre o gosto, 186-187, 189-190
Rawls, J., 220-222
Razão (*Vernunft*), 101-136, 143-144
    teórica e prática, 150-153, 183-185
    uso polêmico da, 134
Realidade (*Wirklichkeit*)
Reciprocidade (*Wechselwirkung*), 79-80
Reconhecimento, síntese do, 70-71
Refutação do idealismo, 81-83, 96-97
Reinhold, K. L., 32-33, 50-51
Reino dos fins (*Reich der Zwecke*), 158-159, 165-166, 171-174, 216-222
Religião, 14-15, 36-40, 127-129, 183-185, 197-198, 212-222
Representações inconscientes, 70-71
Reprodução, síntese da, 59-60
Republicanismo, 14-15, 38-39, 208-209
Reuter, A. R., 19-20
Revolução Copernicana, 17-18, 47-48, 73-74, 93-94
Revolução francesa, 38-39, 100-101
Rosen, A., 220-221
Rossi, P., 220-221
Rousseau, J.-J., 23-24, 28-29, 38-39, 143-145, 155-157, 207-211

Saint-Pierre, Abbé, 38-39, 210-211
Salieri, A., 192-193
Schelling, F. W. J., 33-34, 39-40, 202-203
Schiller, F., 19-20, 162-163
Schleiermacher, F., 219
Schulz, F. A., 20-21
Selle, C. G., 34-35
Sensibilidade (*Sinnlichkeit*), 49-50, 54-59
Sextus Empiricus, 51-52

Silogismos, 102-104, 110-113, 208-209
Símbolo, 193-195
Síntese, 67-75
 do reconhecimento, 70-71
Smith, A., 20-21, 28-29
Sociabilidade insociável, 145-147
Sociedade civil, 146-148
Sócrates, 43-44
Sonho, 58-59, 80-81
Sophisma figurae dictionis, 112-113
Spinoza, B., 48-49, 96-97
Stalin, J., 19-20
Sterne, L., 26-27
Sturm und Drang, 27-28
Sublime (*Erhabene*), 194-198
Substância, 59-61, 78-79, 102-103, 111-117
Suicídio, 159-161
Superstição (*Aberglaube*), 126-127, 212-214, 216-217, 220-222

Taxonomia, 104-106
Teleologia
 moral, 176-182
 natural, 140-144, 148-150, 152-157, 183-185
Tempo, 53-59, 67-71, 79-83, 104-105, 115-118, 122-127
 determinado, 79-80, 82-83
Teologia *ver também* Deus
 mínimo de, 215-216

 racional, 100-101, 103-104
Teske, J. G., 21-22
Tully, *ver* Cícero
Turgot, A., 147-148, 156-157

Ulpian, 206-207
União Européia, 154-155, 210-211

Velkley, R., 155-157
Verdade, 73-75, 83-84
Virtude (*Tugend*), 180-182
Voltaire, 139-140
Vontade livre, 43-44, 59-60, 102-105, 116-127, 172-174

Waxman, W., 64-65
Welk, L., 192-193
Wieland, C., 32-33
Williams, H., 220-221
Wizenmann, T., 34-35
Wolff, C., 21-24, 102-103, 127-128
Wöllner, J. C., 34-37, 39-40, 212-213
Wood, A., 12-13, 136, 181-182, 220-221
Wreen, M., 220-221

Yovel, Y., 155-157

Zedlitz, Barão von, 34-35
Zeno, 125-126